印刷工业出版分社

普通高等教育"十四五"包装本科规划教材

包装印刷标准化基础

（第二版）

PACKAGING

编　著｜曹国荣

BAOZHUANG YINSHUA
BIAOZHUNHUA JICHU

文化发展出版社
Cultural Development Press
·北京·

内容简介

标准化是一门技术、也是一门科学，它与我们的生活和工作息息相关。在第一版的基础上，作者根据长期从事包装标准化教学、包装和印刷标准与法规编纂等工作经验，按照包装、印刷行业从事相关工作应具备的知识和技能要求，较系统地对标准化，特别是包装印刷标准化等内容进行介绍。全书分为10章，主要内容包含标准化基础、标准的制定与实施、标准的起草、标准的核心要素的编写、其他规范性要素的编写、标准的资料性要素的编写、要素的表述、包装尺寸标准、包装标志标准、绿色印刷标准。

本书在内容和形式上，力求简单、明确、通俗易懂，以方便广大读者对标准化情况的了解。本书可作为包装工程与印刷工程专业的教材，也可供从事包装行业的工程技术人员参考。

图书在版编目（CIP）数据

包装印刷标准化基础 / 曹国荣编著 . — 2版 . — 北京 ：文化发展出版社，2024.2

ISBN 978-7-5142-4312-3

Ⅰ . ①包… Ⅱ . ①曹… Ⅲ . ①装潢包装印刷－高等学校－教材 Ⅳ . ① TS851

中国国家版本馆 CIP 数据核字 (2024) 第 042865 号

包装印刷标准化基础（第二版）

曹国荣　编著

出 版 人：宋　娜
责任编辑：朱　言　　　　责任校对：岳智勇
责任印制：邓辉明　　　　封面设计：韦思卓
出版发行：文化发展出版社（北京市翠微路2号 邮编：100036）
发行电话：010-88275993　010-88275710
网　　址：www.wenhuafazhan.com
经　　销：全国新华书店
印　　刷：中煤（北京）印务有限公司

开　　本：787mm × 1092mm　1/16
字　　数：370千字
印　　张：15.25
版　　次：2016年8月第1版 2024年3月第2版
印　　次：2024年3月第1次印刷

定　　价：68.00元
I S B N：978-7-5142-4312-3

◆ 如有印装质量问题，请与我社印制部联系　电话：010-88275720

前 言

标准化是人类从事的一项制定标准、应用标准的活动，其目的是获得最佳秩序、促进共同效益。标准化活动的主要内容是制定标准和应用标准，而确立条款、编制标准是制定标准必不可少的两项活动。标准的起草就是通过确立条款、搭建标准结构、编写标准要素、表述标准内容，形成清楚、准确、无歧义的条款，进而形成高质量、适用性好的标准。高质量标准的广泛应用，能够促进贸易，实现交流与技术合作。

由于标准在科学技术发展和经济社会中具有重要作用，广大科技工作者、标准化工作者以及实验室技术人员迫切要求系统地学习标准化知识，科研院所和高校为培养质量管理和标准化人才也需要必要的标准化知识，为了满足上述需求，笔者编撰了本书。

本书与上一版相比，依照新修订的《中华人民共和国标准化法》和《标准化工作导则 第1部分：标准化文件的结构和起草规则》（GB/T 1.1—2020），修订了第二章至第七章的相关内容，并在每章中补充了包装印刷标准示例，帮助读者理解标准化原理。

本书兼顾了入门者和专业工作人员，兼具科普性和专业性。为此，本书内容包括《中华人民共和国标准化法》《国家标准管理办法》《强制性国家标准管理办法》《标准化工作导则 第1部分：标准化文件的结构和起草规则》（GB/T 1.1—2020）的主要内容，让读者全面了解标准化相关基础知识，为研制和应用标准夯实基础。

本书在编写过程中得到中国标准化研究院、中国包装联合会等单位和行业标准化工作者的大力支持与帮助，同时，编者也参阅了国内外相关的标准、论著、论文和技术报告，从中吸取了有价值的观点、经验和案例，在此表示衷心的感谢。

由于编者的理论水平和实践经验有限，书中不足之处在所难免，敬请广大读者批评指正，以便今后进一步修改完善。

编者

2023年8月

目　录

第一章 标准化基础

标准化是一门技术，也是一门科学。本章将介绍标准、标准化等基本概念，了解国内外标准化基础知识。掌握这些内容，对于理解有关标准大有裨益，确保在从事具体标准化工作中不偏离方向。

第一节 概述

2021 年 10 月 14 日是第 52 个世界标准日。国际电工委员会（IEC）、国际标准化组织（ISO）、国际电信联盟（ITU）三大国际标准化机构把世界标准日主题确定为“标准促进可持续发展共建更加美好的世界”，中国主题为“实施标准化纲要，促进高质量发展”。

工业及生活排放的废弃物不断地增多，大气、水质、土壤污染日益严重，自然生态平衡受到了冲击和破坏，许多资源日益减少，面临着耗竭的危险；水土流失，土地沙化日趋严重，粮食生产和人体健康受到严重威胁；水里充满重金属，鱼类大批死亡，食物链土崩瓦解，人类不能得到干净的水和肉类。在没有标准的世界里，不仅我们的生产会受到影响，我们的生活也会困难重重。标准可以减少工业生产过程对环境的影响，促进有限资源的再利用，提高能源效率，对保护地球、推进绿色发展具有重要意义。

实现联合国 2030 年可持续发展目标，减少社会发展不平衡，推动经济可持续发展，减缓气候变化，是一项宏大的工程。要实现这一美好目标，需要众多伙伴的合作，需要利用一切可以利用的工具，包括发挥好国际标准和合格评定的重要作用。

例如，你的信用卡不能保证在每一个收银机上都能使用，人们也不能随便走进任何一个商店就能买到家里台灯适用的灯泡，既没有电话区号，也没有国家和货币代码，更不能接入互联网。你不知道电话是从哪里打来，也不知道如何到达想去的地方。在没有标准的世界，不仅人与人之间难以沟通，机器、零部件以及产品之间的联系也就变得困难重重。

又如，无论你说哪种语言，标准的图形符号能帮助你快速清楚地识别信息，如服装的清洗和护理指示、紧急疏散标志以及电子设备的说明等。若用五花八门的图形符号来传递同样的信息，人们将不知所云，无所适从。

所以，标准和标准化与我们的生活息息相关，我们的生活离不开标准，也被标准包围着。无论我们购买哪个品牌的服装，尺寸大小总是一致的；无论我们使用什么电器，插头和插座也总是一致的；无论哪种食品，安全标准也是一致的……这些都是标准化给我们的生活带来的便利。如果离开了标准化，同类型商品就会杂乱无序，人们的生活也会麻烦不断，世界经济更谈不上发展进步。

一、标准

国家标准 GB/T 20000.1—2014《标准化工作指南　第 1 部分：标准化和相关活动的通用术语》中对标准的定义是：通过标准化活动，按照规定的程序经协商一致制定，为各种活动或其结果提供规则、指南或特性，供共同使用和重复使用的文件。

这个定义有三点注释：

（1）标准宜以科学、技术和经验的综合成果为基础；

（2）规定的程序是指制定标准的机构颁布的标准制定程序；

（3）诸如国际标准、区域标准、国家标准等，由于它们可以公开获得以及必要时通过修正或修订保持与最新技术水平同步，它们被视为构成了公认的技术规则。其他层次上通过的标准，诸如专业协（学）会标准、企业标准等，在地域上可影响几个国家。

在国际上，标准通常是自愿性的，它由标准机构（非权力机构）发布，由生产、使用等方面自愿采用。《中华人民共和国标准化法》规定：“标准分为强制性标准和推荐性标准。”这里强制性标准即技术法规，而推荐性标准类似国际上的自愿性标准。既然是自愿的，它就不是法律、法规。因此，推荐性标准没有权力要求与之有关的人员必须执行其要求，有关人员也没有义务一定要执行推荐性标准的要求。然而，由于标准本身所具有的特殊属性，其应用可以通过市场机制、政府引导、法规引用这三种途径来实现：

（1）市场机制是指由于标准是以科学和经验的综合成为基础，是在协商一致的基础上形成的，所以它符合大多数利益相关方的利益，自然会被自愿使用。因此市场上符合标准的产品或服务也将占据大多数，进而形成主导产品，那些少数最初没有使用标准的利益相关方，为了适应主流市场，其产品或服务往往不得不使用已通过的标准，以便获取市场份额，可见，标准首先是靠市场机制被广泛地自愿使用的。在这种情况下，使用者往往采取自我声明的方式，即声明其产品或服务符合某项标准。

（2）政府引导是指在诸如环境保护、资源利用、健康安全等政府关注的领域中，政府往往通过发布鼓励企业使用标准的政策和措施，引导企业采用相应的标准。例如，政府可以要求在政府采购、国家重大工程招标等活动中要以国家标准为依据，从而发挥标准的技术依据和基础支撑作用。

（3）法规引用是指在一些涉及技术问题的法规中，如果有技术标准作为依据，可以采用法规引用标准的方式，使得在法规调整的范围内，标准的使用成为法规的要求。

二、标准化

国家标准 GB/T 20000.1—2014《标准化工作指南　第 1 部分：标准化和相关活动的通用术语》对“标准化”的定义是：为了在既定范围内获得最佳秩序，促进共同效益，对现实问题或潜在问题确立共同使用和重复使用的条款以及编制、发布和应用文件的活动。

这个定义有两点注释：

（1）标准化活动确立的条款，可形成标准化文件，包括标准和其他标准化文件。

（2）标准化的主要效益在于为了产品、过程或服务的预期目的改进它们的适用性，促进贸易，实现交流以及技术合作。

知识拓展

标准定义发展

在标准化学科中，标准和标准化是两个最基本的概念。国际标准化组织及世界上很多国家标准界的权威人士对标准和标准化两个最基本的概念下了严格的定义。

1934年，盖拉德（J · Gailard）在《工业标准化原理与应用》一书中对标准的定义是："标准是对计量单位或基础、物体、过程、方式、常用方法、容量、功能、性能、办法、配量、状态、义务、权限、责任、行为、态度、概念或想法的某些特征，给出定义、做出规定和详细说明。它以语言、文字、图样等方式或利用模型、标样及其他具体表现方法，并在一定时期内适用。"盖拉德对标准所下的定义比较通俗，在相当长的时期内为很多人所接受。

1983年，国际标准化组织在ISO导则2《标准化与认证的一般术语及其定义》中对标准的定义是："由有关方面在科学技术与经济的坚实基础上，共同合作起草，一致或基本上同意的技术规定或其他的公开文件，其目的在于获得最佳的公众利益，并由标准化团体批准。"

1983年，我国GB/T 3935.1—1983《标准化的基本术语》对标准所下的定义是："对重复性事物和概念所做的统一规定。它以科学、技术和实践经验的综合成果为基础，经有关方面协商一致，由主管机构批准，以特定形式发布，作为共同遵守的准则和依据。"

定义包括以下含义：

（1）制定标准的条件。"对重复性事物和概念"是制定标准的必要条件。

（2）制定标准的基础。"科学、技术和实践经验的综合成果"是制定标准的基础。

（3）制定标准的基本原则。"经有关方面协商一致"是制定标准时应遵守的原则。

（4）标准的本质特征。标准的本质特征是合理的科学的有效的对"重复性的事物和概念所做的统一规定"。

（5）标准的权威性。"由主管机构批准"体现了标准的权威性。

（6）标准规范化。标准的水平由技术内容和形式两个方面来体现。技术内容既要符合国家有关法律、法规、政策，又要技术先进、经济合理。形式则以准确地、简明地表现技术内容的程度来衡量。"以特定形式发布"指标准内容和形式的规范化，即标准自身的标准化。

1996年，我国GB/T 3935.1—1996《标准化和有关领域的通用术语　第1部分：基本术语》中对标准的定义是："为在一定范围内获得最佳秩序，对活动或其结果规定共同的和重复使用的规则、导则或特性的文件。该文件经协商一致制定并经一个公认机构的批准。它以科学、技术和实践经验的综合成果为基础，以促进最佳社会效益为目的。"

标准化定义发展

1972年，国际标准化组织出版的桑德斯（T.R.Sanders）著《标准化的目的与原理》一书中对标准化的定义是："标准化是为了所有有关方面的利益，特别是为了促进最佳的全面的经济并适当考虑到产品使用条件与安全要求，在所有有关方面的协作下，进行有秩序的特定活动所制定并实施各项规则的过程。"标准化以科学、技术与实践的综合成果为依据，它不仅奠定当前的基础，而且还决定了未来的发展，它始终与发展的步伐保持一致。

1983 年，ISO 导则 2 对标准化的定义是："标准化主要是对科学、技术与经济领域内重复应用的问题给出解决办法的活动，其目的在于获得最佳秩序。一般来说，包括制定、发布与实施标准的过程。"

1983 年，我国 GB/T 3935.1—1983 对标准化所下的定义是："在经济、技术、科学及管理等社会实践中，对重复的事物和概念通过制定、发布和实施标准，达到统一，以获得最佳秩序和社会效益。"

定义包括以下含义：

（1）标准化工作的领域。"在经济、技术、科学及管理等社会实践中"，都要开展标准化工作，这表明了标准化工作的领域非常广泛，几乎涉及人类生活和生产活动的各个领域。

（2）标准化工作的任务。标准化工作的任务是："对重复的事物和概念通过制定、发布和实施标准，达到统一。"制定标准是标准化工作的首要任务，组织实施标准是将标准贯彻到生产、工程、服务等实践中去，对标准实施进行监督就是对标准贯彻执行情况进行监督和检查。

（3）标准化工作的目的。由于标准化涉及的范围很广，不同标准之间及标准化对象和标准内容方面，往往各不相同，差别很大。从各个具体标准来看，标准化的目的往往是多种多样的，但最终目的是在标准化领域获得最佳秩序和社会效益。

1996 年，我国 GB/T 3935.1—1996《标准化和有关领域的通用术语　第 1 部分：基本术语》中对"标准化"的定义是："为在一定的范围内获得最佳秩序，对实际的或潜在的问题制定共同的和重复使用的规则的活动。"

三、标准化的重要意义

标准化是经济和社会发展的重要技术基础，是建设创新型国家和社会的重要技术支撑，是国际市场竞争的主要形式，是增强自主创新能力的重要内容，是规范市场经济秩序的重要技术手段，是转变经济增长方式的中心环节。

（一）采用标准是保证企业生产各个环节的技术衔接与协调的有效措施

随着科学技术的迅速发展，生产现代化程度越来越高，生产规模越来越大，技术要求越来越严，分工越来越细，生产协作越来越广泛，产品也日益复杂、多样化。一种产品往往需要在几十个甚至上百个专业厂进行生产，即使在同一个企业内部，也涉及各个部门和许多环节。这样复杂、众多的纵横关系和生产环节，单靠行政的命令和安排是不行的，必须在技术上使它们保持衔接和协调，这就是要通过制定和贯彻执行各种技术标准，保证生产有条不紊地进行。

（二）采用标准能保证和提高产品质量

标准是衡量产品质量的重要尺度。标准化工作的基础在企业，标准来源于生产实践，反过来又要回到生产实践中去，接受生产实践的检验，并指导生产实践。一个好的标准，是在正确地总结科学技术成果和生产、使用实践经验的基础上制定出来的，它能充分地反映生产者和使用者等有关方面的客观要求，最大限度地合理利用国家资源，并能在生产建设中起指导生产和促进生产的作用。

例如，一般包装件的性能通常要受到材料、环境、设备、作业人员与作业方法等因素的影响。如果不对这些因素制定标准，是不可能保证稳定的包装质量的。把这些影响因素按要求制定出合理的标准，并在生产中认真贯彻执行，使标准化管理成为质量管理的基础。原材料进厂要按标准验收，做到不合格的原料不投料；半成品要按标准检查，做到不合格的半成品不流入下一道工序；成品出厂也要按标准检验，做到不合格的产品不出厂。之所以这样做，是因为在现代化条件下，各行业、各企业、各部门、各环节是环环相扣、紧密联系的。一种产品的生产往往和许多行业、企业、部门有关联，如果在一个环节上不按标准操作，就会影响产品质量。因此，要保证产品质量，加强标准化工作是十分重要的，也是必不可少的。

（三）采用标准能降低成本

一般来说，生产大量的标准化产品，其成本会降低。因为包装标准能将五花八门的订货分成少数几种规格和尺寸，这样就使订货量增加而提高生产效率，导致成本下降，获得效益。

例如，如果将16开单张纸的尺寸从210mm×285mm缩小为200mm×280mm，如果客户能接受这种尺寸，那么单页价格就可以下降约20%。再如，一家知名印刷机制造商认为最适合名片合版印刷的设备是92幅面，因为它能印刷8个A4或96张名片，其有效印刷面积高达86%，投资成本相比于大幅面印刷机又低不少。这两个例子其实都从侧面反映出，如果能在印刷产品的尺寸方面达到标准化，印刷企业可以降低成本。

（四）采用标准有利于个人技术的均衡化

每个企业都会有一些被誉为“现场权威”的有经验的优秀技术工人。为使大家能掌握“现场权威”的技术和技能，就需要他们的技术和技能归纳为一种成文的、每个人都能运用的“标准”，这样就可使大家都达到同样的工艺水平和状态。

（五）国际交流的技术基础

标准化是组织现代化生产建设的一个重要手段，也是进行国际经济、技术交流的一个技术纽带，是国际贸易的调节工具。标准化作为国际贸易的调节工具，有三种作用：协调作用、推动作用、保护作用。

1. 协调作用

由于各国各标准化空间以及联合国中许多国际专门机构的标准不同、体系各异，造成了技术障碍，影响国际贸易，必须进行协调。发展国际标准化工作可以防止国家之间树起新的壁垒。由于各国目前还不能及时地掌握好制定标准的时机，不是过早就是过晚，国际标准化组织可以在各国做出决定之前进行干预，先期协调，可以使国际标准渐趋一致。维护一个国际标准，这要比事后协调杂乱无章的各国标准容易得多。

例如，国际标准化组织制定的集装箱标准，是标准化的典范。标准制定了集装箱的性能、尺寸和重量，这就便于更好地协调国际运输和调度，节约资金，发展水、陆、空联运以及“门到门”的运输。

2. 推动作用

为推动贸易的发展，必须研究进出口商品所应采用的标准，了解进口国或国际上的有关标准，以促使产品达到标准的要求。在推动外贸出口政策的政治、贸易、财政等因素确定以后，技术因素乃是不能忽视的关键因素。在各国为了突出某种技术系统而互相施加影响和压力的技术竞争中，各国要保护自己的利益，就需要推行技术外交。标准化就是“技术外交”不可分割的重要组成部分。在国际贸易中采用的标准类型，主要有出口国要参考进口国的标准生产、按本国标准生产、按国际标准生产三种类型。

按国际标准生产有助于国际贸易的技术统一，又称瑞典型。对于发展中国家来说，对外贸易仍以采用国际标准为佳，这是由于本国标准尚不先进。采用国际标准不仅可以提高本国的标准水平和在国际市场上的竞争力，而且可以避免对方提出高于国际标准的要求。

3. 保护作用

在非关税壁垒中，与标准化有关的，常称为贸易技术壁垒，它占有非常主要的地位。其中包括严格的技术标准、苛刻的卫生安全规定，以及繁杂的商品包装、认证标志等，以限制商品进口和销售。这类措施已成为当前国际贸易中实行技术壁垒的主要手段，以达到保护本国企业利益的目的。

技术标准作为人类社会的一种特定活动，已经从过去主要解决产品零部件的通用和互换问题，正在更多地变成一个国家实行贸易保护的重要壁垒，即所谓非关税壁垒的主要形式。据统计，发展中国家受贸易技术壁垒限制的情况，大约是发达国家的 3.5 倍。

技术标准已经成为产业特别是高技术产业竞争的制高点。在传统大规模工业化生产中，是先有产品后有标准。在知识经济时代，往往是标准先行，这在高技术产业领域表现尤为明显。例如，在互联网应用前就先有了 IP 协议。在高清晰度彩色电视和第三代移动通信尚未商业化前，有关标准之战已如火如荼。关于高新技术标准的竞争，说到底是对未来产品、未来市场和国家经济利益的竞争。正因如此，技术标准不仅在产品领域受到青睐，而且已经成为抢占服务产业制高点的有力手段之一。

四、包装标准与包装标准化

国家标准 GB/T 4122.1—2008《包装术语　第 1 部分：基础》中对“包装”的定义是：在流通过程中保护产品，方便运输，促进销售，按一定技术方法而采用的容器、材料及辅助物的总体名称。也指为了达到上述目的而采用容器、材料和辅助物的过程中施加一定方法等的操作活动。

包装标准是指为了保证物品在储藏、运输和销售中的安全及科学管理的需要，以包装的有关事项为对象所制定的标准。

包装标准化是指以包装为对象开展的标准化活动的全过程，即以制定、推广、实施、审核、管理标准的活动为主要内容的全过程。主要参与者包括企业、政府、学校、科研院所、机构（协会）、标准化技术委员会等。

五、印刷标准与印刷标准化

国家标准 GB/T 9851.1—2008《印刷技术术语　第 1 部分：基础术语》中对“印刷”的定义是：使用模拟或数字的图像载体将呈色剂 / 色料（如油墨）转移到承印物上的复制过程。

印刷标准是指对一定印刷范围内的重复性事物和概念所做的规定，是科学、技术和实践经验的总结。标准的表现形式为文件或试样。

印刷标准化是指为在一定的印刷范围内获得最佳秩序，对现实的或潜在的印刷问题制定共同的和重复使用的规则的活动，即制定、发布及实施印刷标准的过程。

标准与标准化不能割裂开来。标准是标准化的核心、实物和工具，没有标准化，单纯的标准是没什么价值的。某些特定情形二者可通用。例如，包装标准与包装标准化存在以下关系：

（1）包装标准化的基本任务是制定包装标准；包装标准化的目的和作用必须通过制定具体的产品标准来实现。

（2）包装标准化的效果要通过包装标准的贯彻实施来体现。

（3）包装标准化是一个定性概念，也是人们对产品包装的一直追求，因此它是没有止境的。

随堂随练

1. 学习国家标准化发展纲要。
2. 简述标准与标准化概念。
3. 简述标准和标准化对当前经济发展的作用。
4. 登录国家标准化管理委员会网站，了解标准化管理工作。
5. 登录全国标准信息公共服务平台网站，了解包装印刷行业相关的国家标准和行业标准。

第二节 国际标准化基础知识

一、国际标准化的由来

国际标准化是指在国际范围内，由众多国家和组织共同参与开展标准化的活动。旨在协调各国、各地区标准化活动，研究、制定并推广采用国际标准，并就标准化有关问题进行交流和研讨，以促进全球经济、技术和贸易的发展，保障人类安全、健康和社会的可持续发展。

国际标准化活动由来已久，最早可以追溯到第一次工业革命。国际标准化活动起源于国家之间的科技、文化交流和贸易往来。国际标准化首先是从材料的使用开始的。1886 年 9 月 24 日至 26 日，在慕尼黑理工学院教授约翰 · 鲍生格倡导下，第一次国际标准化会议在德国的德累斯顿召开。参加会议的有来自北美和欧洲的 10 个国家的代表。会议讨论制定了统一的材料试验标准问题，并创立了国际材料试验协会。这是一次具有伟大历史意义的会议，它所提倡的“采取一种新的形式进行工作，以满足国际上科学、技术、工业和贸易发展所需要”的宗旨，被公认为是国际标准化历史上的重大创举，开创了国际标准化活动的先河。

1904年，部分欧美国家在美国圣路易斯召开国际电气会议。会议决定建立电工领域负责国际标准化的机构。1906年6月，13个国家的代表集会伦敦，通过了国际电工委员会章程，正式成立国际电工委员会（IEC）。国际电工委员会的总部最初在伦敦，1948年搬到了瑞士的日内瓦。

IEC是世界上成立最早的国际性电工标准化机构，负责有关电气工程和电子工程领域中的国际标准化工作，其宗旨是促进电工、电子和相关技术领域有关电工标准化等所有问题的国际合作。IEC的目标是：有效满足全球市场的需求，保证在全球范围内优先并最大限度地使用其标准和合格评定计划，评定并提高其标准所涉及的产品质量和服务质量，为共同使用复杂系统创造条件，提高工业化进程的有效性，提高人类健康和安全，保护环境。

第一次世界大战中，对于军火的大量需求以及由于各国生产的武器弹药不能通用造成的严重后果，更使人们加深了对国际标准化的必要性和迫切性的认识。大战结束后，IEC立即恢复了活动，同时各国也酝酿成立活动领域更广泛的国际标准化机构。

1921年，英国、美国等7个国家标准化机构的代表在伦敦召开秘书联席会，酝酿成立国际标准化机构。1926年，正式成立国际标准化协会（ISA），其任务是：交换标准化情报，以利于各国标准的国际协调；研究标准化工作导则，协助各国标准化机构进行工作；促进各国标准的统一，与有关标准化的国际机构合作。1938年以后又陆续成立了一些技术委员会。ISA成立后曾以公报形式发布32个国际标准。第二次世界大战爆发，迫使ISA停止工作。1944年同盟国发起组织了联合国标准协调委员会（UNSCC），接替ISA的工作。

1946年10月14—26日，中、美、英、法、苏联等25个国家的64名代表在伦敦开会，决定创建一个“旨在促进工业标准的国际间协调和统一”的新的国际标准组织（ISO），会议起草了ISO章程。1947年2月23日，ISO章程得到15个国家标准化机构的批准，于是ISO正式成立。

ISO是世界上最大、最权威的综合性国际标准化机构，是非政府性国际组织，总部在瑞士的日内瓦。成员达到165个国家和地区，覆盖世界国民总收入的98%和全球人口的97%。

ISO又是联合国经济和社会理事会的综合性咨询机构，与世界贸易组织（WTO）保持着密切的工作联系，是其技术贸易壁垒委员会（WTO/TBT）的联络组织。截至2021年底，ISO制定发布了近3万项国际标准。著名的ISO 9000质量管理体系标准、ISO 14000环境管理体系标准、ISO 18000职业健康安全管理体系以及ISO 26000社会责任体系标准都出自该机构。

ISO标准在世界上具有权威性和通用性，已成为国际经贸活动的重要规则，被誉为国际贸易的“通行证”，在减少国际贸易壁垒和经贸摩擦，以至在推动建立国际经济贸易新秩序等方面发挥着重要作用。

ISO成立以后，IEC作为电工技术委员会并入ISO，但仍保持其组织上、经济上和技术上的独立性。根据ISO和IEC1976年协议，确定两组织都是法律上独立的团体。1969年ISO理事会1969/59号决议，决定把每年的10月14日定为世界标准日（World Standards Day）。设立世界标准日的目的在于提高对国际标准化在世界经济活动中重要性的认识，以促进国际标准化工作适应世界范围内的商业、工业、政府和消费者的需要。1970年

10月14日举行了第一届世界范围的庆祝世界标准日的活动。此后，每年的10月14日，就成了世界各国标准化工作者开展宣传标准化，举行纪念活动的盛大节日。从第17届起，世界标准日开始赋予了主题，以突出当年世界标准日的宣传重点，很多国家利用世界标准日这个机会组织一些特别的活动或聚会，例如采用会议、展览、研讨会、电影、电视和广播访谈等多种形式来紧密结合当年ISO的世界标准日的宣传主题，广泛宣传标准化活动在人类社会发展中的重要作用，提高人们的标准化意识。在第23届世界标准日以前，均是由ISO和IEC主席联合发出祝词，从第24届开始，国际电信联盟（ITU）也参加了世界标准日的纪念活动，由ISO和IEC主席及IEU秘书长联合发表祝词。

1991年，根据中小发达国家ISO成员的意见，为使更多的国家参与ISO高层的管理工作，增加透明度，ISO理事会决定修改ISO章程和议事规则，这是ISO自1947年成立以来第一次大规模的机构改革。新章程和议事规则经征求全体成员意见反复修改后，于1993年提交理事会，1993年11月，ISO理事会召开第16届会议，批准了新章程和议事规则。

中国是ISO创始成员国之一，也是最初的5个连任理事国之一。2008年成为ISO的常任理事国，代表中国参加ISO的国家机构是中国国家标准化管理委员会。2013年9月20日，在俄罗斯圣彼得堡进行的第36届国际标准化组织（ISO）全体大会响起热烈掌声，表决通过中国鞍山钢铁集团公司总经理张晓刚当选ISO组织新一任主席。这是该组织自成立以来，首次由中国人当选主席一职，同时也是首位发展中国家代表当选此职位。由我国首次承办的ISO全体大会（第22届）于1999年10月在北京召开。第39届ISO大会已于2016年9月在北京举行。

二、国际标准化机构

（一）国际标准化组织（ISO）

国际标准化组织（International Organization for Standardization，ISO）是一个全球性的非政府组织，也是目前世界上最大的、最有权威的国际性标准化专门机构。ISO来源于希腊语“ISOS”，即“EQUAL”——平等之意。ISO不属于联合国，但与联合国许多组织和专业机构保持密切联系，如欧洲经济委员会、粮食及农业组织、国际劳动组织、国际劳工组织、教科文组织、国际民航组织等，是联合国的甲级咨询机构。ISO负责目前绝大部分领域（包括军工、石油、船舶等垄断行业）的标准化活动，目前ISO所研究的全球性问题包括可持续化、城市化、电子消费者、水资源及能源。

1.ISO的成立

国际标准化组织的前身是国家标准化协会国际联合会和联合国标准协调委员会。1946年10月，25个国家标准化机构的代表在伦敦召开大会，决定成立新的国际标准化机构，定名为ISO。大会起草了ISO的第一个章程和议事规则，并认可通过了该章程草案。1947年2月23日，国际标准化组织正式成立。ISO的最高权力机构是每年一次的“全体大会”，其日常办事机构是中央秘书处，设在瑞士日内瓦。

2.ISO的宗旨

在世界范围内促进标准化工作的发展，以便于国际物资交流和互助，并扩大在知识、科学、技术和经济方面的合作。

3.ISO 的任务

协调世界范围内的标准化工作，制定和发布国际标准并采取措施以便在世界范围内实施，组织各成员国和技术委员会进行信息交流，与其他国际组织共同开展有关标准化课题的研究。

4.ISO 的成员

根据组织章程，每个国家只能有 1 个最具广泛代表性的国家标准机构参加 ISO。我国为国家标准化管理委员会（SAC）ISO 成员包括正式成员（Member Bodies）、通信成员（Correspondent Members）和注册成员（Subscriber Members）。截至 2020 年 8 月，ISO 共有成员 165 个。

（1）正式成员。在各国具有最广泛的代表性并按照议事规则被接纳为本组织成员的国家标准化团体，可以参加 ISO 的各项活动，有投票权。现有正式成员 122 个。

（2）通信成员。通常是没有完全开展标准化活动的国家组织，没有投票权，但可以作为观察员参加 ISO 会议并得到其感兴趣的信息。现有通信成员 39 个。

（3）注册成员。来自尚未建立国家标准化机构、经济不发达的国家，他们只需交纳少量会费即可参加 ISO 活动。现有注册成员 4 个。

5.ISO 的组织机构

ISO 的主要机构有全体大会、理事会、技术管理局、技术委员会和中央秘书处，如图 1-1 所示。

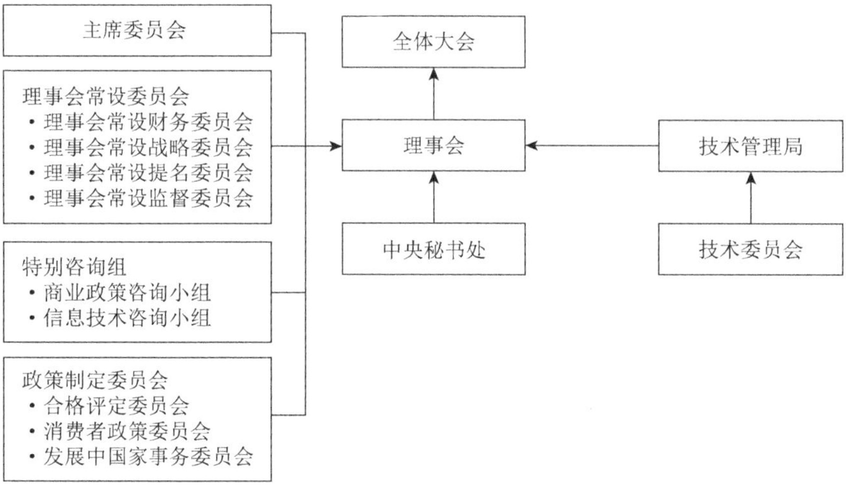

图 1-1　ISO 组织机构

ISO 的官员有 5 位，即主席、主管政策的副主席、主管技术的副主席、司库和秘书长各 1 名。所有主要官员由理事会任命，享有终身任期；ISO 秘书长负责主持 ISO 的日常工作。

（1）ISO 的全体大会。ISO 的最高权力机构是全体成员大会，1994 年以前，全体大会每 3 年召开 1 次，自 1994 年开始执行新章程后，改为每年召开 1 次，并定于每年 9 月召开。所有的 ISO 正式成员、通信成员、注册成员和与 ISO 有联络关系的国际组织均派代表与会，但只有正式成员有表决权。全体大会的主要议程包括：年度报告中有关项目的行动情况、ISO 的战略计划以及财政情况等。全体大会的工作会议只限于 ISO 成员国参加，专题公共研讨会任何与会人员均可参加。

（2）ISO 的理事会。理事会是 ISO 的核心治理机构，由 ISO 主席主持，通常每年分别在 3 月、6 月、9 月召开 3 次会议。理事会由 ISO 官员（主席、副主席、司库、秘书长），根据议事规则指定的 6 个正式成员（对本组织贡献最大的 6 个成员团体被自动指定为理事会的常任成员）和全体大会选出的 14 个成员团体组成。

（3）理事会的主要任务是任命司库，任命秘书长，规定秘书长的权限和工作范围，制定秘书长处理中央秘书处工作的规则，选举技术管理局的成员，并确定技术管理局的职权范围和职责，任命政策制定委员会主席，审查并决定 ISO 中央秘书处的财务预算。

（4）ISO 的技术管理局。技术管理局是负责 ISO 技术管理和协调的最高管理机构。技术管理局每年召开 3 次会议，一般安排在 2 月、6 月和 9 月。技术管理局的成员由 1 名主席和理事会任命或选举的 14 个成员团体组成。

技术管理局主要任务是就 ISO 全部技术工作的战略计划、协调、运作和管理问题向理事会报告，并在需要时向理事会提供咨询，负责技术委员会机构的全面管理，审查 ISO 新工作领域的建议，批准成立或解散技术委员会，修改技术委员会工作的导则，代表 ISO 复审 ISO/IEC 技术工作导则，检查和协调所有的修改意见并批准有关的修订文本，在技术工作已有政策的框架内，就下列事项采取行动：

①颁布技术委员会工作导则。

②批准技术委员会的名称、工作范围和工作计划。

③任命技术委员会主席。

④指定或重新指定担任技术委员会或分技术委员会秘书处工作的成员团体。

⑤监督技术委员会的工作。

⑥对技术委员会或分技术委员会的行动或非行动提出反诉。

⑦对 ISO 技术委员会之间、ISO 与 IEC 之间、ISO 与其他国际组织或地区之间的技术协调问题做出决议。

⑧就 ISO 与 IEC 之间的技术接口问题和与其他标准化国际组织之间的合作问题向秘书长提供咨询。

⑨建立（或解散）技术咨询组并指定这些小组的成员和主席。

（5）ISO 的中央秘书处。中央秘书处由秘书长和所需成员组成。

ISO 承担着全体大会、理事会、三个政策制定委员会、技术管理局、技术委员会的秘书处的工作。

（二）国际电工委员会（IEC）

国际电工委员会（International Electrotechnical Commission，IEC），主要制定电工电子领域国际标准，也从事电工电子产品质量合格评定和安全认证等工作，是一个非政府性国际机构。IEC 是世界上成立最早的一个国际标准化机构，是制定和发布国际电工电子标准的非政府性国际组织，距今已有 100 多年的历史。

国际标准化活动是从电工领域开始的。1870 年以后，电灯、电热器等家用电器以及各种插头、插座、电阻丝等已得到广泛使用。由于产品质量差、标准不统一，常常发生人身事故，于是用电安全和电工产品标准化问题被提到日程上来。1887—1900 年召开的 6 次国际电工会议上，与会专家们一致认为，有必要建立一个永久性的国际电工标准化机构。1904 年，在美国圣路易举行的国际电工会议上通过了关于成立永久性机构的决议，代表团会议认为这个类似的问题最好应由有关的政府代表团的国际委员会研究，希望与会的政府采纳代表团会议的建议，将该委员会最终变成永久性组织，还通过了英国R.E.B.克隆普顿上校的建议："应当采取措施，指派一个有代表性的委员会来考虑电机、电器的术语和功率的标准化问题，以便达到全世界各技术学会的合作。"

1908年10月，由西门子在伦敦主持召开了第一届理事会，通过了IEC第一个章程（后经过多次修订）。当时有26个国家参加会议，英国物理学家、数学家开尔文当选为IEC首任主席。

1947年，IEC作为一个电工部门并入国际标准化组织，会址遂迁至瑞士日内瓦，1976年又从ISO中分立出来。目前，IEC研制的国际标准超10000项。

IEC是联合国社会经济理事会的甲级咨询机构，目前与大约200个国际组织保持着联系。其中，同国际标准化组织关系最为密切，并有明确分工，即IEC负责电工电子领域的国际标准化工作，其他领域则由ISO负责。

1.IEC的宗旨

IEC的宗旨是在电学和电子学领域中的标准化及有关事务方面（如认证）促进国际合作，增进国际间的相互了解，IEC通过出版包括国际标准在内的出版物实现这一宗旨。

2.IEC的成员

接纳新成员由理事会投票表决。任何一个愿意参加IEC工作的国家均应成立本国的国家委员会。一个国家只能有一个机构以国家委员会的名义被接纳为IEC成员。IEC的成员分为正式成员、协作成员和预协作成员。

（1）正式成员。积极参加IEC活动，有投票权。但要成为IEC正式成员，该国家委员会必须声明向本国所有有兴趣参加IEC活动的政府或非政府机构开放。

（2）协作成员。由于资源有限，只参加部分活动，没有投票权。它们可以以观察员的身份参加所有的IEC会议。

（3）预协作成员。是指尚未建立国家委员会，由IEC中央办公室或某邻国的IEC国家委员会帮助其建立国家委员会的成员，IEC计划在3～5年内，帮助这些国家建立起各自的国委会。

目前，IEC的成员覆盖173个国家，其中正式国家成员86个，联络国家成员87个。

3.IEC的组织机构

IEC由其下设的管理机构、执行机构、咨询机构及官员组成，如图1-2所示。

IEC的主要机构有理事会（全体大会）、理事局、标准化管理局、合格评定局和市场战略局。

IEC的官员有主席、上届主席或当选的下届主席、副主席、司库和秘书长。

（1）理事会。理事会是IEC的最高权力机构和立法机构，是国家委员会的全体大会。理事会由下述人员组成：主席、国家委员会主席、上届主席或当选的下届主席、前任主席、副主席、司库和秘书长。理事会至少每年召开1次会议。

理事会制定IEC的政策和长期战略目标及财政目标，将IEC所有工作的管理委托给理事局，而标准和合格评定领域的具体管理工作分别由标准化管理局和合格评定局负责。

理事会的职责是制定政策并负责财政事务；负责选举官员，包括理事局、标准化管理局及合格评定局成员和主席，负责修改IEC章程及程序规则，负责要求理事局做出相关决议。

（2）理事局。理事局是监督实施IEC理事会政策和决议的机构。通常情况下，每年至少召开 2 次会议。由 IEC 官员和 15 名由理事会选出的投票成员组成，负责为理事会会议批准日程和准备文件，接收并考虑来自标准化管理局和合格评定局的报告，还根据需求建立咨询机构，并负责指定这些咨询机构的主席及其成员。

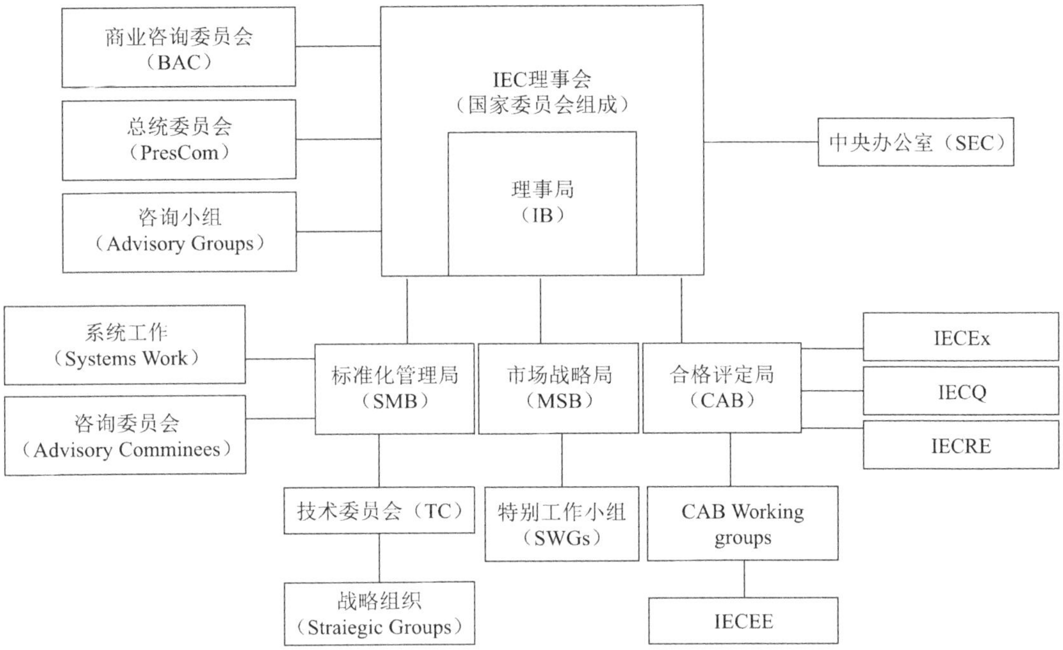

图 1-2 IEC 组织机构

（3）执行委员会。执行委员会负责实施理事会和理事局的决定，并支持中央办公室的运作，与 IEC 国家委员会保持联系。执行委员会为理事局制定日程和起草文件。通常，执行委员会每年召开 4 次会议。

（4）中央办公室。中央办公室是 IEC 全部活动的中心。中央办公室负责监督 IEC 章程、技术规则、技术工作导则及理事会和理事局决议的贯彻实施。通过现代化的电子数据处理手段和通信设备，保证项目管理、工作文件传递和标准最终文本出版发行等各项工作的正常进行。

IEC 中央办公室与 ISO 中央秘书处使用同一个技术工作导则，由于两个组织分工又合作，避免了工作的重叠。IEC 与 ISO 共同拥有 1 个信息中心，为各国及国际组织提供标准化信息服务。

（三）国际电信联盟（ITU）

国际电信联盟是联合国的一个重要专门机构，也是联合国机构中历史最长的一个国际组织，简称“国际电联”、“电联”或“ITU”。

国际电联是主管信息通信技术事务的联合国机构，负责分配和管理全球无线电频谱与卫星轨道资源，制定全球电信标准，向发展中国家提供电信援助，促进全球电信发展。作为世界范围内联系各国政府和私营部门的纽带，国际电联通过其麾下的无线电通信、标准化和发展电信展览活动，而且是信息社会世界高峰会议的主办机构。

国际电联总部设于瑞士日内瓦，其成员包括 193 个成员国和 900 多个部门成员及部门准成员和学术成员。每年的 5 月 17 日是世界电信日（World Telecommunication Day）。

1.ITU 的宗旨

加强国际合作，改进并合理使用各种电信手段，促进技术设施的发展和应用以提高电信业务效率；研究、制定和出版国际电信标准并促其应用；协调各国电信领域的行为；促进并提供对发展中国家的援助。

2.ITU 的成员

ITU 向各国政府及民间组织开放。各国政府机构可作为成员国加入 ITU，民间组织则作为 ITU 下属各部门的成员加入 ITU。截至目前，ITU 共有 193 个成员国，此外还有电信、广播和信息技术领域的 900 多个部门成员和部门准成员。

3.ITU 的组织机构

ITU 的管理组织架构是由电联全权大会、理事会、秘书处、无线通信部门（ITU-R）、电信标准化部门（ITU-T）和电信发展部门（ITU-D）组成。

（1）电联全权大会

ITU 的最高权力机构是全权代表大会。每 4 年召开一次的全权代表会议，主要任务是制定政策，实现电联的宗旨。

（2）理事会

ITU 理事会行使大会赋予的管理职权。理事会成员每 4 年改选一次，按世界地理区域分为 A 到 E 共五个区，每个区域内的成员国占有不等的席位，每一届理事会成员（2019—2022 年）共 48 个成员国。理事会会议每年举行一次，理事会成员国必须参加，非理事会成员国可受邀以观察员身份参加。理事会下设不同的工作组。理事会设理事会主席，由前任、现任及下任理事会主席组成。

（3）总秘书处（ITU-SG）

总秘书处主持日常工作，主要职责是拟定战略方针与策略，管理各种资源，协调各部门的活动。ITU 总秘书处是处理 ITU 日常事务的机构，其使命是向国际电联成员提供高质高效的服务。总秘书处对国际电联的活动进行行政和财务管理，包括提供大会服务、规划和组织大型会议、提供信息服务、安保服务、开展战略规划和行使包括宣传、法律咨询、财务、人事、采购、内部审计职能等等。总秘书处设秘书长和副秘书长各 1 名，下设 6 个办公室。现任秘书处秘书长为我国的赵厚麟先生（2014 年 10 月 23 日，当选为国际电联第 19 任秘书长，四年任期自 2015 年 1 月 1 日开始，2019 年开始了第二个任期）。秘书长负责国际电联的总体管理，是国际电联的法人代表。秘书长协调国际电联活动的所有行政事宜，确保以最有效、最经济的方式利用本组织资源。

（4）ITU 的常设机构

ITU 的常设机构除总秘书处外，还有国际电联标准化部门（ITU-T）、国际电联无线电通信部门（ITU-R）和国际电联电信发展部门（ITU-D）三个部门。

ITU-T 主要致力于信息通信技术的标准的研究制定。ITU-R 主要致力于无线电通信规则的制定、无线电通信的资源管理（无线频率、卫星轨道等）、无线电通信业务管理及无线电通信标准的制定。ITU-D 主要致力于促进国际合作（通过提供技术援助，以及在发展中国家建设、发展和完善电信和 ICT 设备和网络）和促进电信的可持续发展。这三个部门在日内瓦总部分别设置了国际电联电信标准化局（TSB）、国际电联无线电通信局（RB）和国际电联电信发展局（BDT）主持部门日常工作。

a. 无线电通信部（ITU-R）

ITU-R 的主要职责是确保所有无线电通信业务合理、公平、有效和经济地使用无线电频谱以及对地静止卫星轨道，并制定有关无线电通信课题的建议。

在发挥频谱协调员作用中，ITU-R 研制并采纳若干无线电法规，这些法规起着约束作用，控制全世界 49 个不同机构对无线电频谱的使用。它还作为国际频谱使用登记中，记录和维护国际频率总登记簿。此外 ITU 负责协调工作，确保在空中的通信、广播和气象卫星能够共存，使相互业务不受干扰。ITU-R 下设 6 个研究组。

b. 电信标准化部门（ITU-T）

电信标准化部在 ITU 中居中心位置，由原来的国际电报咨询委员会（CCIT）和国际无线电咨询委员会（CCIR）从事标准化工作的部门合并而成。其主要职责是：继续承担 CCIT 的所有工作，研究技术、操作的资费问题；并就这些问题制定标准化建议；研究制定统一电信网络标准，其中包括与无线电系统的接口标准，以促进并实现全球的电信标准化。

电信标准化部的工作由设在电联总部的电信标准化局进行管理和协调。下设 10 个研究委员会。有近 700 个国际和区域性组织、科研机构、电信主管部门参与 ITU-T 的工作。ITU-T 通常每 4 年召开一次世界电信标准化大会，主要任务是审议与电信标准化有关的具体问题，审议并通过标准化建议。第一次世界电信标准化大会于 1993 年 3 月 1—12 日在芬兰赫尔辛基召开，大会讨论并审议了 ITU-T 的组织机构、议事规则、工作程序与方法等。ITU-T 的任务之一是制定发布标准化建议、标准手册和指南。ITU 每年制定发布 210 个建议书，相当于每个工作日产生 1 个新标准或修订标准。再过去的 10 年间，由于实行了新的标准制定程序，标准平均制定周期缩短了 80%，即 10 年前制定一项新标准平均需要 4 年时间，现在只需要 9 个月就能完成[6]。

c. 电信发展部（ITU-D）

电信发展部主要职责是在电信领域内促进和提供对发展中国家的技术援助。

目前，ITU 的 193 个成员中有 2/3“不能”充分可靠地利用基本的电信服务。因此，帮助发展中国家电信基础设施发展则是 ITU-D 的主要任务。

发展部的活动包括：政策和法规咨询，电信金融和低成本技术选择方面的咨询，人力资源管理方面的援助以及发展以乡村和通用存取为目标的倡议项目，在这些活动中，ITU-D 强调发展与民营部门的伙伴关系，利用工业的商业驱动满足发展中国家的需求。

ITU-D 还提供全球电信行业发展动向分析的权威性信息资源，其中包括世界信息发展报告（WTDR）、电信管理调查等。

知识链接

我国与ITU的历史渊源

我国 1920 年加入国际电报联盟（1934 年更名为国际电信联盟）。

1932 年第一次派代表出席国际电联全权代表大会。

1947 年，首次入选行政理事会理事。

1972 年，重新恢复成员国地位。

2010 年，赵厚麟任国际电信联盟（ITU）副秘书长，这是迄今为止中国人在国际电信组织担任的最高职务。

2014 年 10 月 23 日，国际电信联盟 2014 年全权代表大会在韩国釜山举行秘书长选举，中国推荐的国际电信联盟副秘书长赵厚麟作为唯一候选人，在首轮投票中即获得 152 票支持，高票当选为新一任秘书长，成为国际电信联盟 150 年历史上首位中国籍秘书长。

2019 年，赵厚麟开始第二个秘书长四年任期。

知识链接

ISO、IEC和ITU战略重点的变化

ISO 加大对经济、技术、社会和环境的投入。

IEC 把能源、可持续发展、环境保护、智能制造、医疗健康、城市与社区、网络安全和交通运输等作为重点。

ITU 关注网络信息安全和能力建设。

（四）国际主要协会标准代号

表 1-1 为国际主要协会标准代号、含义及负责机构。

表 1-1 国际主要协会标准代号

序号	代号	含义	负责机构
1	BISFA	国际人造纤维标准化局标准	国际人造纤维标准化局（BISFA）
2	CAC	食品法典委员会标准	食品法典委员会（CAC）
3	CCC	关税合作理事会标准	关税合作理事会（CCC）
4	CIE	国际照明委员会标准	国际照明委员会（CIE）
5	CISPR	国际无线电干扰特别委员会标准	国际无线电干扰特别委员会（CISPR）
6	IAEA	国际原子能机构标准	国际原子能机构（IAEA）
7	IATA	国际航空运输协会标准	国际航空运输协会（IATA）
8	ICAO	国际民航组织标准	国际民航组织（ICAO）
9	ICRP	国际辐射防护委员会标准	国际辐射防护委员会（ICRP）
10	ICRU	国际辐射单位和测量委员会标准	国际辐射单位和测量委员会（ICRU）
11	IDF	国际乳制品联合会标准	国际乳制品联合会（IDF）
12	IEC	国际电工委员会标准	国际电工委员会（IEC）
13	IFLA	国际图书馆协会和学会联合会标准	国际图书馆协会和学会联合会（IFLA）
14	IIR	国际制冷学会标准	国际制冷学会（IIR）
15	ILO	国际劳工组织标准	国际劳工组织（ILO）
16	IMO	国际海事组织标准	国际海事组织（IMO）
17	IOOC	国际橄榄油理事会标准	国际橄榄油理事会（IOOC）
18	ISO	国际标准化组织标准	国际标准化组织（ISO）

续表

序号	代号	含义	负责机构
19	ITU	国际电信联盟标准	国际电信联盟（ITU）
20	OIE	国际兽疾局标准	国际兽疾局（OIE）
21	OIML	国际法制计量组织标准	国际法制计量组织（OIML）
22	OIV	国际葡萄与葡萄酒局标准	国际葡萄与葡萄酒局（OIV）
23	UIC	国际铁路联盟标准	国际铁路联盟（UIC）
24	UNESCO	联合国科教文组织标准	联合国科教文组织（UNESCO）
25	WHO	世界卫生组织标准	世界卫生组织（WHO）
26	WIPO	世界知识产权组织标准	世界知识产权组织（WIPO）

（五）主要工业国家标准化机构及代号

表 1-2 为主要工业国家标准化机构及代号。

表 1-2 主要工业国家标准化机构及代号

机构名称	代码	机构名称	代码
美国国家标准学会	ANSI	日本标准协会	JIS
美国标准协会	ASA	澳大利亚标准协会	AS
美国国家标准局	NBS	俄罗斯标准验证科研所	GOSTR
德国标准化协会	DIN	巴西技术标准协会	NB
德国电工、电子和信息技术委员会	DKE	韩国技术标准局	KS
英国标准学会	BSI	马来西亚标准局	DSM
法国标准化协会	AFNOR	印度标准协会	IS
意大利全国标准协会	UNI	新加坡标准与工业研究院	SS
意大利电工委员会	CEI	以色列标准学会	SI
加拿大标准协会	CSA	瑞典标准化委员会	SIS
日本工业标准调查会	JESC	瑞士标准协会	SNV

随堂随练

1. 请检索各届世界标准日的图标。
2. 请图解国际标准化的由来。
3. 简述国际标准化三大组织。
4. 请检索 ISO 的 1965/59 号决议。
5. 请检索国际包装标准目录。
6. 请检索国际印刷标准目录。

第三节 中国标准化基础知识

从原始社会开始，人类在与自然的生存搏斗中为了交流感情和传达信息，逐步出现了原始的语言、符号、记号、象形文字和数字。西安半坡遗址出土陶钵口上刻画的符号可以说明它们的萌芽状态，元谋、蓝田、北京出土的石制工具表明原始人类开始制造工具的样式和形状从多样走向统一。在第一次人类社会的农业、畜牧业分工中，由于物资交换要求公平、等价，从而促进了度、量、衡单位和器具标准统一，逐步从用人体的特定部位或自然物到标准化的器物。在人类社会第二次产业大分工，即农业、手工业分化时，为了提高生产率，对工具和技术规范化就成了迫切要求，从出土的青铜器、铁器上可以看到那时科学技术和标准化水平的发展，如春秋战国时代的《考工记》就有青铜冶炼配方和30项生产设计规范和制造工艺要求，如用圆规校准轮子圆周，用平整的圆盘基面检验轮子的平直性，用垂线校验幅条的直线性，用水的浮力观察轮子的平衡，同时对用材、轴的坚固灵活、结构的坚固和适用等都做出了规定，不失为严密而科学的车辆质量标准。在工程建设上，如我国宋代李诫在《营造法式》中，对建筑材料和结构做出了规定。秦统一中国之后，用政令对度量衡、文字、货币、道路、兵器进行大规模的标准化，用律令，如《工律》《金布律》《田律》规定“与器同物者，其大小长短必等”是集古代工业标准化之大成。宋代毕昇发明的活字印刷术，运用了标准件、互换性、分解组合、重复利用等方法和原理，更是古代标准化的里程碑。

中国近代标准化起步较晚，由政府直接领导的标准化工作始于1931年成立的工业标准化委员会，1946年9月颁布标准法，截至1947年共编写标准草案1500余项，经审定公布的标准只有79项，代号为CS。中华人民共和国成立后，在中央技术管理局内设标准化规格处，1957年在国家技术委员会内设标准局，1958年开始发布国家标准，代号为GB，1962年国务院发布了《工农业产品和工程建设技术标准管理办法》；1988年12月29日通过了《中华人民共和国标准化法》，并于1989年4月1日起施行，2017年11月4日通过了新修订的《中华人民共和国标准化法》，并于2018年1月1日起施行；1990年4月6日国务院发布了《中华人民共和国标准化管理条例》；2015年3月国务院发布《深化标准化工作改革方案》；2020年1月17日国家市场监管总局发布了《强制性国家标准管理办法》；2021年10月10日由中共中央、国务院发布了《国家标准化发展纲要》，《国家标准化发展纲要》明确了标准化工作的新方位，提出了标准化改革的新路径，确立了标准化开放的新格局，为构建推动高质量发展的标准体系作出了全面部署，提供了行动指南。

截至2020年底，我国已发布国家标准共39847项，共批准设立71类行业标准72620项，地方标准共49334项，4334家社会团体在平台公布团体标准21350项，企业标准171万余项。形成了完整的标准体系与包括标准化行政管理、科学研究、技术组织及学术团体的标准化工作体系。现有全国专业标准化技术委员会有594个TC，771个SC和13个SWG。各地开展国家级标准化试点示范项目6992个。中国已承担ISO、IEC技术机构主席副主席75个、秘书处75个，与54个国家、地区标准化机构和国际组织签署了97份标准化双多边合作文件，共发布国家标准外文版930项。

一、标准化相关组织机构

标准化相关组织机构包括标准化行政管理机构、标准化技术委员会、标准化研究机构、标准化学术机构、社会团体标准出版与发行机构，此处详细介绍标准化行政管理机构和标准化技术委员会。

（一）标准化行政管理机构

1. 标准化行政管理机构沿革

标准化行政管理机构是政府中主管标准化工作的部门。标准化行政管理机构始建于1931年12月，中华民国政府实业部（后改为经济部）所属的工业标准委员会。中华人民共和国成立之后，在中央技术管理局设标准规格处；1957年在国家技术委员会（后改为国家科学技术委员会）内设标准局；1972年成立国家标准计量局；1978年成立国家标准总局；1982年改为国家标准局；1988年成立国家技术监督局；1998年改为国家质量技术监督局；2001年10月成立中国国家标准化管理委员会（中华人民共和国国家标准化管理局），为国家质量监督检验检疫总局管理的事业单位；2018年3月，根据中共十九届三中全会通过的《深化党和国家机构改革方案》，国家标准化管理委员会职责划入国家市场监督管理总局，对外保留牌子。国家标准化管理委员会（Standardization Administration of the People’s Republic of China，SAC）。

2. 国家标准化管理委员会的职责

以国家标准化管理委员会名义，下达国家标准计划，批准发布国家标准，审议并发布标准化政策、管理制度、规划、公告等重要文件；开展强制性国家标准对外通报；协调、指导和监督行业、地方、团体、企业标准工作；代表国家参加国际标准化组织、国际电工委员会和其他国际或区域性标准化组织；承担有关国际合作协议签署工作；承担国务院标准化协调机制日常工作。内设标准技术管理司和标准创新管理司，其具体职责如下。

（1）标准技术管理司：拟定标准化战略、规划、政策和管理制度并组织实施。承担强制性国家标准的立项、编号、对外通报和授权批准发布工作。协助组织查处违反强制性国家标准等重大违法行为。组织制定推荐性国家标准（含标准样品），承担推荐性国家标准的立项、审查、批准、编号、发布和复审工作。承担国务院标准化协调机制的日常工作。承担全国专业标准化技术委员会管理工作。

（2）标准创新管理司：协调、指导和监督行业、地方标准化工作。规范、引导和监督团体标准制定、企业标准化活动。开展国家标准的公开、宣传、贯彻和推广实施工作。管理全国物品编码、商品条码及标识工作。承担全国法人和其他组织统一社会信用代码相关工作。组织参与国际标准化组织、国际电工委员会和其他国际或区域性标准化组织活动。组织开展与国际先进标准对标达标和采用国际标准相关工作。

（二）标准化技术委员会

标准化技术委员会是在一定专业领域内，从事国家标准起草和技术审查等标准化工作的非法人技术组织。

从1979年，开始在各个专业技术领域组建全国专业标准化技术委员会，2018年1月1日全国专业标准化技术委员会管理办法规定了技术委员会的构成、组建、换届、调整和监督管理办法。

目前，共有1300多个全国专业标准化技术委员会和若干个分技术委员会。例如，

TC49 是包装标准化技术委员会，TC170 是全国印刷标准化技术委员会，TC192 是全国印刷机械标准化技术委员会，TC436 是全国包装机械标准化技术委员会，TC494 是全国食品包装机械标准化技术委员会、标准化技术委员会的主要职责包括：

（1）提出本专业领域标准化工作的政策和措施建议；

（2）编制本专业领域国家标准体系，根据社会各方的需求，提出本专业领域修订国家标准项目建议；

（3）开展国家标准的起草、征求意见、技术审查、复审及国家标准外文版的组织翻译和审查工作；

（4）开展本专业领域国家标准的宣贯和国家标准起草人员的培训工作；

（5）受国务院标准化行政主管部门委托，承担归口国家标准的解释工作；

（6）开展标准实施情况的评估、研究分析；

（7）组织开展本领域国内外标准一致性比对分析，跟踪、研究相关领域国际标准化的发展趋势和工作动态；

（8）管理下设分技术委员会；

（9）承担国务院标准化行政主管部门交办的其他工作。

二、标准化法律、法规体系

中国的标准化法规体系由法律、行政法规、部门规章、地方性法规和地方政府规章构成。《中华人民共和国标准化法》是标准化法规体系的顶层法律，体系中的所有法规和规章均以该法为依据。《中华人民共和国标准化法实施条例》是国务院依据《中华人民共和国标准化法》颁布的有关该法实施的行政法规。国务院标准化行政主管部门依据《中华人民共和国标准化法》和《中华人民共和国标准化法实施条例》制定了 24 个与之配套的部门规章，如表 1-3 所示，初步形成了较为齐全的标准化法规体系。

表 1-3　中国标准化法律、法规和行政规章

旧名称	颁布部门	修订实施日期	批准日期	新名称
机电新产品标准化审查管理办法	国家机械工业委员会、国家经济委员会、国家标准总局	未修订	1981-03-14	
国家实物标准暂行管理办法	市场监管总局	2021-06-02	1986-01-02	国家标准样品管理办法
中华人民共和国标准化法	全国人民代表大会常委会	2018-01-01	1988-12-29	
中华人民共和国标准化法实施条例	国务院	未修订	1990-04-06	
标准化科学技术进步奖励办法	国家技术监督局	未修订	1990-05-09	
国家标准管理办法	国家市场监督管理总局	2020-06-01	1990-08-24	强制性国家标准管理办法

续表

旧名称	颁布部门	修订实施日期	批准日期	新名称
行业标准管理办法	国家技术监督局	未修订	1990-08-24	
企业标准化管理办法	国家市场监督管理总局	2024-01-01	1990-08-24	企业标准化促进办法
全国专业标准化技术委员会章程	国家市场监督管理总局	2020-11-03	1990-08-24	全国专业标准化技术委员会管理办法（2020修订版）
地方标准管理办法	国家市场监督管理总局	2020-03-01	1990-09-06	
能源标准化管理办法	国家能源局	2019-04-18	1990-09-06	能源标准化管理办法及实施细则
农业标准化管理办法	国家市场监督管理总局	2024-07-01	1991-02-26	农业农村标准化管理办法
中华人民共和国产品质量认证管理条例	国务院	2003-09-03	1991-05-07	
标准出版发行管理办法	国家技术监督局	未修订	1991-11-07	
参加国际标准化组织（ISO）和国际电工委员会（IEC）技术活动的管理办法	国家技术监督局	未修订	1992-10-20	
企业事业单位和社会团体代码管理办法	国家技术监督局、中央机构编制委员会办公室、国家计委会、国家科学委员会、公安部、民政部、财政部、劳动部、对外经济贸易合作部、中国人民银行、国家统计局、国家税务总局、国家信息中心	未修订	1993-07-13	
查处食品标签违法行为规定	国家质量监督检验检疫总局	2008-09-01	1995-06-20	食品标识管理规定
标准出版管理办法	国家技术监督局、国家新闻出版署	未修订	1997-08-08	
采用快速程序制定国家标准的管理规定	国家技术监督局	未修订	1998-01-08	
国家标准英文翻译出版工作管理暂行办法	国家标准化委员会	2016-08-26	1998-04-22	国家标准外文版管理办法
商品条码管理办法	国家质量监督检验检疫总局	2005-05-16	1998-07-29	

续表

旧名称	颁布部门	修订实施日期	批准日期	新名称
国家标准化指导性技术文件管理规定	国家质量技术监督局	未修订	1998-12-24	
电力行业标准化管理办法	国家经济贸易委员会	未修订	1999-06-16	
国家标准英文版翻译指南	国家质量技术监督局	未修订	2000-02-12	
关于强制性标准实行条文强制的若干规定	国家标准化管理委员会	未修订	2000-02-22	
中华人民共和国海关行业标准管理办法	国家海关总署	2006-02-01	2005-12-29	
农业标准化实施示范项目资金管理暂行办法	农业农村部	未修订	2006-01-27	
国家农业标准化示范区管理办法（试行）	国家标准化管理委员会	未修订	2007-10-22	
民用核安全设备监督管理条例	国务院	2019-09-02	2007-07-11	民用核安全设备监督管理条例（2019 修订）
食品安全国家标准管理办法	国家卫生健康委员会	未修订	2010-09-20	
新闻出版行业标准化管理办法	国家新闻出版广电总局	未修订	2013-12-04	
乘用车燃料消耗量限值	国家质量监督检验检疫总局、国家标准化管理委员会	2021-07-01	2014-12-22	

第二章　标准的制定与实施

《中华人民共和国标准化法》（以下简称《标准化法》）是标准化工作应该遵循的基本法，1988 年颁布的《标准化法》已经施行了近三十年，对建立和完善我国的标准化法律法规体系、提高产品质量、促进经济社会科学发展发挥了重要作用。但随着我国社会主义市场经济体制的不断完善、科学技术的迅猛发展、政府职能转变与社会治理方式的深刻的变革，1988 年颁布的《标准化法》已经不能适应新形势的发展需要。为了加强标准化工作，提升产品和服务质量，促进科学技术进步，保障人身健康和生命财产安全，维护国家安全、生态环境安全，提高经济社会发展水平，于 2002 年启动了《标准化法》的修订工作，其间对修法的必要性进行了充分的论证，对修法的重要问题进行了深入的调查研究，为推进修法奠定了坚实的基础。新的《标准化法》于 2017 年 11 月 4 日修订通过，于 2018 年 1 月 1 日起施行。《标准化法》共分六章四十五条。

《标准化法》所称标准（含标准样品），是指农业、工业、服务业以及社会事业等领域需要统一的技术要求。标准包括国家标准、行业标准、地方标准和团体标准、企业标准。国家标准分为强制性标准、推荐性标准，行业标准、地方标准是推荐性标准。

其中，强制性标准必须执行。国家鼓励采用推荐性标准。

一、国家标准

对保障人身健康和生命财产安全、国家安全、生态环境安全以及满足经济社会管理基本需求的技术要求，应当制定强制性国家标准。

国务院有关行政主管部门依据职责负责强制性国家标准的项目提出、组织起草、征求意见和技术审查。国务院标准化行政主管部门负责强制性国家标准的立项、编号和对外通报。国务院标准化行政主管部门应当对拟制定的国家标准是否符合强制性国家标准的规定进行立项审查，对于符合规定的给予立项。强制性国家标准由国务院批准发布或授权批准发布。

法律、行政法规和国务院决定对强制性标准的制定另有规定的，从其规定。强制性标准文本应当免费向社会公开。

对满足基础通用、与强制性国家标准配套、对各有关行业起引领作用等需要的技术要求可以制定推荐性国家标准。

推荐性国家标准由国务院标准化行政主管部门制定。制定推荐性标准，应当组织由相关方组成的标准化技术委员会，承担标准的起草、技术审查工作。国家推动免费向社会公开推荐性标准文本。

二、行业标准

对没有推荐性国家标准、需要在全国某个行业范围内统一的技术要求，可以制定行业标准。

行业标准由国务院有关行政主管部门制定，报国务院标准化行政主管部门备案。

三、地方标准

为满足地方自然条件、风俗习惯等特殊技术要求，可以制定地方标准。地方标准由省、自治区、直辖市人民政府标准化行政主管部门制定；设区的市级人民政府标准化行政主管部门根据本行政区域的特殊需要，经所在地省、自治区、直辖市人民政府标准化行政主管部门批准，可以制定本行政区域的地方标准。地方标准由省、自治区、直辖市人民政府标准化行政主管部门报国务院标准化行政主管部门备案，由国务院标准化行政主管部门通报国务院有关行政主管部门。例如，北京市地方标准 DB 11/1201—2015《印刷业挥发性有机物排放标准》由北京市质量技术监督局发布，该标准规定了印刷生产活动中挥发性有机物排放的控制要求，以及标准的实施与监督等相关规定。

四、团体标准

国家鼓励学会、协会、商会、联合会、产业技术联盟等社会团体协调相关市场主体共同制定满足市场和创新需要的团体标准，由本团体成员约定采用或者按照本团体的规定供社会自愿采用。

制定团体标准，应当遵循开放、透明、公平的原则，保证各参与主体获取相关信息，反映各参与主体的共同需求，并应当组织对标准相关事项进行调查分析、实验、论证。

国务院标准化行政主管部门会同国务院有关行政主管部门对团体标准的制定进行规范、引导和监督。

五、企业标准

企业可以根据需要自行制定企业标准，或者与其他企业联合制定企业标准。

国家支持在重要行业、战略性新兴产业、关键共性技术等领域利用自主创新技术制定团体标准、企业标准。

推荐性国家标准、行业标准、地方标准、团体标准、企业标准的技术要求不得低于强制性国家标准的相关技术要求。

国家鼓励社会团体、企业制定高于推荐性标准相关技术要求的团体标准、企业标准。

国家实行团体标准、企业标准自我声明公开和监督制度。企业应当公开其执行的强制性标准、推荐性标准、团体标准或者企业标准的编号和名称；企业执行自行制定的企业标准的，还应当公开其产品、服务的功能指标和产品的性能指标。国家鼓励团体标准、企业标准通过标准信息公共服务平台向社会公开。

企业应当按照标准组织生产经营活动，其生产的产品、提供的服务应当符合企业公开标准的技术要求。企业研制新产品、改进产品，进行技术改造，应当符合《标准化法》规定的标准化要求。

六、标准编号和代号

标准应当按照编号规则进行编号。标准编号规则由国务院标准化行政主管部门制定并发布。

（一）国家标准编号和代号

标准代号由汉语拼音大写字母组成。标准的编号由标准代号、标准发布顺序号及标准发布年代号（四位数）组成。

强制性标准编号为

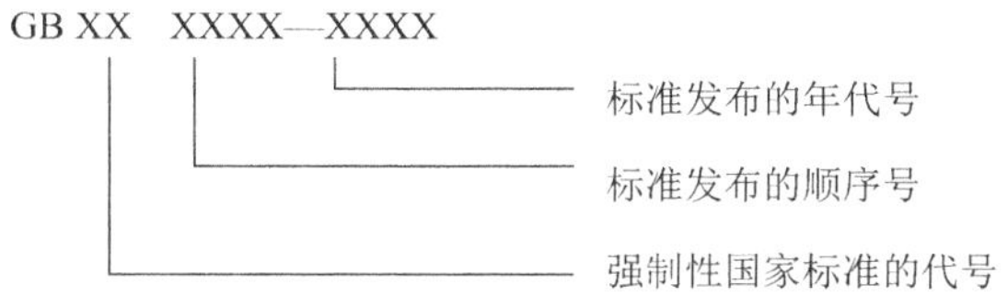

推荐性标准编号为

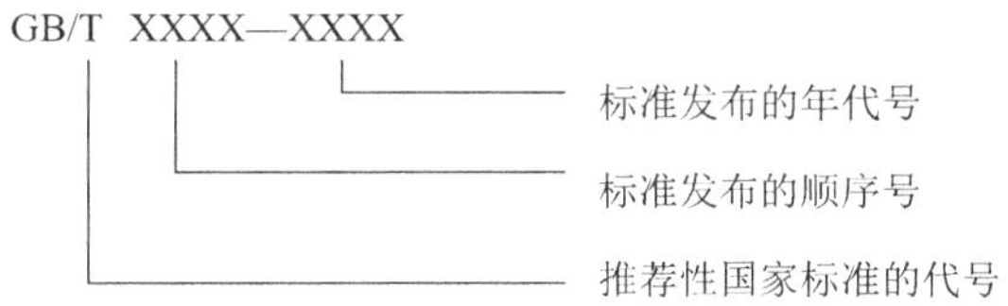

标准化指导性技术文件编号为

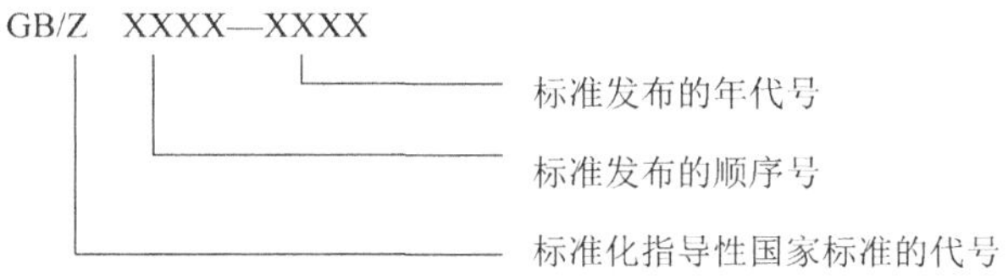

（二）行业标准代号

行业标准代号如表 2-1 所示。

七、标准的分类

了解标准的分类能够帮助标准起草者起草适用性更好的标准。按照不同的分类方法可以将标准划分如下。

（一）按照标准主体分

我国标准按制定主体分为国家标准、行业标准、地方标准和团体标准、企业标准。行业标准和地方标准属于政府主导制定的标准，团体标准、企业标准属于市场主体自主制定的标准。

（二）按照实施效力分

我国标准按实施效力分为强制性标准和推荐性标准，这种分类只适用于政府制定的标准。

表 2-1　行业标准代号

序号	标准代号	标准类别	序号	标准代号	标准类别	序号	标准代号	标准类别
1	AQ	安全生产	25	JG	建筑工程	49	SN	出入境检验检疫
2	BB	包装	26	JR	金融	50	SW	税务
3	CB	船舶	27	JT	交通	51	SY	石油天然气
4	CH	测绘	28	JY	教育	52	TB	铁路运输
5	CJ	城镇建设	29	LB	旅游	53	TD	土地管理
6	CY	新闻出版	30	LD	劳动和劳动安全	54	TJ	铁道交通
7	DA	档案	31	LS	粮食	55	TY	体育
8	DB	地震	32	LY	林业	56	WB	物资管理
9	DL	电力	33	MH	民用航空	57	WH	文化
10	DY	电影	34	MT	煤炭	58	WJ	兵工民品
11	DZ	地质矿产	35	MZ	民政	59	WM	外经贸
12	EJ	核工业	36	NB	能源	60	WS	卫生
13	FZ	纺织	37	NY	农业	61	WW	文物保护
14	GA	公共安全	38	QB	轻工	62	XB	稀土
15	GC	国家物资储备	39	QC	汽车	63	XF	消防救援
16	GY	广播电影电视	40	QJ	航天	64	YB	黑色冶金
17	GM	国密	41	QX	气象	65	YC	烟草
18	HB	航空	42	RB	认证认可	66	YD	通信
19	HG	化工	43	SB	国内贸易	67	YJ	减灾救灾与综合性应用
20	HJ	环境保护	44	SC	水产	68	YS	有色冶金
21	HS	海关	45	SF	司法	69	YY	医药
22	HY	海洋	46	SH	石油化工	70	YZ	邮政
23	JB	机械	47	SJ	电子	71	ZY	中医药
24	JC	建材	48	SL	水利			

（三）按照标准化对象分

1. 产品标准

产品标准是相对于过程标准和服务标准而言，规定产品需要满足的要求以保证其适用性的标准。根据上述定义可以归纳出产品标准的特点：标准化对象为具体的产品，编制标准的目的是保证产品的适用性，标准中规定的内容为“产品应满足的要求”。只有符合上述特点的标准才可划入产品标准这一类别。产品标准的标准化对象可进一步细分，根据细分的结果还可将产品标准分为原材料标准、零部件或元器件标准、制成品标准或系统标准等。

2. 过程标准

过程标准是相对产品标准和服务标准而言，规定过程需要满足的要求以保证其适用性的标准。根据上述定义可以归纳出过程标准的特点：标准化对象为过程，编制标准的目的是保证过程的适用性，标准中规定的内容为“过程应满足的要求”。只有符合上述特点的标准才可划入过程标准这一类别。

过程标准的标准化对象通常会涉及诸如：设计、制造 / 操作、安装使用或管理；申请、评定或检验等。

3. 服务标准

服务标准是相对于产品标准和过程标准而言，规定服务需要满足的要求以保证其适用性的标准。根据上述定义可以归纳出服务标准的特点：标准化对象为服务，编制标准的目的是保证服务的适用性，标准中规定的内容为“服务应满足的要求”。只有符合上述特点的标准才可划入服务标准这一类别。

（四）按照标准内容的功能分

1. 术语标准

术语标准是界定特定领域或学科中使用的概念的指称及其定义的标准。术语标准的功能为“界定”特定领域或学科中使用的概念，通过对概念下定义并赋予指称（即“术语”）。这类标准的核心技术要素为“术语条目”，通常含有术语和定义，有时还附有示意图、注、示例等。术语标准通常包含了某个领域、学科或某个标准化对象使用的概念的全部或大部分术语和定义。这些术语和定义可以构成某领域、学科或某标准化对象的概念体系。术语标准的典型内容及表现形式为：“按照概念体系编排的术语条目”加上“术语及其外文对应词的索引”。

术语标准中界定的术语是人类相互交流，尤其是技术交流的基础，有了被严格定义的术语，人类的科技、生产和贸易活动才成为可能。

2. 符号标准

符号标准是界定特定领域或学科中使用的符号的表现形式及其含义或名称的标准。符号标准的功能为“界定”涉及某个领域的符号，通常要界定符号的表现形式，并且确定其含义或名称。这类标准的核心技术要素为“符号或标志及其含义”。符号标准的典型内容及表现形式为：“符号表”加上“符号含义（或名称）及其外文对应词的索引”。

符号标准界定的符号将便于各种语言、文化、知识背景的人们的相互交流，这些符号在人们日常生活和科学技术活动中发挥着不可替代的作用。

3. 分类标准

分类标准是基于诸如来源构成、性能或用途等相似特性对产品、过程或服务进行有规律的划分、排列或者确立分类体系的标准。

分类标准的功能为“确立”分类体系，其核心技术要素是“分类和 / 或编码”。分类结果是具体类目 / 项目。这些类目 / 项目可以通过命名的名称（由文字组成）、赋予的代码（由阿拉伯数字、拉丁字母或它们的组合构成）予以识别。

4. 试验标准

试验标准是在适合指定目的的精密度范围内和给定环境下，全面描述试验活动以及得出结论的方式的标准。试验标准的功能为“描述”试验方法，其核心技术要素通常包括详细的“试验步骤”“试验数处理”（结果的计算方法）。试验标准有时附有与试验相关的其他内容，例如原理，试验条件、试剂或材料、仪器设备、样品、试验报告等。

试验标准通常规定下述内容：首先，它应该规定试验所依据的试验步骤；其次，试验是有具体目标的，即要测定出产品或服务的具体特性值，也就是要得出试验数据并给出结果的计算方法；最后，它要根据确定的目标指明该试验所得出的结果的精密度。也就是说，试验标准要通过一个标准化的过程，得出在一定精密度范围内的结果或结论。

5. 规范标准

规范标准是为产品、过程或服务规定需要满足的要求并且描述用于判定该要求是否得到满足的证实方法的标准。大多数标准化对象——无论是产品、过程还是服务，都可以成为规范标准的对象。规范标准的功能为“规定”要求，其核心技术要素是规定标准化对象（或其某个特殊方面）需要满足的“要求”，同时描述判定是否符合要求所使用的“证实方法”，也就是说规范标准中应该有由要求型条款组成的“要求”一章。在声明符合标准时，“要求”一章中所规定的要求需要严格遵守并且能够证实，因此规范中需要同时指出判定符合要求的证实方法。

6. 规程标准

规程标准是为活动的过程规定明确的程序并且描述用于判定该程序是否得到履行的追溯 / 证实方法的标准。其中的过程包括但不限于设计、制造 / 操作、安装、使用或管理；申请、评定或检验等。规程标准的功能为“确立”程序、“规定”程序指示，其核心技术要素是为活动的过程“确立程序”，规定履行程序的一系列“程序指示”并描述“追溯 / 证实方法”。

规程标准主要规定的是履行过程的行为指示，而规范标准规定的是对标准化对象的技术要求，这是规程标准与规范标准的主要区别。履行规程标准规定的程序指示不产生任何试验结果，而履行试验标准中描述的试验步骤必定产生试验结果，这是规程标准与试验标准的主要区别。

7. 指南标准

指南标准是以适当的背景知识提供某主题的普遍性、原则性、方向性的指导，或者同时给出相关建议或信息的标准。指南标准的功能为“提供”指导，其核心技术要素为“需考虑的因素”。在“需考虑的因素”中提供某主题的普遍性、原则性或方向性的指导。在提供指导的同时，通常会以适当的背景知识给出相关信息，必要时还会提供相关建议。

指南提供的是指导、建议或给出信息，但不规定要求、不推荐具体的惯例或程序。这是指南标准与规范标准或规程标准的本质区别。

八、国家标准制定

（一）国家标准制定的内容

对农业、工业、服务业以及社会事业等领域需要在全国范围内统一的技术要求，应当制定国家标准（含标准样品），包括下列内容：

1. 通用的技术术语、符号、分类、代号（含代码）、文件格式、制图方法等通用技术语言要求和互换配合要求；

2. 能源、资源、环境的通用技术要求；

3. 通用基础件、基础原料、材料的技术要求；

4. 通用的试验、检验方法；

5. 社会治理、服务，以及生产和流通的管理等通用技术要求；

6. 工程建设的勘察、规划、设计、施工及验收的通用技术要求；

7. 对各有关行业起引领作用的技术要求；

8. 国家需要规范的其他技术要求。

上述涉及保障人身健康和生命财产安全、国家安全、生态环境安全以及满足经济社会管理基本需要的技术要求，应当制定为强制性国家标准，其他的制定为推荐性国家标准。

对需要有实物对照的技术要求，应当制作标准样品。标准样品和相关标准配合使用，用于测试、比对等活动。

对技术尚在发展中，需要引导其发展或具有标准化价值，暂时不能制定为国家标准的项目，可以制定为国家标准化指导性技术文件。

（二）制定国家标准的原则与要求

1. 制定国家标准应当贯彻国家的有关方针政策、法律法规，便利经贸往来，支撑产业发展，促进科技进步，规范社会治理，服务国家战略。

2. 制定国家标准，应当结合国情采用国际标准。采用国际标准时应当符合有关国际组织的版权政策。鼓励采用国际标准与相关国际标准制定同步，加快适用国际标准的转化运用。

3. 制定与国际贸易、产能和装备合作相关，且未采用国际标准的国家标准，应当同步开展国家标准外文版立项、编译、发布工作。

4. 制定国家标准应当在科学技术研究和社会实践经验的基础上，通过调查、论证、验证等方式，保证国家标准的科学性、规范性、时效性，提高国家标准质量。

5. 建立国家标准验证工作制度，制定国家标准时对技术要求、关键指标、涉及专利、采用国际标准等开展试验验证和评估验证，保证标准技术内容先进适用、科学合理。

6. 制定国家标准应当公开、透明，广泛征求各方意见。

7. 制定国家标准应当做到有关标准之间的协调配套。

8. 国家标准中涉及的专利应当是必要专利，其管理按照国家标准涉及专利的有关管理规定执行。

（三）国家标准制定程序

依据《ISO/IEC 导则　第一部分：技术工作程序》（1995 年版），发布了 GB/T 16733—1997《国家标准制定程序的阶段划分及代码》，该标准将国家标准的制定程序划分为以下 9 个阶段：

1. **预阶段**（Preliminary Stage）

对将要立项的新工作项目进行研究及必要的论证，并在此基础上提出新工作项目建议，包括标准草案或标准大纲（如标准的范围、结构及其相互关系等）（00 阶段的成果：PWI）。

2. **立项阶段**（Proposal Stage）

对新工作项目建议进行审查、汇总、协调、确定，直至下达《国家标准制、修订项目计划》（10 阶段的成果：NP）。时间周期不超过三个月。

3. **起草阶段**（Preparatroy Stage）

项目负责人组织标准起草工作直至完成标准草案征求意见稿（20 阶段的成果：WD）。时间周期不超过十个月。

4. **征求意见阶段**（Committee Stage）

将标准草案征求意见稿按有关规定分发征求意见。在回复意见的日期截止后，标准起草工作组应根据返回的意见，完成意见汇总处理表和标准草案送审稿（30 阶段的成果：CD）。时间周期不超过五个月。

若回复意见要求对征求意见稿进行重大修改，则应分发第二征求意见稿（甚至第三征求意见稿）征求意见。此时，项目负责人应主动向有关部门提出延长或终止该项目计划的申请报告。

5. **审查阶段**（Voting Stage）

对标准草案送审稿组织审查（会审或函审），并在（审查）协商一致的基础上，形成标准草案报批稿和审查会议纪要或函审结论（40 阶段的成果：DS）。时间周期不超过五个月。

若标准草案送审稿没有被通过，则应分发第二标准草案送审稿，并再次进行审查。此时，项目负责人应主动向有关部门提出延长或终止该项目计划的申请报告。

6. **批准阶段**（Approval Stage）

（1）主管部门对标准草案报批稿及报批材料进行程序、技术审核。对不符合报批要求的，一般应退回有关标准化技术委员会或起草单位，限时解决问题后再行审核。时间周期不超过四个月。

（2）国家标准技术审查机构对标准草案报批稿及报批材料进行技术审查，在此基础上对报批稿完成必要的协调和完善工作。时间周期不超过三个月。

若报批稿中存在重大技术方面的问题或协调方面的问题，一般应退回部门或有关专业标准化技术委员会，限时解决问题后再行报批。

（3）国务院标准化行政主管部门批准、发布国家标准（50 阶段的成果：FDS）。时间周期不超过一个月。

7. **出版阶段**（Publication Stage）

将国家标准出版稿编辑出版，提供标准出版物（60 阶段的成果：GB，GB/T，GB/Z）。时间周期不超过三个月。

8. **复审阶段**（Review Stage）

对实施周期达五年的标准进行复审，以确定是否确认（继续有效），修改（通过技术勘误表或修改单），修订（提交一个新工作项目建议，列入工作计划）或废止。

9. **废止阶段**（Withdrawal Stage）

对于经复审后确定为无存在必要的标准，予以废止。

上述各阶段的代码，以及与 ISO/IEC 标准阶段划分的对应关系及与 WTO 的对应阶段、各阶段的成果和运行周期，如表 2-2 所示。

针对上述各阶段又进一步细化为分阶段，各分阶段的任务划分及其代码，如表 2-3 所示。

表 2-2 国家标准制定程序的阶段划分及代码

阶段代码	阶段名称	阶段任务	阶段成果	完成周期/月	WTO 对应阶段	ISO/IEC 对应阶段
00	预阶段	提出新工作项目建议	PWI	—	—	00
10	立项阶段	提出新工作项目	NP	3	I	10
20	起草阶段	提出标准草案征求意见稿	WD	10	II	20
30	征求意见阶段	提出标准草案送审稿	CD	5	III	30
40	审查阶段	提出标准草案报批稿	DS	5	III	40
50	批准阶段	提供标准出版稿	FDS	8	Ⅳ	50
60	出版阶段	提供标准出版物	GB GB/T GB/T	3	Ⅳ	60
90	复审阶段	定期复审	确认，修订	60	V*	90
95	废止阶段	—	废止	—	—	95

注：* WTO 第 V 阶段的开始即为国家标准发布时确定的实施日期。

表 2-3 国家标准制定程序的分阶段和代码

阶段	分阶段						
	00 登记	20 主要工作开始	60 主要工作结束	90			
				92 重复早期阶段	93 重复目前阶段	98 放弃	99 继续工作
00 预阶段	00.00 技术委员会或部门收到新工作项目建议提案	00.20 审查新工作项目建议提案	00.60 通过新工作项目建议提案	—	—	00.98 放弃新工作项目议案	00.99 将新工作项目建议上报（PWI）
10 立项阶段	10.00 国务院标准化行政主管部门登记新工作项目建议	10.20 审查和协调新工作项目建议	10.60 通过新工作项目建议	10.92 新工作项目建议返回提出者进一步明确	—	10.98 否决新工作项目建议	10.99 国务院标准化行政主管部门下达新工作项目计划（NP）
20 起草阶段	20.00 部门或技术委员会登记新工作项目，落实计划	20.20 组成工作组，起草标准草案征求意见意见稿	20.60 提出标准草案征求意见意见稿	—	—	20.98 项目被终止	20.99 形成标准草案征求意见稿（WD）
30 征求意见阶段	30.00 部门或技术委员会登记标准草案征求意见稿	30.20 发送标准草案征求意见稿	30.60 提出意见汇总处理表（VR）	—	—	30.98 项目被终止	30.99 形成标准草案送审稿（CD）

续表

阶段	分阶段						
	00 登记	20 主要工作开始	60 主要工作结束	90			
				92 重复早期阶段	93 重复目前阶段	98 放弃	99 继续工作
40 审查阶段	40.00 部门或技术委员会登记标准草案送审稿	40.20 初审	40.60 提出审查意见和结论	40.92 标准草案送审稿被退回	40.93 重新审查标准草案送审稿	40.98 项目被终止	40.99 形成标准草案报批稿（DS）
50 批准阶段	50.00 部门、国务院标准化行政主管部门登记标准草案报批稿	50.20 部门审核	50.60 国家标准技术审查机构提出审核意见和结论	50.92 标准草案报批稿被退回	—	50.98 项目被终止	50.99 批准发布国家标准，供出版（FDS）
60 出版阶段	60.00 国家标准出版单位登记国家标准出版稿	60.20 印刷国家标准	60.60 国家标准正式出版（GB、GB/T，GB/Z）	—	—	—	—
90 复审阶段	—	90.20 国家标准定期复审	90.60 发布复审结果	90.92 国家标准将被修订	90.93 国家标准被确认	—	90.99 技术委员会或部门提议废止国家标准
95 废止阶段	—	—	—	—	—	—	95.99 国家标准被废止

随堂随练

1. 我国标准分为几个层级？简述它们之间的关系。
2. 国家标准的属性有几种？简述它们的作用。
3. 举例说明国家标准是如何编号的？
4. 查阅相关资料，分析我国标准的现状。
5. 标准化行政管理机构的职责是什么？
6. 标准化技术委员会的主要职责是什么？有多少专业标准化技术委员会？
7. 制定标准的对象有哪些？
8. 制定标准有哪些要求？
9. 制定标准应按哪些程序进行？
10. 制定标准计划项目应进行哪些工作？
11. 哪些内容应制定为强制性标准？
12. 什么是国家标准化指导性技术文件？什么项目可制定指导性技术文件？其代号是什么？
13. 团体标准是如何编号的？

第三章　标准的起草

起草一个好的标准除需要具有相应的技术专业知识、标准化的基础知识、标准化的核心概念外，还要了解支撑标准制定工作的基础性国家标准，正确运用起草标准的原则，遵循起草标准的途径和步骤。

第一节　编制标准需要掌握的基础性国家标准

起草我国标准需要遵守 GB/T 1.1—2020《标准化工作导则　第 1 部分：标准化文件的结构和起草规则》。GB/T 1.1 是适用于起草各类标准的最基础的标准，然而要想编制一个高质量的标准，仅遵守 GB/T 1.1 是远远不够的。在具体编制标准时，还需要遵守其他相应的基础标准。

一、支撑标准制定工作的基础性国家标准体系

针对标准制定工作，我国目前已经发布了一系列的标准，形成了由 6 项标准构成的“支撑标准制定工作的基础性国家标准体系”：GB/T 1《标准化工作导则》、GB/T 20000《标准化工作指南》、GB/T 20001《标准编写规则》、GB/T 20002《标准中特定内容的起草》、GB/T 20003《标准制定的特殊程序》和 GB/T 20004《团体标准化》，以上是文字标准需要遵循的基础性国家标准。除此之外，标准样品需要遵守 GB/T 15000《标准样品工作导则》。从事标准化工作，尤其是起草标准，需要全面了解支撑标准制定工作的基础性国家标准体系。

（一）GB/T 1《标准化工作导则》

GB/T 1《标准化工作导则》是指导我国标准化工作最基础的标准，旨在确立普遍适用于标准起草、制定和组织工作的准则。该项标准目前拟由 4 个部分构成，已经发布了以下 2 个部分：GB/T 1.1—2020 确立了普遍适用于各类、各层次标准编写的通用规则，包括编写标准需要遵守的总体原则和要求、标准的结构、要素的编写与表述规则，以及标准的编排格式；GB/T 1.2—2020 确立了以 ISO 和 / 或 IEC 标准为基础形成我国国家标准的起草规则，包括总体原则和要求、起草步骤，以及相关要素和附录的编写规则。GB/T 1 的组成

部分见表 3-1。

表 3-1　GB/T 1《标准化工作导则》的组成部分

序号	标准编号	文件名称	对应的国际标准化文件
1	GB/T 1.1—2020	标准化工作导则　第 1 部分：标准化文件的结构和起草规则	ISO/IEC Directives，Part 2，2018，Principles and rules for the structure and drafting of ISO and IEC documents （Eighth Edition）
2	GB/T 1.2—2020	标准化工作导则　第 2 部分：以 ISO/IEC 标准化文件为基础的标准化文件起草规则	ISO/IEC Guide 21：2005，Regional or national adoption of International Standards and other International Deliverables
3	GB/T 1.3—20××	标准化工作导则　第 3 部分：标准化文件的制定程序	ISO/IEC Directives，Part 1，Procedures for the technical work
4	GB/T 1.4—20××	标准化工作导则　第 4 部分：标准化技术组织	ISO/IEC Directives，Part 1，Procedures for the technical work

（二）GB/T 20000《标准化工作指南》

GB/T 20000《标准化工作指南》基本上是以 ISO 发布的 ISO 指南、ISO 和 IEC 联合发布的 ISO/IEC 指南为基础编制形成的我国标准。截至 2019 年底，该项标准由 7 个部分组成，旨在为我国标准化活动的开展提供普遍性、原则性、方向性的指导、建议，或者给出相关信息。GB/T 20000 主要包括建立标准化活动概念体系的 GB/T 20000.1、提供规范性文件中引用标准化文件的原则与表述的 GB/T 20000.3、提供标准化良好行为的 GB/T 20000.6、规定管理体系标准编制规则的 GB/T 20000.7、给出建立标准制定程序阶段代码系统遵照的原则和指南的 GB/T 20000.8，以及指导国家标准的英文译本翻译与表述的 GB/T 20000.10 和 GB/T 20000.11。GB/T 20000 的组成部分见表 3-2。

表 3-2　GB/T 20000《标准化工作指南》的组成部分

序号	标准编号	文件名称	对应的国际标准化文件
1	GB/T 20000.1— 2014	标准化工作指南　第 1 部分：标准化和相关活动的通用术语	ISO/IEC Guide 2：2004
2	GB/T 20000.3—2014	标准化工作指南　第 3 部分：引用文件	—
3	GB/T 20000.6—2006	标准化工作指南　第 6 部分：标准化良好行为规范	ISO/IEC Guide 59：1994
4	GB/T 20000.7—2006	标准化工作指南　第 7 部分：管理体系标准的论证和制定	ISO Guide 72：2001
5	GB/T 20000.8—2014	标准化工作指南　第 8 部分：阶段代码系统的使用原则和指南	ISO Guide 69：1999
6	GB/T 20000.10—2016	标准化工作指南　第 10 部分：国家标准的英文译本翻译通则	—
7	GB/T 20000.11—2016	标准化工作指南　第 11 部分：国家标准的英文译本通用表述	—

（三）GB/T 20001《标准编写规则》

GB/T 20001《标准编写规则》是为起草各类标准建立的规则。截至 2019 年底，该项标准由 8 个部分组成。在遵守 GB/T 1.1 的前提下，编写术语标准、符号标准、分类标准、试验标准、规范标准、规程标准和指南标准等各功能类型的标准应分别遵守 GB/T 20001.1 ～ 20001.7 中规定的总体原则和要求，以及核心技术要素和相关要素的编写规则。另外，起草产品标准应遵守 GB/T 20001.10 规定的编写规则。GB/T 20001 的组成部分见表 3-3。

表 3-3　GB/T 20001《标准编写规则》的组成部分

序号	标准编号	文件名称	对应的国际标准化文件
1	GB/T 20001.1—2001	标准编写规则　第 1 部分：术语	ISO 10241：1992
2	GB/T 20001.2—2015	标准编写规则　第 2 部分：符号标准	—
3	GB/T 20001.3—2015	标准编写规则　第 3 部分：分类标准	—
4	GB/T 20001.4—2015	标准编写规则　第 4 部分：试验方法标准	—
5	GB/T 20001.5—2017	标准编写规则　第 5 部分：规范标准	—
6	GB/T 20001.6—2017	标准编写规则　第 6 部分：规程标准	—
7	GB/T 20001.7—2017	标准编写规则　第 7 部分：指南标准	—
8	GB/T 20001.10—2014	标准编写规则　第 10 部分：产品标准	—

（四）GB/T 20002《标准中特定内容的起草》

GB/T 20002《标准中特定内容的起草》是指导编写标准中某些特定内容的标准。截至 2019 年底，该项标准由 4 个部分组成，涵盖了标准中涉及安全、儿童安全、老年人和残疾人需求以及标准中涉及环境内容的起草规则。GB/T 20002 的组成部分见表 3-4。

表 3-4　GB/T 20002《标准中特定内容的起草》的组成部分

序号	标准编号	文件名称	对应的国际标准化文件
1	GB/T 20002.1—2008	标准中特定内容的起草　第 1 部分：儿童安全	ISO/IEC Guide 50：2002
2	GB/T 20002.2—2008	标准中特定内容的起草　第 2 部分：老年人和残疾人的需求	ISO/IEC Guide 71：2001
3	GB/T 20002.3—2014	标准中特定内容的起草　第 3 部分：产品标准中涉及环境的内容	ISO/IEC Guide 64：2008
4	GB/T 20002.4—2015	标准中特定内容的起草　第 4 部分：标准中涉及安全的内容	ISO/IEC Guide 51：2014

（五）GB/T 20003《标准制定的特殊程序》

GB/T 20003《标准制定的特殊程序》是为特殊情况或特定类型标准的制定确立的特殊程序。截至 2019 年底，该项标准发布了 1 个部分，即 GB/T 20003.1《标准制定的特殊程序　第 1 部分：涉及专利的标准》，该部分规定了标准制定过程中涉及专利问题的处置要求和特殊程序。

（六）GB/T 20004《团体标准化》

GB/T 20004《团体标准化》是指导如何开展团体标准化活动的标准。截至 2019 年底，该项标准由 2 个部分组成，提供了社会团体开展标准化活动的指南，包括良好行为及其评价的指南。GB/T 20004 的具体结构见表 3-5。

表 3-5　GB/T 20004《团体标准化》的组成部分

序号	标准编号	文件名称	对应的国际标准化文件
1	GB/T 20004.1—2016	团体标准　第 1 部分：良好行为指南	—
2	GB/T 20004.2—2018	团体标准　第 2 部分：良好行为评价指南	—

二、选择基础性国家标准体系中的具体标准

有了正确、清晰的标准化概念，在标准化活动中遵守良好行为规范，才能较好地完成起草标准的工作。

在起草具体标准时，首先要遵守 GB/T 1.1 的规定，如果是以 ISO/IEC 标准为基础起草我国的国家标准还应遵守 GB/T 1.2 的规定，同时还要注意按照 GB/T 20003 的规定在编制标准的过程中处理好专利问题。其次，要根据所起草标准的具体情况，在支撑标准制定工作的基础性国家标准体系中选择对应的标准，按照相应标准中的规定，遵循标准中的指导、原则或方法起草标准。根据起草标准的功能类型，要遵守 GB/T 20001 相应部分的规定；如果起草的标准涉及安全、环境以及特定人群的特定需求，要遵守 GB/T 20002 中相应部分的规定；如果需要编制团体标准，要考虑 GB/T 20004 对良好行为给出的原则与建议。

第二节　起草标准遵循的原则和途径

标准的起草要达到这样一个具体明确的目标：编制形成清楚、准确和无歧义的条款，使得标准能够为未来技术发展提供框架，并被未参加文件编制的专业人员所理解且易于应用，从而促进贸易、交流以及技术合作。

由于标准是公认的技术规则，所以标准中不应规定诸如索赔、担保、费用结算等合同要求，也不应规定诸如行政管理措施、法律责任、罚则等法律法规要求。

为了达到起草标准的目标，在编制形成标准时宜充分考虑最新技术水平和当前市场情况，认真分析所涉及领域的标准化需求；在准确把握标准化对象、标准使用者和标准编制目的的基础上，明确标准的类别和 / 或功能类型，选择和确定标准的规范性要素，合理设置和编写标准的层次和要素，准确表达标准的技术内容。

本节将详细阐述起草标准需要遵循的三项原则，以及需要遵循的途径和起草步骤。

一、起草标准需要遵循的三项原则

起草标准时，首先要做的工作就是确立条款以及选择和确定标准的规范性要素。在考虑一个标准需要对哪些技术内容标准化时，需要遵循并综合考虑标准化对象或领域、标准使用者以及目的导向三项原则。这三项原则直接影响着标准整体框架的搭建、标准类别或功能类型的确定、标准核心技术要素和其他规范性要素及其条款的选择及确定。

（一）标准化对象原则

标准化对象是指“需要标准化的主题”。从编制标准这个角度可以将标准化对象理解为“产品 / 系统、过程或服务”。针对每个特定的标准，其标准化对象就是具体的产品 / 系统、过程或服务，如电冰箱、变电站监控系统、管理过程、快递服务等。

标准化对象原则是指起草标准时需要确定标准化对象或领域，即拟标准化的是产品 / 系统、过程或服务，还是与某领域相关的内容；是标准化对象所有必备方面，还是某个特殊方面，从而确保规范性要素中的内容与标准化对象或领域紧密相关。标准化对象将从以下几个方面影响标准的起草。

第一，针对一个标准化对象通常宜编制成一个无须细分的标准，只有在特殊情况下才可编制成分为若干部分的标准。换句话说，无论标准作为一个整体，还是分成若干部分发布，都应该是针对一个标准化对象。

第二，标准化对象与标准的对象类别直接相关。标准化对象不同，标准的对象类别即产品标准 / 系统标准、过程标准或服务标准就会不同。标准的对象类别不同，进而标准中的技术内容就会不同。因此标准化对象会影响标准中具体技术内容的选取甚至规范性要素的构成。例如，标准化对象为产品，则可能起草产品标准，标准的内容可能会涉及产品的使用性能、理化性能等；标准化对象为服务，则可能起草服务标准，标准的内容可能会涉及服务效果、宜人性、响应性等效能特性的内容。进而标准的规范性要素就可能会涉及（技术）要求、证实 / 试验 / 评价等方法，甚至标志、标签等。即使标准化对象为产品，但具体对象不同时，标准中的技术内容也会不同。例如，具体对象为“咖啡研磨机”，则文件会涉及使用性能、机械、物理、电学性能、外形尺寸等要求；具体对象为“氯化钠”，则可能会涉及纯度、杂质等方面的要求。

第三，标准化对象不同，形成标准的适用范围以及标准的层次有可能不同。标准化对象涉及宏观、复杂、新兴的领域或主题，或者适用跨行业的产品、过程或服务，就有可能形成国家标准；标准化对象是行业内重要的产品、过程或服务，就有可能编制成行业或团体标准；对于具体的、适用范围较窄的产品、服务或工艺等，则通常适合于编制成企业内部使用的企业标准。

综上所述，标准化对象原则是在起草标准开始阶段就需要考虑的原则，确定标准化对象是为了规划标准的整体框架，确保文件中规范性要素及其条款与具体的标准化对象（或领域）或其特殊方面紧密相关。

（二）标准使用者原则

标准使用者也即利益相关方，一般包括：设计者、生产者 / 提供者 / 操作者 / 执行者、安装者、供应者，通常称为第一方；使用者 / 消费者、订货者 / 采购者、维护者（有时由第一方提供维护）等，通常称为第二方；检测者 / 检验者、认证者、管理者等，通常称为第三方。

标准使用者原则是指起草标准时需要考虑该标准的使用对象、他们的具体需求是什么。为了满足标准使用者的不同需求，拟编制标准的功能类型会不同。标准使用者从以下几个方面影响标准的起草。

第一，满足标准使用者的需求是标准分成部分的影响因素之一。不同的标准使用者的需求不同，关注的方面也会不同。因此针对一个标准化对象，往往需要从使用者需求的角度考虑将标准分成若干部分，每个部分仅规定与特定使用者的需要相关的内容。这样使用者应用标准时，看到的内容都是他所需要的。

第二，标准使用者的需求不同，拟起草的标准功能类型会不同。

如果标准使用者（通常为技术交流方）的需求是在某领域中能够使用被大家认同的术语或符号，以便顺畅地交流，那么就要在标准中“界定”概念的指称及其定义，或者“界定”符号的表现形式及其含义。这样形成的标准的功能类型为“术语标准”或“符号标准”。

如果标准使用者（通常为技术交流方、技术标准的编制者、产品或服务的设计者）的需求是在某领域（或较复杂的标准化对象）中能够使用被广泛认同的分类体系或分类结果，以便在产品、过程或服务的辨识上达成共识，那么就要在标准中“确立”分类体系，给出分类结果。这样形成的标准的功能类型为“分类标准”。

如果标准使用者（通常为试验、测试、检测人员或机构）的需求是能够履行明确的试验或测试程序并得出相应的结论，以便对产品的性能或服务的效能进行证实，那么就要在标准中全面“描述”试验活动并给出得出结论的方式。这样形成的标准的功能类型为“试验标准”。

如果标准使用者（通常为贸易双方，认证、管理机构等）的需求是能够判定具体的活动（如过程）及其结果（如产品或服务等）是否符合相应的“要求”，那么就要在标准中对标准化对象“规定”可证实的要求。这样形成的标准的功能类型为“规范标准”。

如果标准使用者（通常为具体的产品生产者、服务提供者或者相关管理人员）的需求能够履行规定的“程序”并能够追溯 / 证实该程序是否被履行，那么就要在标准中“规定”可追溯 / 可证实的过程 / 程序。这样形成的标准的功能类型为“规程标准”。

如果标准使用者（通常为技术标准 / 技术解决方案的编制者）的需求是要了解并掌握某些宏观、复杂、新兴的主题的发展规律，以便编制相应的标准或技术标准，或者形成相应的技术解决方案，那么就要在标准中“提供”方向性的指导、具体的建议或给出有参考价值的信息。这样形成的标准的功能类型为“指南标准”。

第三，不同功能类型的标准的核心技术要素不同。标准的功能类型一旦确定，其核心技术要素也就随之确定。核心技术要素中的条款也会受到标准功能类型的影响。

总之，标准使用者原则同样是在起草标准化标准的开始阶段就需要遵守的原则。这一方面能够通过将标准划分成不同的部分，使得标准更加适合不同使用者的需求；另一方面能够形成适应标准使用者需求的标准功能类型，从而保证标准的规范性要素及其技术内容都是特定使用者所关注、所需要的。

（三）目的导向原则

起草标准时还需要考虑文件编制目的，遵守目的导向原则，即以编制目的为导向选择并确定文件的技术内容。

1. 文件编制需要考虑的目的

起草标准的目的通常包括四个方面：基础适用、可用性、多个产品或服务的配合、公共利益。

（1）基础适用

在基础适用方面，通常包括促进相互理解和利于品种控制两个具体目的。

1）促进相互理解

相互理解是指技术交流的各方或使用标准的各方对相关的概念、符号、分类体系，以及是否履行程序、达到要求的结果等能够达成共识。只有实现相互理解，各方才能够顺利地交流，标准才能得到广泛应用。交流各方如果对相关的概念、技术问题没有一致的认识，交流就无法进行；只有建立一致的规则，才能够彼此相互理解，交流才能够实现。因此，促进相互理解是标准化活动的重要目的之一，在一个领域内开展标准化活动，往往首先要以相互理解为目的编制相应领域的基础标准。

2）利于品种控制

品种控制是指“为了满足主导需求，对产品、过程或服务的规格或类型数量的最佳选择”。品种控制可以通过对标准化对象分出的类型进行选择，并对初期产品或服务单元进行标准化，以达到基础适用的目的。

对于各类产品广泛使用的原材料、零部件、电子元器件和电线、电缆等，由于使用场合千变万化，要求也各不相同，往往会产生繁杂和众多的规格或类型。同样，对于服务产品，通常也是由一个个具体的服务环节、服务内容等单元构成，往往也会由于服务场所、接受服务需求的差异，而导致各组成单元的类型和内容的差异很大。所有这些都会给生产、服务和供应的组织管理造成极大的不便及困扰，降低了产品或服务单元的利用效率。

因此，有必要将品种控制作为编制标准所要考虑的目的。通过标准化方法对构成产品或服务的初期品种或单元进行控制，从而减少差错、提高效率。为了实现这一目的，在标准中往往需要对产品的某些性能或外形尺寸、服务的效能或内容提出合理的、可供选择的数值或指标，还可以给出一系列数值或级差。为了达到品种控制的目的，在确定要求时通常使用简化、系列化的方法。

终端产品的多样性是建立在对初期产品（原材料、零部件、服务单元等）标准化的基础上的。只有对初期产品运用标准化的方法达到了品种控制的目的，才能够在此基础上进一步运用通用化、系列化、组合化的方法，实现终端产品的多样性。

（2）可用性

可用性是指标准化对象独自使用或提供时实现其基本功能的能力，它和标准化对象的直接用途相关，是标准化对象的重要功能特性之一。任何标准化对象要可用才会有价值，因此对于具体的标准化对象，编制文件首先要考虑的目的是保证所涉及的产品、过程或服务独自使用或提供时的可用性。

在保证可用性时，如果涉及的是产品，就要规定产品独自使用时需要满足的基本性能，如对于洗衣机就要保证在正常使用的情况下，洗衣机易操作，并且达到洗净衣服的基本性能；如果涉及的是过程，就要规定该过程独自操作时需要达到的基本效能，如对于标准制定过程就要通过履行标准制定程序达到各利益相关方意见表达的有效性，从而认同标准技术内容；如果涉及的是服务，就要规定该服务单独提供时需要满足的基本效能，如保洁服务就要达到被服务对象的基本需求，服务的结果起码要达到环境、物体的清洁。

（3）多个产品或服务的配合

可用性强调的是标准化对象独自使用的能力。然而在许多情况下，标准化对象还要与其他的产品或服务一起使用或提供。因此，编制文件还需要考虑标准化对象与其他产品、过程或服务一起使用或提供时，需要满足的要求，以便实现其功能。因此，互换性、兼容性或相互配合就有可能成为编制标准的目的。

1）互换性

互换性是指“某一产品、过程或服务能用来代替另一产品、过程或服务并满足同样要求的能力”。产品中的易损件、服务或过程中的可替换环节或内容，需要经过标准化的过程，形成标准化的产品、过程或服务，才能够实现彼此之间无障碍的互换。

为了达到互换的目的，对于产品标准需要考虑对互换件进行规定。达到互换性通常需要满足“尺寸互换性”和“功能互换性”。前者需要规定几何参数及其差；后者还要规定机械物理等方面的性能参数及其公差。对于服务标准，要考虑到受环境、气象等因素影响有些服务环节或内容无法执行的问题，为此，在文件中就要规定可替换的服务环节或内容。对于过程标准，如标准制定过程，在审查环节就可以有会审、函审两个可替换的过程，在相应的过程标准中就要规定会审或函审可否替换的条件。

2）兼容性

兼容性是指“诸多产品、过程或服务在特定条件下一起使用时，各自满足相应要求，彼此间不引起不可接受的相互干扰的适应能力”。兼容性主要考虑多个产品、过程或服务一起使用时，保证每个标准化对象能够发挥各自的功能，还能彼此之间不相互干扰。如果需要考虑满足兼容性的目的，在保证标准化对象自身可用性的前提下，还需要考虑以下要求：其一，不对与其一起使用的其他产品、过程或服务产生影响。其二，不受与其一起使用的其他产品、过程或服务的影响。为此，在标准中需要提出相关的要求。

例如，电磁兼容是典型的产品兼容的实例。为了达到电磁兼容的目的，标准中需要包括两个方面的要求：一方面要求设备在正常运行过程中对所在环境产生的电磁干扰不能超过一定的限值；另一方面要求设备对所在环境中存在的电磁干扰具有一定程度的抗扰度。在服务标准中，也需要考虑兼容性的问题，比如，旅游或博物馆讲解服务，就要考虑讲解人员的讲解既不要对其他讲解造成干扰，又不受其他讲解或现场情况的干扰的问题。为了解决这一问题，在文件中就要对相关的流程规定要求，或者规定需要提供相关的设备等。

3）相互配合

相互配合是指“多个产品 / 系统、过程或服务在特定条件下一起使用时，能互相协调动作，满足预定要求的能力”。相互配合往往是编制涉及系统、复杂的制成品、大型服务等方面的标准需要考虑的目的。

如果需要达到相互配合的目的，产品标准需要规定各相关部件之间，系统标准需要规定各子系统或系统组成要素之间，服务标准需要规定各服务环节、人员或资源之间需要满足协调动作的相关要求，以及它们需要达到的共同要求。例如，公共信息导向系统要达到导向的目标，需要系统中设置的各种导向要素的相互配合；医院中的洗牙服务，需要牙医与其助手的相互配合才能达到洗牙的目的，既能提高洗牙的效率，又能减少患者的不舒适。

相互配合和兼容性都是指不同产品 / 系统、过程或服务一起使用时需要考虑的特性。相互配合强调系统中的各子系统、各产品或提供服务的人员要通过相互协调动作或状态（如导向要素的设置位置等）来满足共同的要求；而兼容性是要满足标准化对象的各自要求，只要产品 / 系统、过程或服务在各自使用或提供时不互相干扰即可。

（4）公共利益

在起草标准时，除了上述保证可用性等目的之外，往往还会考虑公共利益方面的文件编制目的，通常包括保证安全、保障健康、保护环境或促进资源利用等目的。为了达到这些目的，不但要考虑标准化对象正常使用时产生的影响，而且还要重点考虑遇到特殊状态下的影响，甚至可能还要考虑产品生产或服务提供过程中产生的影响。

如果只考虑产品或服务正常使用的情况，而不考虑突发安全、健康问题等异常情况，就会出现虽然产品或服务的可用性符合了要求，但是由于安全和健康等原因导致出现其他严重问题。另外，虽然保护环境或促进资源利用的目的不会直接影响产品的使用或服务的提供，但涉及人类的可持续发展。为了满足上述目的，起草标准时需要选择有关的技术特性并规定相应的要求，或者需要履行特定的程序。

1）保证安全

安全是指“免除了不可接受的风险的状态”。标准化考虑产品、过程或服务的安全时，通常是为了获得包括诸如人类行为等非技术因素在内的若干因素的最佳平衡，将伤害到人员和物品的风险降到可接受的程度。

因此在编制产品标准时，如果考虑安全这一目的，应通过标准中的规定使符合标准的产品不会在使用中造成不可接受的伤害。通常需要规定产品在防机械损伤、防辐射、防电击、防火灾、防爆炸、预防化学和污染等方面的要求。

在编制过程标准、服务标准时要考虑哪些操作步骤或环节存在风险，有可能对人员造成伤害。从而在标准中对相关环节、步骤提出安全要求，或在确立程序时避开可能造成人员伤害的阶段或步骤，或者用风险程度低的阶段替换风险程度高的阶段；还可以在进行程序指示时，通过明确、安全的行为指示，避免伤害的发生。

2）保障健康

编制涉及食品、直接接触食品的材料（如食物包装材料等）、日用品、玩具、建筑材料等产品标准时，在规定满足可用性目的之外，常常需要考虑保障健康目的的有关要求：

①食品标准中可能涉及亚硝酸盐含量、细菌总数、大肠杆菌、黄曲霉毒素等的限量要求；

②涂料标准中可能涉及对挥发性有机化合物（VOCs）、游离甲醛、重金属、苯系物等的限量要求；

③玩具标准中可能涉及有可能危害儿童健康的有害成分（如可迁移元素）的最大限量要求；

④食物包装材料、购物袋标准中会涉及对卫生指标的要求；

⑤机械产品标准中可能涉及对运转部分的噪声限制等。

对于与健康有关的服务标准、过程标准，也需要考虑在服务的提供、过程的操作时设置保障健康的阶段，或者规定相应的要求。

3）保护环境

保护环境是指“使环境免受产品的使用、过程的操作或服务的提供所造成的不可接受的损害”。保护环境还意味着保护自然资源和自然资源的合理利用。如果将保护环境作为文件编制的目的，通常从产品或服务的生命周期的角度考虑以下方面，并且规定相关要求，提出行为指示：

①产品生产过程或服务提供过程中对环境的影响；

②产品的使用、服务的提供中产生的废弃物或排放等对环境的影响；

③产品中的有害物质（通常涉及产品废物处理）对环境的影响。

考虑到对自然资源的合理利用，还可能在标准中规定：

①直接消耗能源产品的耗能指标，如电耗、油耗、煤耗、气耗、水耗等；

②对社会生产和消费过程中产生的各种废物进行回收与再生利用的要求。

2. 目的导向原则

目的导向原则是指起草标准时需要充分考虑标准编制目的，并以确认的编制目的为导向，确定标准的目的类别，进而通过对标准化对象的功能分析，识别出标准中拟标准化的内容或特性。标准编制目的将从以下几个方面影响标准的起草。

第一，标准编制目的是标准分成部分的另一个影响因素。针对同一个标准化对象，从编制目的角度可以将标准分成不同的部分，每个部分仅规定与编制目的有关的内容。

第二，标准编制目的不同，标准的目的类别就会不同。标准编制目的为促进相互理解或利于品种控制时，标准的目的类别为基础标准；标准编制目的为可用性、互换性、兼容性、相互配合等时，标准的目的类别为技术标准；标准编制目的为保证安全、保障健康、保护环境等时，标准的目的类别为公益标准，可细分为安全标准、卫生标准、环保标准等。标准的目的类别不同，标准中的技术内容就会不同。

第三，标准编制目的会对规范性要素中需要标准化的技术内容或特性产生直接的影响。标准编制可以只有一个目的，也可以有多个目的。编制目的越多，标准中需要涉及的技术内容或特性就越多。

如果标准编制目的在于保证产品的可用性，那么就会针对反映该产品基本使用功能的特性规定要求，根据具体情况，通常需要规定产品的使用性能、理化性能、环境适应性能、人类工效性能等方面的技术要求。如果还要考虑该产品与其他产品一起使用或者相互替代的情况，那么互换性、兼容性或相互配合就有可能成为标准编制的目的，为了达到这些目的，就需要选择与之相关的特性并规定要求。更进一步考虑，标准制定中可能还需要满足安全、资源利用的目的，那么也需要提出相应的要求。

以编制洗衣机产品标准为例，满足洗衣机的可用性目的，也就是要通过对洗衣机的操作，在不损坏衣物的前提下，能够达到洗净衣服的预期功能，并且考虑洗衣机的易操作、外观美观等人类工效性能要求。为此，在洗衣机的标准中，可以规定使用性能；包括洗净性能、漂洗性能、脱水性能，对织物的磨损率、无故障运行等；环境适应性，包括使用环境温度、空气相对湿度等；人类工效性能，包括洗衣机面板的易操作性，面板显示的易理解性，外观要求等。为了保证互换性，需要对紧固件、易损件提出要求；为了资源利用的目的，需要对用电量、用水量进行规定。可见，标准编制目的越多，需要规定的技术内容也就越多。

再以编制服务标准为例，同样也是首先需要考虑满足服务的可用性目的，为此，通常需要规定反映服务效果的要求，进而可以规定反映服务过程的效能特性，如针对宜人性、响应性的要求；在此基础上，还可能需要考虑服务节点上的衔接顺畅（接口）、不同团队之间协调配合（相互配合）等目的，并为此针对与之相关的特性规定要求。

除了上述技术内容之外，标准中常常为了满足相互理解的目的而包含相应的技术内容。例如，为了对标准中使用的术语有一致的理解，在标准中的“术语和定义”要素中界定相应的术语和定义；为了对技术要求中用到的产品或服务的类别有一致的认识，在标准中对相关产品或服务进行分类。

综上所述，目的导向原则是在起草标准开始阶段就需要考虑的原则。这一方面能够通过将标准划分成不同的部分，使每个部分规定的内容都与编制目的紧密相关；另一方面就是要以编制目的为导向选择并确定标准的技术内容，也就是说标准编制目的决定了标准中技术内容的选取和确定。以目的为导向，能够保证标准中规定的技术内容都是为了满足标准编制目的而设定的。

二、起草标准的途径和步骤

标准的起草通常有两条途径：一是自主研制标准，需要遵守 GB/T 1.1《标准化工作导则　第 1 部分：标准化文件的结构和起草规则》；二是以 ISO/IEC 标准为基础起草国家标准，在遵守 GB/T 1.1 的基础上，还需要遵守 GB/T 1.2《标准化工作导则　第 2 部分：以

ISO/IEC 标准化文件为基础的标准化文件起草规则》。

（一）自主研制标准遵循的起草步骤

自主研制标准是在起草我国标准时没有以国际标准为蓝本，文件结构的搭建、技术内容的表述不以任何一个国际文件为基础。当然，在编写文件的过程中，收集国内、国外的相关标准、资料是必需的，文件中的一些指标、方法参考一些国际标准、资料也是很正常。自主研制标准通常需要履行八个起草步骤。

自主研制标准的起草步骤及相关内容见图 3-1。

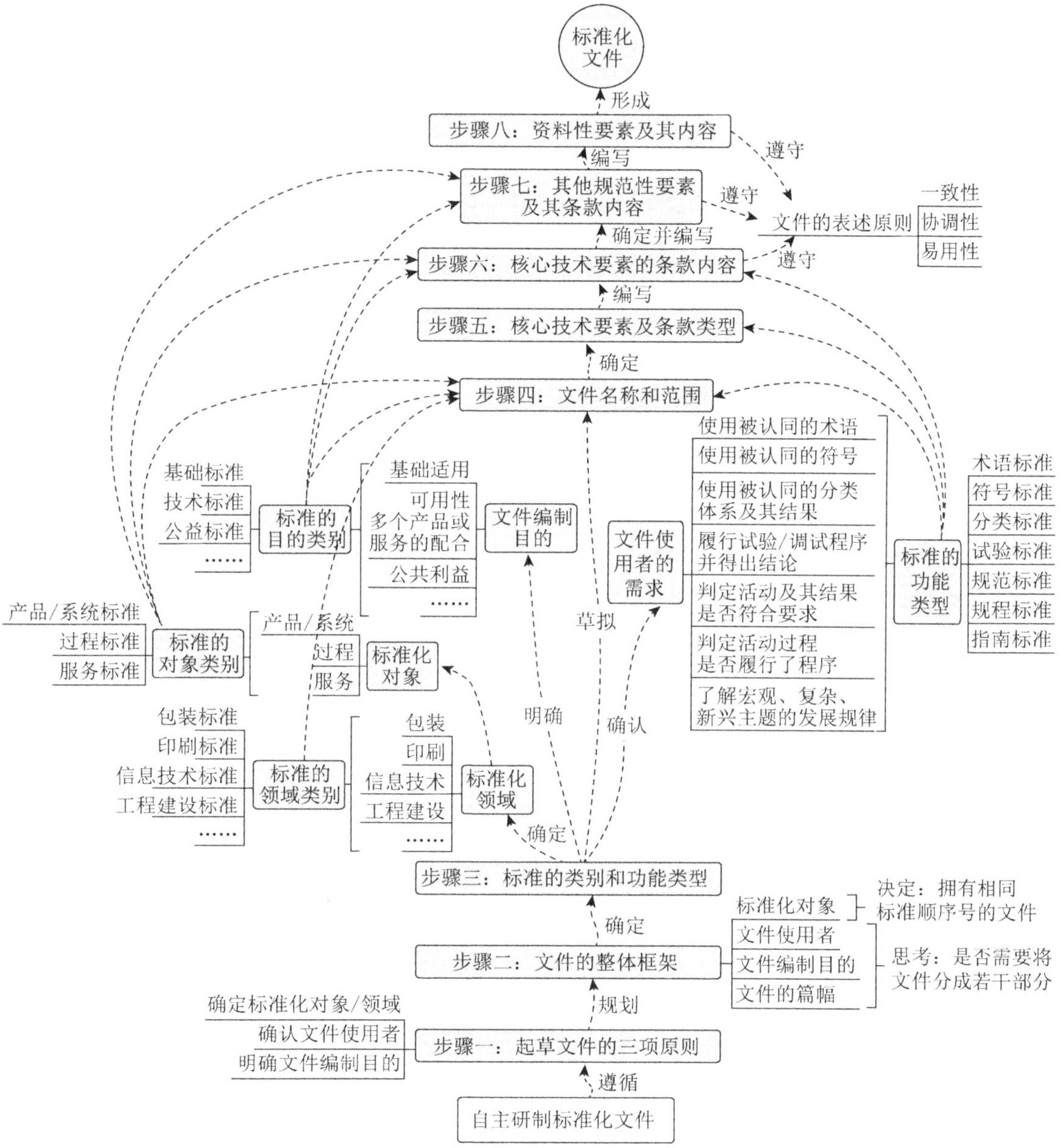

图 3-1 自主研制标准的起草步骤及相关内容

1. 步骤一：遵循起草文件的三项原则

在着手起草标准时，要认真考虑起草文件需要遵循的三项原则，在分析研究的基础上确定标准化对象或领域，确认文件使用者及其需求，明确文件编制目的。

确定标准化对象或领域。要确定拟起草文件是属于哪个标准化领域，是涉及整个标准化领域，还是与某领域相关的内容，或者是针对领域中的具体标准化对象，即产品 / 系统、过程或服务。在此基础上还要进一步确定，拟标准化的是哪种具体的产品 / 系统、过程或服务；是标准化对象的所有必备方面，还是某些特殊方面。

确认标准使用者及其需求。要考虑拟起草的标准是给谁用的，标准针对的是利益相关方的哪一方使用者，并确认他们的需求。

明确标准编制目的。要遵守目的导向原则，明确标准编制目的是涉及基础适用、可用性、多个产品或服务的配合、公共利益等哪些方面的目的。

经过上述研究分析后，要将确认的结果，即标准化对象或领域、标准使用者及其需求、标准编制目的列出清单，以便在后续步骤中使用。

2. 步骤二：规划标准的整体框架

考虑了上述三项原则，确定了拟编制标准针对标准化对象、标准使用者的需求、标准编制目的后，就要对标准的整体框架进行规划。要确定是编制成一个无须细分的标准，还是编制成分成若干部分的标准；是编制成通用标准，还是专用标准。

（1）整体和部分

针对一个标准化对象要优先考虑编制成一个无须细分成部分的标准，在特殊情况下可考虑编制成分为若干部分的标准。也就是说，一个标准化对象应该对应一个标准，这个标准通常是一个未细分的标准，只有在特殊情况下才会分成不同的部分。

一个标准是否需要分成若干部分，要考虑标准使用者、标准编制目的以及标准的篇幅。为了方便不同的标准使用者，满足其不同的需求，或者为了达到不同的标准编制目的，针对一个标准化对象可以考虑将一个标准编制成多个部分。当标准的篇幅过长时，也可综合考虑标准使用者和标准编制目的将标准分为不同的部分。

上述因素通常要统筹考虑，总的原则是要提高标准的适用性，便于标准的使用。考虑到不同的标准使用者会分别使用标准中的不同内容，或者按照不同编制目的形成的内容也会被分别使用，这时就要将标准中的内容分为不同的部分。如果虽然标准篇幅很长，但是其内容适用于所有使用者，也不应仅仅由于标准篇幅过长就强行将标准拆分成不同的部分；反之，如果标准篇幅不算太长，但其不同的内容分别适用不同的使用者，那么也需要将标准拆分成不同的部分。

另外，标准被分为部分后，每个部分可以单独编制、修订和发布。这样避免了篇幅过长的标准一旦需要修订其中的某些内容时，不得不修订整个标准的情况。

（2）通用和专用

编制一个标准，还要考虑是编制一个通用的标准，还是编制一个专用的标准。通常，涉及某个领域，或者宏观、复杂、新兴的标准化对象的通用内容宜编制成一个通用标准（通常不分成部分），该标准适于在编制其他标准时遵守或引用。对于适用范围较窄的标准化对象的通用内容宜编制成分为若干部分的标准的通用部分，该部分适用于标准内部其他部分引用；适用范围单一的标准化对象的所有内容宜编制成专用标准；适用范围单一的标准化对象中的某些具体内容，不宜编制成专用标准，仅适于编写成标准中的相关要素。

例如，对于试验方法，如果适用于测试广泛的多种产品的特性，宜编制成试验标准，供相关的产品标准引用；如果适用于测试某类产品的特性，宜编制成分为若干部分的标准中的试验方法部分，以便该标准中的其他部分引用。又如，对于某个具体产品，与其有关的所有内容宜编制成专用的标准（通常为产品标准），它或许会引用相关的通用标准；而对于仅适用于该产品的具体特性的测试，由于不具有普遍性，那么形成该产品标准中的“试验方法”要素即可，不宜形成试验方法标准。

3. 步骤三：确定标准的类别和功能类型

规划完成标准的整体框架之后，就要着手确定未细分的标准或分成部分的标准中的各部分的类别和功能类型。在前文步骤一中已经将研究确认的标准化对象或领域、标准使用者及其需求、标准编制目的列出了清单，这些确认的事项对标准的类别和功能类型的确定密切相关。从图 3-1 的步骤三可看出标准化领域的确定，就可以直接确认标准所针对的宏观、复杂、新兴的标准化领域或标准化的主题，标准的领域类别随之确定；标准化对象的确定，可以清晰地划定标准化对象所涉及的边界，标准的对象类别也就随之确定；标准编制目的的明确，标准的目的类别随之确定；标准使用者及其需求的确认，可以识别出拟编制的标准需要发挥的功能，标准的功能类型即可随之确定。

4. 步骤四：草拟标准名称和范围

在确定了标准的类别和功能类型之后，需要草拟标准的名称和范围。从图 3-1 的步骤四可看出，标准的领域类别、对象类别、目的类别和功能类型都对标准名称及范围的编写产生着影响。在标准名称中要反映出已经确定的标准化领域、标准化对象（通过主体元素反映）、标准编制目的（可通过补充元素反映），以及标准使用者的需求（可通过使用表示标准功能类型的词语进行反映）。标准的范围除了要覆盖标准名称的内容之外，还要反映标准的使用者，也就是要说明标准是给谁用的。

5. 步骤五：确定核心技术要素及条款类型

标准的功能类型确定后，标准的核心技术要素及其条款类型也就随之确定，也就是说标准的核心技术要素及其条款类型完全取决于标准的功能类型。表 3-6 给出了各种功能类型标准的核心技术要素以及使用的条款类型。

表 3-6　各种功能类型标准的核心技术要素以及所使用的条款类型

标准功能类型	核心技术要素	使用的条款类型
术语标准	术语条目	界定术语的定义使用陈述型条款
符号标准	符号 / 标志及其含义	界定符号或标志的含义使用陈述型条款
分类标准	分类和 / 或编码	陈述、要求型条款
试验标准	试验步骤	指示、要求型条款
	试验数据处理	陈述、指示型条款
规范标准	要求	要求型条款
	证实方法	指示、陈述型条款
规程标准	程序确立 程序指示 追溯 / 证实方法	陈述型条款 指示、要求型条款 指示、陈述型条款
指南标准	需考虑的因素	推荐、陈述型条款

注：如果标准化指导性技术标准具有与表中规范标准、规程标准相同的核心技术要素及条款类型，那么该标准化指导性技术标准为规范类或规程类。

6. 步骤六：编写核心技术要素的条款内容

核心技术要素确定以后，要着手编写条款的具体内容。核心技术要素中的条款内容，除了依据标准的功能类型进行编写以外，还需要根据标准的对象类别和目的类别进行选择与确定，也就是这些要素中的内容与标准化对象或领域紧密相关，而且是为了实现编制目的而选取的。

例如，术语标准中的“术语条目”的确定取决于所涉及的标准化领域，以及为了在该领域内达到相互理解的目的所要建立的概念体系；试验标准中“试验步骤”内容的确立，一是针对具体的试验（标准化对象），二是要满足各方在待测试的特性上达到相互理解的目的；规范标准中的“要求”这一要素的内容，一方面要针对具体的产品、过程或服务，另一方面还要满足已经确定的标准编制目的，如可用性、安全性等。

7. 步骤七：确定并编写其他规范性要素及其条款内容

核心技术要素编写完成后，如果需要，就要开始确定并编写其他规范性要素。其他规范性要素也是与标准化对象和标准编制目的紧密相关。如在编制基础标准之外的其他标准时，在标准所针对的标准化对象的基础上，如果考虑到相互理解的目的，就需要对标准中用到的术语进行定义，对符号或缩略语进行解释，对涉及的产品或服务予以分类，对系统的构成予以界定。因此，在标准的核心技术要素之外就会设置术语和定义、符号和缩略语、分类和/或编码等要素，并编写相关内容。又如，对于试验标准，还可能会设置并编写试剂或材料、仪器设备等要素；在编制某些标准时，为了达到编制目的，还可能需要设置要素“总体原则和/或总体要求”，并编写相关内容。

在标准的规范性要素基本编写完成时，还需要根据这些要素的实际内容重新审看标准的“范围”，调整其表述，以便准确反映标准的规范性内容。

8. 步骤八：编写资料性要素及其内容

规范性要素编写完成后，就需要编写相应的资料性要素。资料性要素的选择和确定源于标准中的规范性要素，因此它们要在规范性要素编写完成后再着手编写。首先需要编写的是“规范性引用文件”，它是一个必备/可选要素。凡是标准条款中规范性引用了其他标准，都应该在要素“规范性引用文件”中列出这些标准。凡是标准中资料性引用了其他标准，就应该设置要素“参考文献”，并将这些资料性引用的标准，如必要连同标准编制过程中参考的其他标准列入参考标准。如果分为部分标准的每个部分，或者标准的某些内容涉及了专利，就需要设置引言，以便做出相应的阐述；如有必要，可在引言中陈述编制标准的原因和目的，并对涉及的技术进行说明。前言是必备要素，主要用于说明正在起草的标准与其他标准的关系。如果需要给标准使用者提供一个不同于目次的检索标准内容的途径，设置索引就成为一个选择。如果需要展示标准的结构，并且给标准使用者检索标准的结构及其内容提供方便，那么有必要设置目次。封面是必备要素，通常应在编写完成其他要素之后进行设置。

步骤六到步骤八在编写标准要素的过程中都涉及如何表述标准的要素。出于表述的需要，可以将标准设置成章条等层次。标准中要素由“条款和附加信息”组成，它们又有不同的表述形式。在表述要素的内容时，需要遵守标准表述三原则，即一致性原则、协调性原则和易用性原则。在遵守这些原则的基础上，要运用好要素的各种表述形式，准确表述要素的条款和附加信息。

标准的全部要素及其内容起草完成，标志着标准草案初步形成。该草案需要履行标准制定程序并形成不同阶段的草案，才能最终作为标准批准发布。

（二）以 ISO 和 / 或 IEC 标准为基础起草标准遵循的步骤

以 ISO 和 / 或 IEC 标准为基础起草国家标准时，需要采取以下五个步骤。

步骤一：翻译 ISO/IEC 标准，形成准确的译文。

步骤二：研究并评估技术内容对我国的适用性。

步骤三：如需要在起草国家标准时对相应内容进行改变。

步骤四：判定国家标准与对应 ISO 和 / 或 IEC 标准的一致性程度。

步骤五：根据判定的一致性程度编写国家标准的具体要素和附录。

第三节　标准的名称和结构

起草标准在经过了若干研究分析，确定了文件的整体框架，明确了标准的类别和类型之后，就需要草拟标准的名称并进一步确定标准的结构。

与章、条、图表标题类似，标准的名称可以看作标准的标题。标准名称是对标准所覆盖的主题的清晰、简明的描述，是标准使用者应用、收集和检索标准的主要依据。标准名称编写是否适当、正确，直接关系到标准主要信息的传递效果，因此标准名称的正确编写是十分重要的。

标准的结构是标准的基本骨架，结构搭建的完好与否是决定文本质量好坏的重要因素之一。标准涉及的领域十分广泛，标准化对象种类繁多，不同的标准之间具有很大差异，很难针对各种标准分别给出各自适用的结构。然而，标准又有其独自的特点，它与科技图书的结构完全不同，与设计文件、工艺文件也存在差异，与法律法规等规范性文件也有着明显的区别。文件内容的特殊性决定了其形式的独特性。标准特殊结构的表现形式，使标准使用者能够一目了然地辨认出来。

标准中不同的内容发挥着各自的功能，每个相对独立的功能单元称为“要素”。在编写标准的内容时，出于表述的需要，将标准的内容划分成具有从属关系的若干“层次”，层次是标准内容的外在表现形式。标准内容中发挥各自功能的“要素”和标准内容的表现形式“层次”构成了标准的结构。界定标准结构的另一种规范的表述：结构是指“标准中层次、要素以及附录、图和表的位置和排列顺序”。

搭建标准的结构是起草标准首先要进行的必不可少的工作。在确立了标准的技术内容，开始起草标准的草案时，要根据标准的内容合理安排标准的要素和层次，并在此基础上编写标准的具体条款，最终形成高质量的标准。

一、标准的名称

任何标准均应有标准名称，并被置于正文首页的最上方和标准的封面中。标准名称的功能是简洁清晰地反映标准最核心的信息。通过名称标准使用者能够快速地了解标准的主要内容以及标准的类别和类型等标准的特征，包括标准针对的标准化对象（对象类别）、所属的标准化领域（专业领域类别）、所要达到的目的（目的类别）和需要发挥的功能（功能类型）等。

（一）名称的构成和形式

标准名称的表达要尽可能简短，不应涉及不必要的细节，任何必要的补充说明都在范围中给出。

为了能够准确、简洁地反映标准的类别，标准名称最好采取分段的形式，从而发挥每段名称所具有的特定功能。

1. 名称的构成

标准名称最多由三段构成，每段称为名称元素。换句话说，标准名称最多由尽可能简短的三段名称元素构成，按照由一般到特殊排列，即引导元素、主体元素、补充元素。

（1）引导元素

引导元素表示标准所属的领域，反映标准的专业领域类别。它是一个可选元素，可根据具体情况决定标准名称中是否有引导元素。

（2）主体元素

主体元素表示在上述领域内标准所涉及的标准化对象，反映标准的对象类别。它是一个必备元素，即在标准名称中一定要有主体元素。

（3）补充元素

补充元素表示上述标准化对象的特殊方面，或者给出某标准与其他标准，或分为若干部分的标准的各部分之间的区分信息。对于未分为部分的标准，补充元素是一个可选元素，可根据情况酌情取舍。然而，对于分成部分的标准的各个部分，补充元素是一个必备元素。

2. 名称的形式

由于在标准名称的三元素中只有主体元素是必备元素，其他两个元素都是可酌情取舍的元素，因此，引导元素和补充元素的有无以及它们与主体元素各种组合的结果，会衍生出不同形式的标准名称，可能具有的形式如下：

一段式：只有主体元素，例如“蜂窝纸箱”；

两段式：引导元素 + 主体元素，例如“包装材料　罐用覆膜铁”；

主体元素 + 补充元素，例如“真空金属镀层厚度测试方法　电阻法”；

三段式：引导元素 + 主体元素 + 补充元素，例如“包装　无障碍设计　信息和标识”。

（二）名称中各元素的选择

在起草标准名称时，通过恰当地选择标准名称中的各元素，能够确切地表述标准的主题、类别和类型。因此，准确选择并恰当组合名称中的三个元素是起草一个好的标准名称的前提。

1. 引导元素的选择

按照起草标准的步骤一，首先要考虑拟起草的标准是属于哪个标准化领域。标准名称的引导元素的编写要与这一步骤中确认的标准化领域相一致。由于标准名称的引导元素是一个可选元素，因此存在是否选择该元素的问题。

（1）选择引导元素

如果省略引导元素会导致主体元素所表示的标准化对象不明确，那么标准名称中应该选择引导元素，以便通过给出标准化对象所属的专业领域，来对标准化对象加以明确。

在示例 3-1 中，由于名称中的主体元素“散装物料机械”表示的标准化对象不是十分明确，无法分辨它属于矿山机械、建筑机械，还是农业机械；因此这种情况下需要选择引导元素。通过用标准化对象所属的专业领域“农业机械和设备”，来进一步对标准化对象“散装物料机械”加以明确。

【示例 3-1】

正　确：农业机械和设备　散装物料机械　装载尺寸

不正确：　　　　　　　　散装物料机械　装载尺寸

标准归口的标准化技术委员会的名称也可以选择作为标准名称的引导元素。如全国包装标准化技术委员会编制的标准可用“包装”作为标准名称的引导元素，例如“包装　玻璃容器　卡式瓶口尺寸”。

（2）省略引导元素

如果主体元素（或者同补充元素一起）能够确切地表示标准所涉及的标准化对象，那么标准名称中应省略引导元素。

在示例 3-2 中，由于名称中的主体元素“商业票据印制”不可能是“印刷技术”以外的其他技术，所以不需要用引导元素“印刷技术”来明确标准化对象“商业票据印制”所属的专业领域。示例 3-3 也同样示出了省略引导元素的情况。

【示例 3-2】

正　确：　　　　　商业票据印制　第 1 部分：通用技术要求

不正确：印刷技术　商业票据印制　第 1 部分：通用技术要求

【示例 3-3】

正　确：　　　包装容器　铝易开盖钢制两片罐

不正确：容器　包装容器　铝易开盖钢制两片罐

2. 主体元素必不可少

每个标准的名称都应有主体元素，在任何情况下，主体元素都不应省略。主体元素的具体编写同样要与起草标准的步骤一中确认的标准化对象相一致。

无论标准名称是由一段式、两段式还是三段式构成，其主体元素都是不可或缺的。

3. 补充元素的选择

按照起草标准的步骤一，在确认了标准化对象之后，还要进一步确认拟标准化的是标准化对象的所有必备方面，还是某些特殊方面，同时还要考虑标准的编制目的，确定标准的目的类别，考虑标准使用者的需求，确定标准的功能类型。

如果起草的标准仅是涉及主体元素（标准化对象）的某些方面，如针对标准不同编制目的规定（标准的目的类别不同），针对标准使用者需求（标准的功能类型不同）的规定等，那么在标准的名称中，尤其是在名称的补充元素中就要有所体现。

（1）用补充元素描述标准化对象的一两个方面

如果标准所规定的内容仅涉及了主体元素所表示的标准化对象的一个或两个方面，那么通常情况下，需要用标准名称的补充元素指出具体涉及的方面。示例 3-4 中，名称的补充元素描述了标准涉及的标准化对象的具体方面，如“螺纹瓶口尺寸”“条码符号印制质量的检验”“性能要求和试验方法”等。

【示例 3-4】

——包装　玻璃容器　螺纹瓶口尺寸

——商品条码　条码符号印制质量的检验

——联运通用托盘　性能要求和试验方法

（2）在补充元素中用概括性或固定词语描述标准化对象的多个方面

如果标准所规定的内容涉及了主体元素所表示的标准化对象的几个（不是一两个，但也不是全部）方面，那么需要用补充元素描述这些方面，但不必一一列举，而应由诸如技术规范、技术要求或通用要求等概括性的术语来表达。

（3）省略补充元素

如果标准中的内容同时具备以下两个条件，应省略补充元素：

——涉及主体元素所表示的标准化对象的所有必备方面；

——是与该标准化对象相关的唯一现行标准（而且拟继续保持）。

也就是说，这种情况下可以用标准化对象的名称作为标准的名称。

【示例 3-5】

正　确：防潮包装

不正确：防潮包装　等级、一般要求、包装材料和容器、包装方法、尺寸、机械性能、试验方法

示例 3-6 给出了一些产品、过程或服务标准的名称中省略补充元素的例子。

【示例 3-6】

——缓冲包装设计

——瓦楞纸板

——集装袋

——滑木箱

——气雾阀

（三）不同类别标准的标准名称的表述

前文介绍了标准名称的构成以及选择名称中各元素的规则，然而标准的类别较多，为了能够简明快速地表示出标准的类别，在标准名称中需要使用表述不同标准类别的典型词语。

1. 不同对象类别标准的标准名称

不同对象类别的标准，在标准名称的主体元素中，应指明需要标准化的对象，即具体的产品、过程或服务。

（1）产品标准

产品标准通常在标准名称中给出具体产品或系统的名称。

【示例 3-7】

——凹版装潢印刷品

——啤酒桶

——智能家电系统架构与参考模型

（2）过程标准

过程标准在名称中要给出具体过程的名称，通常包含“……程序”“……流程”“……过程”等词语。

【示例 3-8】

——瓦楞纸板柔性版印刷过程控制要求

——印刷技术　网目调分色片、样张和印刷成品的加工过程控制　第 7 部分：直接来源于数据的脱机打样流程

——包装防止儿童开启 非药品的不可重新盖紧包装的要求与测试程序

（3）服务标准

服务标准在名称中要给出具体服务的名称，通常包含词语“服务”。

【示例 3-9】

——博物馆开放服务规范

——山岳型旅游景区清洁服务规范

——家具售后服务要求

2. 不同功能类型标准的标准名称

对于不同功能类型标准，在其名称的补充元素或主体元素中应含有表示标准功能类型的词语，所用词语宜从表 3-7 中选取。

表 3-7 标准名称中表示标准功能类型的词语

标准功能类型	名称中的词语
术语标准	术语
符号标准	符号、图形符号、标志
分类标准	分类、编码
试验标准	试验方法、……的测定
规范标准	规范
规程标准	规程
指南标准	指南
原则、要求和规则标准	原则、要求、规则

（1）术语标准

术语标准的名称应包含词语“术语”，以表明标准的功能类型。

如果是针对某个标准化领域建立概念体系，那么可以用该标准所属的专业领域作为术语标准名称的主体元素。

【示例 3-10】

——绿色印刷 术语

——包装与环境 术语

如果是针对某个标准化对象建立概念体系，那么可以用标准化对象作为术语标准名称的主体元素。

【示例 3-11】

——GB/T 18354—2021 物流术语

——GB/T 9987—2011 玻璃瓶罐制造术语

（2）符号标准

符号标准的名称应包含词语“符号”“文字符号”“图形符号”，以便在表明标准功能类型的同时，能够区分符号的类别。

【示例 3-12】

——包装、航运、运输和接收标签用条形码机二维符号

——印刷技术　文本校对符号

——包装　包装搬运和储存用图形符号

图形符号标准的名称应给出区分图形符号类别的词语。

【示例 3-13】

——包装　包装搬运和储存用图形符号

——印刷机械　印刷机系统和印后系统以及相关辅助设备的图形符号

——电气简图用图形符号

——电气设备用图形符号

——标志用公共信息图形符号

（3）分类标准

分类标准的名称应包含“分类的对象”和“分类的内容”两个必备的元素。分类的内容宜通过词语“分类”或“编码”表明标准的功能类型。

如果标准中包含了：

——分类方法，但未给出其他内容，宜使用“……分类方法”作为标准名称（见示例 3-14）；

——分类方法和命名，标准名称中宜使用词语“分类与命名”（见示例 3-15）；

——分类方法，命名以及分类的最终结果，宜使用“……分类”作为标准名称（见示例 3-16）；

——编码方法，但未给出其他内容，宜使用“……编码方法”作为标准名称（见示例 3-17）；

——编码方法和代码，标准名称中宜使用词语“编码及代码”；

——编码方法、代码以及编码的最终结果，宜使用“……编码”作为标准名称；

——分类方法、命名、编码方法、代码，以及分类和编码的最终结果等内容，宜使用“……分类与编码”作为标准名称（见示例 3-18）。

【示例 3-14】包装袋分类方法

【示例 3-15】环境保护设备分类与命名

【示例 3-16】印后加工材料分类

【示例 3-17】复合材料纤维增强体取向编码方法

【示例 3-18】机械工业科学技术档案分类与编码

（4）试验标准

试验标准的名称应包含词语“试验方法”或“……的测定”，以便表明标准的功能类型。

试验方法标准的名称通常由三种元素组成：

试验方法适用的对象 + 所测的指定特性 + 试验方法的性质

【示例 3-19】

包装材料　塑料薄膜和薄片氧气透过性试验　库仑计检测法

若试验方法标准用于检测多种特性，则标准名称宜使用省略指定特性和试验方法性质的通用名称。

【示例 3-20】

涂料和清漆用黏结剂 含氯聚合树脂 通用试验方法

当针对同一特性，标准中包含多个试验方法时，标准名称中宜省略有关试验方法性质的表述。

【示例 3-21】

硫化橡胶或热塑性橡胶 密度的测定

（5）规范标准

规范标准的名称应包含词语“规范”，以表明标准的功能类型。

a. 如果规范标准中仅对标准化对象的一两个方面规定了要求，应在标准名称中直接指出这些具体要求。

【示例 3-22】

——单板层积材包装箱设计规范

——液晶平板显示器件托盘包装技术规范

——纸质印刷产品印制质量检验规范

b. 当标准中规定的要求涉及标准化对象的两种以上的性能（如使用性能、理化性能、人类工效学性能环境适应性、结构等）或效能（如愉悦性、舒适性、宜人性、响应性等），或者针对两个以上的编制目的（如可用性、互换性、兼容性、相互配合等）时，在标准名称中可以使用“技术规范”等概括性的词语来表述。

【示例 3-23】

——金属包装容器内部缺陷视觉检测系统技术规范

——中药微粉工艺及包装技术规范

——百香果采收、分级、包装技术规范

——二极管扩散片包装技术规范

（6）规程标准

规程标准的名称应包含词语“规程”，以表明标准的类型，根据需要宜表明程序或阶段的具体名称。

【示例 3-24】

——木质包装容器检测规程

——蜂窝纸板箱检测规程

——海运出口危险货物小型气体容器包装检验规程

（7）指南标准

指南标准的标准名称应包含词语“指南”，以表明标准的类型。在标准名称中宜表明指南标准的类型，包括试验方法类、特性类、程序类等。

【示例 3-25】

——食品接触材料 塑料 第 1 部分：总迁移的条件和试验方法的选择指南

——运输包装指南

——印刷技术 构架作者使用指南

——印刷技术 确定过渡和相关模式数字打印设备能耗指南

——团体标准化 第 1 部分：良好行为指南

（8）其他类别的标准

a. 要求类标准

要求类标准的标准名称应包含词语“要求”，以表明标准的类型。

如果标准中仅对标准化对象规定了一两种要求，应在标准名称的补充元素中直接指出这些具体要求。

【示例 3-26】

——纸包装容器回收处理与再利用要求

——包装　危险触碰警告　要求

——农产品物流包装容器通用技术要求

——印刷技术　印刷设备和系统的安全性要求

——危险货物包装　跌落试验冲击台要求

当标准中规定的要求涉及标准化对象的两种以上的性能（如使用性能、理化性能、人类工效学性能、环境适应性、结构等），或者针对两个以上的编制目的（如可用性、互换性、兼容性、相互配合等）时，在文件名称中可以使用“技术要求”等概括性的词语表述。

【示例 3-27】

——茶叶包装通用技术要求

——热带水果包装通用技术要求

——包装容器钢桶　第 1 部分：通用技术要求

b. 原则与要求类标准

原则与要求类标准的文件名称应包含词语“原则和要求”“原则与要求”，以表明标准的类型。

【示例 3-28】

——图形符号　安全色和安全标志　第 5 部分：安全标志使用原则与要求

——合格评定　投诉和申诉　原则和要求

——公共信息导向系统　设置原则与要求

c. 规则类标准

规则类标准的文件名称应包含词语“规则”，以表明标准的类型。

【示例 3-29】

——包装完整、满装运输包装件编制性能试验大纲的通用规则

——图书流通信息交换规则

——书刊印刷品检验抽样规则

——纸质印刷产品印制质量检验规范　第 2 部分：抽样判定规则

3. 通用标准

通用标准是为某个或多个特定领域，或者为一类或多种产品、过程或服务规定普遍适用的条款。在通用标准名称的补充元素或主体元素中应包含“通用”“总”等词语。

【示例 3-30】

——印刷机械　热熔胶订设备　通用试验方法

——单张纸平版印刷机电气设备　通用技术条件

——九针点阵式打印机芯通用规范

——机械安全性　印刷和纸加工机械的设计和建造的安全性要求　通用要求

——化工产品用聚对苯二甲酸乙二醇酯瓶　通用规格

——丝网印刷油墨通用技术条件

——棉纸与棉纸产品　第 1 部分：术语通用指南

（四）部分名称

标准被分为若干部分后，每个细分出来的部分都是一个独立的标准。为了叙述方便，将这个细分出来的独立标准的名称称为“部分名称”。部分名称的编写首先需要遵守编写标准名称的总规则，其次还要遵守部分名称的编写规则。

为了从名称上容易识别出它是一个部分名称，名称的结构要有其独自的特点。从名称上既要保证将一个标准的各个部分区分开来，又要能够体现部分之间的联系。

（1）部分名称应采取分段式

部分名称的典型结构：引导元素（可选）+ 主体元素 + 第 × 部分：+ 补充元素。

从上述结构可以看出，部分名称区别于未分部分的标准名称的显著特点是：名称采取分段式，并且在补充元素之前多了一个“第 × 部分：”，其中“×”为阿拉伯数字，并且要与部分的编号保持相同。

（2）部分名称的补充元素要保持不同

部分名称中“补充元素”要具有提供部分之间区别信息的功能，因此补充元素不可缺少，它成为部分名称的必备元素。为了提供区别信息，拥有同一个标准顺序号的各个部分名称的“补充元素”应该保持彼此互不相同。

（3）“主体元素”或“引导元素 + 主体元素”要保持相同

部分名称的“引导元素（如果有）和主体元素”的功能是要反映出该部分与其他部分共同属于拥有同一个标准顺序号的标准。为此，这些部分的名称的“主体元素”或“引导元素 + 主体元素”应保持相同。

从示例 3-31 可看出，GB/T 4122 的 4 个部分名称的主体元素是相同的“包装术语”，表示这 4 个部分属于拥有同一个标准顺序号“4122”的标准；部分名称的补充元素各不相同，表示它们属于不同的部分。

【示例 3-31】

——GB/T 4122.1—2008 包装术语　第 1 部分：基础

——GB/T 4122.2—2010 包装术语　第 2 部分：机械

——GB/T 4122.3—2010 包装术语　第 3 部分：防护

——GB/T 4122.4—2010 包装术语　第 4 部分：材料与容器

——GB/T 4122.5—2010 包装术语　第 5 部分：检验与试验

——GB/T 4122.6—2010 包装术语　第 6 部分：印刷

二、标准的要素

要素是构成标准结构的要件之一。按照标准内容具有的功能可以将标准内容划分为相对独立的功能单元——要素。这些要素的有序编排构成了标准结构的基本框架。本节将首先界定标准中要素的类别；其次介绍要素是如何构成、如何表述的；最后阐述标准中要素的编排。

（一）要素的分类

为了更好地搭建标准的结构，按照相关属性对标准中的要素进行划分，将有助于更好地发挥要素的作用，为进一步编写标准的内容打下良好的基础。通常根据两种属性对要素进行划分，即按照要素所起的作用和要素存在的状态（见图 3-2）。

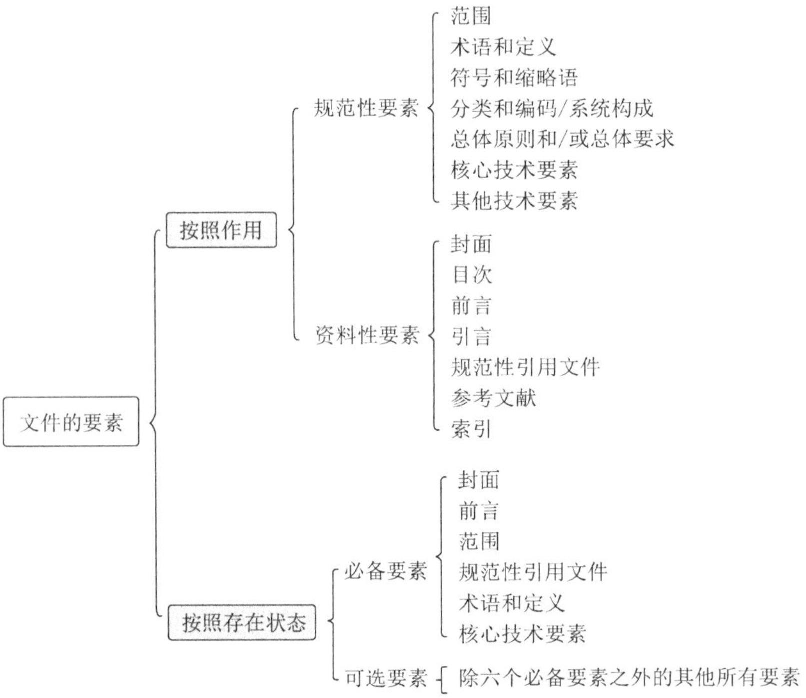

图 3-2　标准中要素的分类

1. 按照要素所起的作用划分

要素在标准中起到两个方面的作用，根据所起的作用这一属性来划分，可将标准中的要素分为两类：规范性要素和资料性要素。

（1）规范性要素

规范性要素是“界定标准范围或设定条款的要素”。从该定义可看出，规范性要素具有两个方面的功能：其一，“界定”标准的范围。通过陈述标准的标准化对象、涉及的技术内容、适用的领域和标准使用者等对标准的边界进行界定。其二，“设定”条款。这是规范性要素的主要功能，它的作用是将条款固定下来。换句话说，设定条款就是将条款聚集在一起形成具有某种功能的要素。条款就是需要标准使用者遵守、理解或作出选择的内容，或者需要产品、过程或服务符合的内容。

无论是要素“范围”，还是设定条款的要素，具体来讲规范性要素就是应用标准化标准，声明符合标准时，需要研读的要素。首先，“范围”需要研读，以便清晰了解标准涉及的各方面的边界；其次，其他规范性要素中的条款更要研读，以便根据条款的类型，采取相应的行为或决定，如严格遵守，尽可能使用，或者根据情况选用。

标准中的第 1 章即对标准边界进行界定后形成的规范性要素“范围”。除了范围，标准中设定条款的规范性要素通常有：术语和定义、符号和缩略语、分类和编码 / 系统构成、总体原则和 / 或总体要求、核心技术要素、其他技术要素等（见图 3-2）。

从以上分析可看出，规范性要素主要是由“条款”构成。然而，为了帮助标准使用者更好地理解和使用条款，在规范性要素中还可包括少量附加信息（如示例、注、脚注等），以便对规范性内容进一步解释或说明。

（2）资料性要素

资料性要素是“给出有助于标准的理解或使用的附加信息的要素”（GB/T 1.1—2020《标准化工作导则　第 1 部分：标准化文件的结构和起草规则》，定义 3.2.4）。从该定义可看出，对于资料性要素的理解有两个关键点，一是“有助于”，二是“附加信息”。资料性要素提供的不是供标准使用者直接“理解或使用”的条款，而是帮助“理解或使用”的信息，并且是依附于条款的附加信息。

在应用标准、声明符合标准时，资料性要素不见得一定要研读，也就是说，不会因为没有阅读资料性要素而造成使用者遗漏那些需要遵守、符合或选择的内容。然而资料性要素在标准中的发挥着其独特的作用，即帮助更好地理解或使用标准中的条款，它起到了提高标准适用性的作用。

标准中的资料性要素有：位于标准正文之前的封面、目次、前言、引言，位于标准正文的规范性引用标准，位于标准正文之后的参考文献、索引（见图 3-2）。

资料性要素全部由附加信息构成，通常有：规范性引用标准或参考文献中的“标准清单”和“信息资源清单”、目次中的“目次列表”和索引中的“索引列表”以及其他资料性要素中给出的“信息或说明”等。

2. 按照要素存在的状态划分

根据要素在标准中是否存在的状态这一属性来划分，可将标准中的要素分为两类：必备要素和可选要素。这种划分的目的就是要明确标准中哪些要素是一定要存在的，哪些要素是可酌情取舍的。

（1）必备要素

必备要素是指“在标准中必不可少的要素”（GB/T 1.1—2020《标准化工作导则　第 1 部分：标准化文件的结构和起草规则》，定义 3.2.5），也就是说，在任何标准中都应有这类要素。标准的规范性要素中有三个必备要素：范围、术语和定义、核心技术要素；资料性要素中也有三个必备要素：封面、前言、规范性引用文件。

（2）可选要素

可选要素是指“在标准中存在与否取决于起草特定标准的具体需要的要素”（GB/T 1.1—2020《标准化工作导则　第 1 部分：标准化文件的结构和起草规则》，定义 3.2.6）。也就是说，可选要素是那些在某些标准中可能存在，而在另外的标准中就可能不存在的要素。例如，在一个标准中设置了要素“符号和缩略语”；在另一个标准中，因为没有需要解释、说明的符号和缩略语，所以标准中就不会设置这一要素。因此，“符号和缩略语”这一要素是可选要素。

标准中除了封面、前言、范围、规范性引用文件、术语和定义以及核心技术要素这六个必备要素之外，其他要素都是可选要素。

这里需要说明的是，标准中的“规范性引用文件”“术语和定义”这两个要素，其章编号和标题的设置是必备的，然而其内容的有无需要根据标准的具体情况进行选择，即在有些标准中可以出现“规范性引用文件”“术语和定义”标题下具体内容为空白的情况。

（二）要素的构成和表述形式

标准是由要素构成的，而要素又是由“条款和附加信息”组成，并且有条文、图、表、数学公式、附录、引用或提示等多种表述形式。

1. 要素的构成

条款和附加信息组成了要素。规范性要素中主要有条款，还有少量附加信息；资料性要素中全部是附加信息。

（1）条款

条款是“在标准中表达应用该标准需要遵守、符合、理解或作出选择的表述”（GB/T 1.1—2020《标准化工作导则　第1部分：标准化文件的结构和起草规则》，定义3.3.1）。从该定义中可看出，凡是需要标准使用者遵守、理解或作出选择的内容，或者需要产品、过程或服务符合的内容的表述都称作条款。条款可在以下标准内容中使用：规范性要素的条文，图表脚注、图与图题之间的段或表内的段中。

条款是标准中的规范性内容，这些内容是需要标准使用者研读的内容。根据条款表达的功能可将其分为五种类型：要求型、指示型、推荐型、允许型、陈述型条款。

1）要求型条款

要求型条款是指“表达声明符合该标准需要满足的客观可证实的准则，并且不准许存在偏差的条款”。从该定义可看出，要求是标准中的一类条款，一旦声明符合该标准，那么这类条款中规定的“客观可证实的准则”就要被满足，并且“不准许存在偏差”。标准中规定要求时，或者要量化，以便能够通过试验、测试等客观方法来验证，判断是否存在偏差；或者要明确，以便能够通过检查、核查、对比等其他客观方法达到可证实。因此，凡是无法客观证实的内容，标准中都不应以要求的形式作出规定。

可见要求是标准中最严格的规定之一。要求可以针对产品、过程或服务的任何方面。不管是产品、过程还是服务，如果声明符合某个标准，该标准中规定的所有要求都应该严格、没有偏差地遵守或符合。

2）指示型条款

指示型条款是指“表达需要履行的行动的条款”（GB/T 1.1—2020《标准化工作导则　第1部分：标准化文件的结构和起草规则》，定义3.3.3）。从该定义可看出，指示也是标准中最严格的规定之一，它表达的是需要履行的行动，通常针对人类行为本身，不涉及人类行为的结果。该条款在规程或试验方法中用来表示直接的指示，例如需要履行的行动、采取的步骤等。

标准中的指示型条款意味着只有履行了标准中规定的指示，才能够声称符合该标准。因此，标准中对人类行为的指示要十分清晰明确，以便一旦声称某一过程符合某个标准，可以通过核查标准中规定的行为指示是否被履行来进行判断。

3）推荐型条款

推荐型条款是指“表达建议或指导的条款”（GB/T 1.1—2020《标准化工作导则　第1

部分：标准化文件的结构和起草规则》，定义 3.3.4)。从该定义可看出，推荐型条款可以表达两个方面的含义：一是表达指导，二是表达建议。因此，在标准中表达原则、指导、建议等内容时，要使用推荐型条款，而不使用要求型条款。在标准中凡是需要表达不易证实或无法证实的内容，可以通过使用推荐型条款提供相应的指导或建议。

4）允许型条款

允许型条款是指“表达同意或许可（或有条件）去做某事的条款”（GB/T 1.1—2020《标准化工作导则　第 1 部分：标准化文件的结构和起草规则》，定义 3.3.5)。从该定义可看出，允许型条款表达三个方面的含义：同意做某事、许可做某事或有条件去做某事。在标准中表述允许时往往会附加条件。如“专利权人可以在互惠或防御性终止条件下作出上述声明”“对于人员少于 10 人的企业，可不提供……”“按照标准内容的从属关系，可以将标准划分为若干层次”。

5）陈述型条款

陈述型条款是指“阐述事实或表达信息的条款”（GB/T 1.1—2020《标准化工作导则　第 1 部分：标准化文件的结构和起草规则》，定义 3.3.6)。从该定义可看出，陈述型条款有两个功能：一是陈述某种事实，二是给出某种信息。陈述型条款与前面四种类型的条款最大的区别是，陈述型条款表述的内容通常没有倾向性，不施加任何影响，这也是陈述型条款的最大特点。

（2）附加信息

附加信息是有助于标准的理解或使用的信息。它是标准中的资料性内容，其功能是帮助标准使用者理解和使用标准或标准中的条款。附加信息是和条款相对应的内容，也就是说，标准化标准中除了条款之外的内容都属于附加信息。这些信息本身不能独立存在，它是依附于条款的，如果条款不存在，这些信息也就没有存在的必要了。规范性要素和资料性要素中都可能包含附加信息。

表 3-8 给出了构成规范性要素的具体条款和附加信息，以及构成资料性要素的具体附加信息。

表 3-8　要素的构成

规范性要素		资料性要素
条款	附加信息	附加信息
要求型条款 指示型条款 推荐型条款 允许型条款 陈述型条款	示例或例如 条文中的注、术语条目中的注 图中的注或表中的注 条文脚注 未包含要求的图表脚注	条文中的注、图中的注或表中的注 条文脚注、未包含要求的图表脚注 标准清单 / 信息资源清单 目次列表 索引列表 事实和信息的陈述

注：包含要求的图表脚注不属于附加信息。

每类附加信息都有各自的功能。表 3-9 列出了附加信息的功能及其适用的要素。

表 3-9　附加信息的功能说明及其适用的要素

附加信息	功能说明	适用的要素
示例	通过特定的形式呈现的具体例子，以便于更好地理解或使用标准或标准中的条款	规范性要素
例如	通过在条文中给出的简单例子，以便于更好地理解标准中的条款	规范性要素
注	通过特定的形式给出有助于理解或使用标准内容（条文、术语条目、图、表）的说明	规范性要素 资料性要素
条文脚注	通过特定的形式，针对条文中具体的词、句子、数字或符号等给出附加说明或注释	规范性要素 资料性要素
图表脚注	除给出附加信息之外，还可包含要求型条款	规范性要素 资料性要素
清单	通过特定的清单形式给出的信息，从而能够进一步检索其他相关的标准，便于标准的使用或理解	资料性要素
列表	通过特定的列表形式给出的检索信息，从而能够检索标准自身的内容，便于标准使用	资料性要素
事实或信息的陈述	资料性要素（如前言、资料性附录）中，通过给出事实、提供信息的陈述，达到更好地理解或使用标准	资料性要素

注：包含要求的图表脚注不属于附加信息。

2. 要素的表述形式

要素是由条款和附加信息构成的，而要素的内容又可以有不同的表述形式，通常的表述形式有：条文、图、表、数学公式、附录、引用或提示等。其中，由文字或文字符号组成的条文是要素最常使用的表述形式；图、表、数学公式是为了便于条文的理解对条文所做的“就地变形”，是根据条文内容采取的更加适合的表述形式；附录是为了便于标准结构的安排对条文所做的“异地安置”，是将条文的内容移作附录的一种表述形式；而引用或提示是为了使用其他标准中的内容或标准自身其他位置的内容时，所采取的表述形式。

（三）标准中各要素的选择与编排

按照要素所起的作用和存在的状态对要素的分类，阐释了构成要素的条款和附加信息，并介绍了要素的几种表述形式。以下将阐述各类要素在标准中的编排，以及起草标准时如何选择各类要素。

1. 标准中的要素及其构成和表述形式

表 3-10 展示了构成标准化标准的各要素及其类别，列出了组成各要素的具体条款或附加信息，给出了各要素所允许的表述形式以及是否允许进一步细分等。表中最左边的一列显示了标准中要素的典型编排顺序，这些要素形成了标准的基本框架。

表 3-10　标准中各要素及其构成和表述形式

要素	要素的类别		要素的构成	要素所允许的表述形式	细分层次
	必备或可选	规范性或资料性			
封面	必备	资料性	附加信息：标明标准信息	—	不可
目次	可选		附加信息：列表（自动生成的内容）	—	不可
前言	必备		附加信息：注、脚注	条文、移作附录	不可
引言	可选			条文、图、表、数学公式、移作附录	可以
范围	必备	规范性	条款：陈述 附加信息：注、脚注	条文、表	可以
规范性引用文件 *	必备 / 可选	资料性	附加信息：清单、注、脚注	—	不可
术语和定义 *	必备 / 可选	规范性	条款：陈述 附加信息：示例、注	条文、图、数学公式、引用、提示	可以
符号和缩略语	可选	规范性	条款：陈述 附加信息：注、脚注	条文、图、表、引用、提示、移作附录	可以
分类和编码 / 系统构成	可选		条款：陈述 附加信息：示例、注、脚注		可以
总体原则和 / 或总体要求	可选		条款：陈述、推荐 / 要求 附加信息：示例、注、脚注	条文、引用、提示	可以
核心技术要素	必备		条款：要求、指示、推荐、允许、陈述 附加信息：示例、注、脚注	条文、图、表、数学公式、引用、提示、移作附录	可以
其他技术要素	可选				可以
参考文献	可选	资料性	附加信息：清单、脚注	—	不可
索引	可选		列表（自动生成的内容）	—	不可

注：* 章编号和标题的设置是必备的，要素内容的有无根据具体情况进行选择。

2. 要素的选择

在表 3-10 中所列的规范性要素中，范围、术语和定义、核心技术要素是必备要素，其他是可选要素，其中术语和定义内容的有无可根据具体情况来确定。表中所列的核心技术要素是一个统称，每个功能类型标准都有其特定的核心技术要素，标准的功能类型不同，其核心技术要素就会不同。

规范性要素中的可选要素可根据所起草标准的具体情况在表 3-10 中选取，或者进行合并或拆分，要素的标题也可调整，还可设置其他技术要素，例如试验条件、仪器设备、取样、标志、标签和包装、标准化项目标记、计算方法等。资料性要素中的封面、前言、规范性引用文件是必备要素，其他是可选要素，其中规范性引用文件内容的有无可根据具体情况（即标准中是否规范性引用了其他标准）来确定。资料性要素在标准中的位置、先后顺序以及标题均应与表 3-10 所呈现的相一致。

三、标准的层次

从便于标准内容的表述出发，按照标准内容的从属关系，可以从形式上将标准的内容划分为若干层次。标准的层次使用部分、章、条、段、列项等形式。部分、章、条编号都采用阿拉伯数字加下脚点的形式；列项如需编号，采取拉丁字母和阿拉伯数字的编号形式。标准可能具有的层次及相应的编号示例见表 3-11。

表 3-11 所示的层次是一个标准可能具有的所有层次。标准中实际所具有的层次及其设置应视篇幅的多少、内容的繁简而定。但无论什么样的标准，至少要有章、条、段三个层次。可以说它们是标准的必备层次。除了章、条、段，其余的层次都是可选的，例如，有些标准未分成“部分”，有些标准没有“列项”。

表 3-11 层次及其编号

层次	编号示例
部分	××××.1
章	5
条	5.1
条	5.1.1
段	[无编号]
列项	列项符号：“——”和“·”，列项编号：a）、b）和 1）、2）

（一）部分

部分是一个文件划分出的第一个层次。一个标准的不同部分都有各自的部分编号，但是它们拥有同一个标准顺序号。如果一个标准分成了若干部分，那么该标准就由这些部分构成。标准分为部分后，每个部分可以分别编制、修订和发布，并与未分为部分的标准遵守同样的起草原则和规则。

这里，有一个概念需要澄清：部分在国际上一直被认为是标准的内部结构，但在我国往往将其视作独立的标准，或被认为是组成系列标准的文件之一。实际上，一个部分不能算作一个标准，它是一个标准的内部结构。

请注意：一个标准的若干部分所针对的应是同一个标准化对象。

1. 部分的划分原则

通常情况下，针对一个标准化对象宜编制成一个无须细分的标准，只有在特殊情况下才可编制形成分为若干部分的标准。那么，在什么情况下我们需要将一个标准划分成部分，又是如何划分部分呢？

划分部分所遵循的总原则是要提高标准的适用性，便于标准的使用。比如，某标准的篇幅过长，已经不便于使用了，这时就要考虑是否将该标准分为若干部分。除此之外，还须考虑以下因素。

（1）根据标准使用者的需求

不同的标准使用者的需求不同，关注的方面也会不同。因此针对一个标准化对象，往往需要从使用者的角度考虑将标准分成若干部分，每个部分仅规定与使用者的需要相关的内容。这样使用者应用标准时，看到的内容都是他所需要的。

示例 3-32 针对不同使用者将一个标准分成五个部分，分别针对产品的生产者、技术管理者、检验人员、安装人员，以及后期维护服务人员。

【示例 3-32】

第 1 部分：生产操作流程

第 2 部分：技术要求

第 3 部分：检验方法

第 4 部分：安装规则

第 5 部分：维护和服务要求

（2）根据编制标准的目的

标准编制目的的不同，规定的技术内容就会不同。针对一个标准化对象，从编制目的角度可以将标准分成不同的部分，每个部分仅规定与编制目的有关的内容。

示例 3-33 针对不同的编制目的将一个标准分成 4 个部分，分别针对相互理解、可用性、兼容性，以及安全的目的。

【示例 3-33】

第 1 部分：术语及分类

第 2 部分：技术性能要求

第 3 部分：兼容性要求

第 4 部分：安全要求

（3）按照标准的使用方式

1）每个部分都能够单独使用

将标准化对象分为若干特殊方面，每个部分分别涉及其中的一两个方面，并且都能够单独使用。

示例 3-34 将标准化对象印刷技术术语分为若干细类，针对具体细类形成了各个部分，每个部分都能够单独使用。

【示例 3-34】

GB/T 9851.3—2008　印刷技术术语　第 3 部分：凸版印刷术语

GB/T 9851.4—2008　印刷技术术语　第 4 部分：平版印刷术语

GB/T 9851.5—2008　印刷技术术语　第 5 部分：凹版印刷术语

GB/T 9851.6—2008　印刷技术术语　第 6 部分：孔版印刷术语

GB/T 9851.7—2008　印刷技术术语　第 7 部分：印后加工术语

2）通用和特殊部分配合使用

将标准化对象分为通用和特殊两个方面。这种情况下，通用方面通常作为标准的第 1 部分，特殊方面作为其余各部分。因为通用部分规定的是其余部分中都涉及的通用规定，所以涉及特殊方面的部分都不再规定通用的内容，而采取引用通用部分的表述形式，这样避免了不同部分都各自规定相关通用内容而导致的不一致、不协调问题。

在这类标准中，由于针对具体的标准化对象，仅有通用要求没有特殊要求不完整；反之，仅有特殊要求没有通用要求也不完整，只有综合了通用方面和特殊方面的内容才能表达全面的要求。因此这类标准中的各个部分都不能单独使用，而应将通用部分和特殊部分配合使用。

示例 3-35 中，标准的第 1 部分界定了商务票据印刷的通用技术要求领域都需要使用的图形符号，其他各部分都首先引用了第 1 部分，在此基础上再进一步界定各自需要的技术要求符号。

【示例 3-35】

——CY/T 49.1—2008　商业票据印制　第 1 部分：通用技术要求

——CY/T 49.2—2008　商业票据印制　第 2 部分：折叠式票据

——CY/T 49.3—2008　商业票据印制　第 3 部分：卷式票据

——CY/T 49.4—2008　商业票据印制　第 4 部分：本式票据

在示例 3-36 中，将标准化对象的一个方面“纸质印刷品覆膜过程控制及检测方法”，分为覆膜过程控制及检测方法基本要求和各种覆膜要求及方法。

【示例 3-36】

——第 1 部分：基本要求

——第 2 部分：乙烯－醋酸乙烯共聚物（EVA）热熔胶预涂覆膜

——第 3 部分：水基胶黏剂即涂干式覆膜

——第 4 部分：反应型聚氨酯（PUR）热熔胶即涂覆膜

2. 部分编号

部分编号应置于标准编号中的顺序号之后，使用从 1 开始的阿拉伯数字；部分编号与顺序号之间用下脚点相隔。例如 GB/T 27917.1、GB/T 27917.2，其中 27917 是标准的顺序号；“1”和“2”是部分编号，它并不是标准顺序号的组成成分。“部分”是标准的层次之一。与章条编号一样，部分编号是一项标准的内部编号，只不过被置于标准编号中。

部分可以连续编号，也可以分组编号。以下给出了采取分组形式的部分编号示例：

【示例 3-37】

——GB/T XX501.1、GB/T XX501.2、GB/T XX501.3；

——GB/T XX501.10、GB/T XX501.11、GB/T XX501.12；

——GB/T XX501.20、GB/T XX501.21、GB/T XX501.22、GB/T XX501.23、GB/T XX501.24。

请注意：从部分的编号可以看出，一个标准的不同部分都拥有同一个标准顺序号，可以说这些部分是共用一个标准顺序号的标准；因此可以将“部分”称为“共序标准”。与此相对应，由于未进一步划分成部分的标准独自拥有一个标准顺序号，因此可以将其称为“专序标准”。将部分这类标准和未进一步细分的标准分别称为“共序标准”和“专序标准”，可以方便人们提及这两类标准。

（二）章

在起草一个标准时，需要对标准正文［正文是指“从文件的范围到附录之前位于版心中的内容”（GB/T 1.1—2020《标准化工作导则　第 1 部分：标准化文件的结构和起草规则》，定义 3.2.2）］进行层次划分，以便表述标准内容的从属关系。这时首先分出的层次就是章，它构成了标准正文层次结构的基本框架。

1. 章的划分原则

章是标准正文中分出的第一个层次。在标准中，某些内容可以表述在多个章中；而在另一种情况下，这些内容又可以合并在一个章中表述。那么章的划分依据是什么呢？通常情况下，章的划分需要考虑以下原则。

（1）正文中一个要素通常设为一个章

章与标准正文中的要素紧密相关，通常将一个要素设置成一个章。正文中的必备要素都应该设置为章，包括要素“范围”“规范性引用标准”“术语和定义”以及不同功能类型标准的核心技术要素。其他可选要素，如“符号和缩略语”“分类和编码 / 系统构成”“总体原则和 / 或总体要求”通常也需要各自设章。

（2）正文中一些要素可以合并或拆分后形成章

在一些特定情况下，正文中一些要素可以根据具体情况合并或拆分后形成章。某些章的内容过少，或者与其他章的内容有联系，可以考虑与其他章合并，如规范标准中的“试验方法”可以并入“要求”一章。某些章的内容较多，也可以考虑按照相应的规则拆分成若干章，如规范标准中的“要求”，通常设置为一章，但如果需要满足的目的较多，要求的内容所占篇幅过大，也可考虑按照编制目的将相应的要求分别设章。

（3）引言、附录可以看作“章”

引言是标准中的资料性要素，不会对引言编号；然而，如果需要对引言进行细分，那么仅可将引言进一步划分为条，条编号为 0.1、0.2……实际上，我们可以将引言看作标准的第 0 章。

附录源于正文中的条文，可以对附录编号，如附录 A、附录 B；还可以对附录进一步细分，分出的第一个层次为条，条编号为 A.1、A.2……B.1、B.2……可见，从编号的层次以及附录所占据的篇幅来看，可以将附录看作章，将 A、B 等看作章的编号。

2. 章编号

每一章都应编号。章的编号使用阿拉伯数字从 1 开始编写。在每个标准中，章的编号从范围开始一直连续到附录之前。

3. 章标题

章标题是必备的。即每一章都应有章标题，并应置于编号之后。标准中的核心技术要素的章标题需要根据标准的具体功能类型进行确定（见表 3-6 中针对不同功能类型标准给出的具体核心技术要素）；标准中的其他技术要素的章标题需要根据具体要素进行确定。

（三）条

在章之下，或者标准的引言或附录之下，如果需要进一步细分，可以设置有编号的层次——条。条是对章的细分，凡是章以下有编号的层次均称为“条”。

条的设置是多层次的，第一层次的条可分为第二层次的条，第二层次的条还可继续细分，需要时最多可以分到第五层次。虽然标准中条的层次可以分到第五层，但是为了便于引用、叙述和检索，尽量不要将条划分过多的层次。

1. 条的划分原则

某一章或某一条中的内容，可以被编成几个段落，也可以编成几个条。那么，在什么情况下编成条、在什么情况下编成段呢？条的划分通常需要考虑以下原则。

（1）内容明显不同

划分条的主要依据是内容明显不同。如果段与段之间所涉及的内容明显不同，为了便于区分，则需要将它们分成彼此独立的条。

（2）有可能在提示或引用中提及

当标准的章或条中的某些段落会被标准自身所提及，以便提示使用者遵守或参考，或者有可能被其他标准所引用时，就应该将相关的段落设为条。这样通过直接提及相应的条编号就可以实现准确提示或引用的目的。

例如，在起草 GB/T 1.1—2020 的过程中，曾经在条文中出现以下提示信息“（见 6.6.9.1 中的最后一段）”，在标准定稿时，为了便于引用并保证准确性，将 6.6.9.1 进一步细分，将其中的最后一段调整为 6.6.9.1.2，原来的提示信息就直接改为“（见 6.6.9.1.2）”。

（3）存在两个或两个以上的条

在标准的章或条中不应仅包含一个下一层次的条，换句话说同一层次中有两个或两个以上的条时才可设条。例如，9.2 中至少要有 9.2.1 和 9.2.2 两条，才可将 9.2 进一步划分为第二层次的条；也就是说，如果没有 9.2.2，就不应将 9.2 中的条文给予 9.2.1 的编号。

（4）无标题条不应再分条

为了不在引用或提及时产生混淆，不应在无标题条之下再分条。如果无标题条再进一步细分，就会出现“悬置条”（见示例 3-38），这会给引用或提示造成困扰。假设另一标准需要引用示例 2-61 中紧跟 5.2.3 后的内容（不包括 5.2.3.1 和 5.2.3.2 中的内容），如指明“按照 5.2.3 的规定”就会产生混淆，因为在这种情况下 5.2.3 还包括了 5.2.3.1 和 5.2.3.2。

鉴于这种情况，无标题条不应再进一步细分条。也就是说，虽然条可以向下细分五个层次，但是一旦某一层次的条没有标题，也就意味着该条的细分层次到此为止。

【示例 3-38】

5.2.3　×××××××××××××××××××××××××××××××××××
××××××××××××××××××××××××××××××××××××××
××××××（悬置条）

5.2.3.1　××××××××××××××××××××××××××××××××××
××××××××××××××××××××××××××××××××××××××
××××××××××××××××××××××××××××××××××××××
××

5.2.3.2　××××××××××××××××××××××××××××××××××
××××××××××××××××××××××××××××××××××××××
×××××××

2. 条编号

条编号使用阿拉伯数字加下脚点的形式，即层次用阿拉伯数字，每两个层次之间加下脚点。条编号在其所属的章内或上一层次的条内进行，例如，在第 6 章内，第一层次条编为 6.1、6.2……第二层次条编为 6.1.1、6.1.2……一直可编到第五层次，即 6.1.1.1.1.1，6.1.1.1.1.2……

附录中可以设条。

如图 3-3 所示为层次编号示例，展示了标准中的条编号，包括附录中的条编号，图中还展示了章编号。

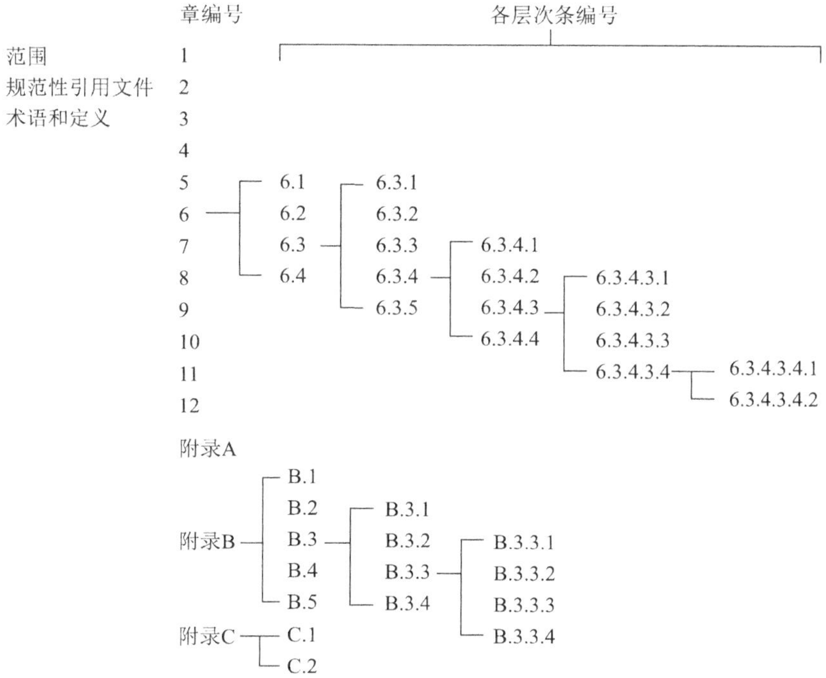

图 3-3　层次编号示例

标准的具体内容是按照从属关系编排的。章编号统管所有章编号相同的条，即同一章下所有的条编号都从属于该章；每下一层的条编号从属于其上一层的条编号，依次类推。

3. 条标题

条标题的设置是可选的，可以根据标准的具体情况决定是否设置标题。如果设置了标题，则置于条编号之后。如果不设标题，则条编号后紧接着条的内容。

（1）第一层次条的标题

每个第一层次的条最好设置标题。第二层次的条可根据情况决定是否设置标题。

（2）条标题设置的一致性

虽然条标题的设置是可选的，但在某一章或条中，其下一个层次上的各条有无标题应一致。例如，如果第 8 章的下一层次 8.1 有标题，则处于同一层次上的 8.2、8.3……也应有标题；同样，如果 8.2 条的下一层次 8.2.1 有标题，则 8.2.2、8.2.3……也应有标题；反之，如果 8.2.3.1 无标题，则 8.2.3.2、8.2.3.3……也应无标题。

对于不同章中的条，或不同条中的条，虽然处于同一层次，标题的设置无须一致。

示例 3-39 中，虽然 5.2.1、5.2.2……5.5.1、5.5.2、5.5.3；6.2.1、6.2.2……都属于第二层次的条，但 5.5.1、5.5.2 和 5.5.3 有标题，其他条没有标题，这种情况是允许的。这是因为 5.5.1、5.5.2、5.5.3 与 6.2.1、6.2.2……分属不同的章，而 5.5.1、5.5.2、5.5.3 与 5.2.1、5.2.2……虽然在同一章中，但它们却不在同一条中（分属 5.5、5.2）。只有在某一章或条的内部，才要求其下一个层次中各条的标题设置与否要保持一致。

【示例 3-39】

5　设计 ………… 5.2　构形 5.2.1　××。 5.2.2　××。 　××。 ………… 5.5　组合 5.5.1　一般规定 ………… 5.5.2　复合组件的图形符号 ………… 5.5.3　包含流向的图形符号 ……… 6　应用 ………… 6.2.1　××。 6.2.2　××××××××××××××××××。 …………

（3）无标题条的主题

对于无标题的条，如果需要强调各条所涉及的主题，可将无标题条首句中的关键术语或短语标为黑体，通过突出显示的方式引起对相关主题的注意。

强调无标题条的主题时也需要遵守一致性原则。如果某一条的下一层次的无标题条中，有用黑体字强调主题的情况，那么该层次上的每个无标题条都应有用黑体标出的主题。

无标题条中用黑体标出的术语或短语不应在目次中列出；如果有必要列入目次，则不应采取这种形式，而应选用有标题条的形式，将相应的术语或短语作为条标题。

【示例 3-40】

7.3.1　条是章内有编号的细分层次。条可以进一步细分，细分层次不宜过多。…… 7.3.2　条编号应使用阿拉伯数字并用下脚点与章编号或上一层次的条编号相隔。…… 7.3.3　第一层次的条宜给出条标题，并应置于编号之后。第二层次的条可同样处理。……

（四）段

段是对章或条的细分。段与条最明显的区别就是它没有编号，也就是说段是章或条中不编号的层次。

为了不在引用或提及时产生混淆，不宜在章标题与条之间或条标题与下一层次条之间设段（这样的段称为“悬置段”）。

示例 3-41 的左侧，按照章条的从属关系，第 5 章不仅包括所标出的“悬置段”，还包括 5.1 和 5.2。这种情况下，当需要引用第 5 章中悬置段的内容时，如果指明“应按照第 5 章规定的要求”，就会在理解上产生混淆：一些人认为只提及了悬置段，而另一些人会认为还包含 5.1 和 5.2。为了避免混淆，采取的方法之一就是将悬置段改为条。如示例右侧所示，将未编号的悬置段编号并增加标题，即“5.1 通用要求”（也可给出其他适当的标题），然后将现有的 5.1 和 5.2 重新编号，依次改为 5.2 和 5.3。在这种情况下，避免混淆的其他方法还包括将悬置段移到别处或删除。

【示例 3-41】

不正确	正确
5　要求 ××××××××××× } ××××××××××× } 悬置段 ×××××× } 5.1　×××× ××××××××××× 5.2　×××× ××××××××××× ××××××××××××××× ××××××××××××××××× ××××××××××××××××× ××××× 6　试验方法	5　要求 5.1　通用要求 ××××××××××× ××××××××××× ×××××× 5.2　×××× ××××××××××× 5.3　×××× ××××××××××× ××××××××××××××× ××××××××××××××××× ××××××××××××××××× ××××× 6　试验方法

通常来说，悬置段都是在做具体规定之前，编写一些总体的、通用的内容。因此，将悬置段作为条处理后，需要根据原悬置段中规定的内容选择相应的标题。原悬置段凡是规定了一些原则、规则或要求的内容，可以分别使用“总则”“通则”“通用要求”等作为条的标题；凡是给出陈述或说明的内容，可以使用“概述”作为条的标题。避免设置悬置段的规定使得标准中段的编写，以及标准之间的相互引用或标准内部的提示更加清楚明确。

要素“术语和定义”中的引导语引出的是“术语条目”，“符号和缩略语”中的引导语引出的是“符号和/或缩略语清单”，这两处的引导语都不符合上述对悬置段的定义（章标题与条之间或条标题与下一层次条之间的段）。因此，这些引导语都不是悬置段。标准中的“重要提示”无论是否属于悬置段，通常都不会被引用，如特殊情况下确有需要，可以通过提及章条编号和“重要提示”“警示”等进行引用或提示。

（五）列项

列项是段中的子层次，用于强调细分的并列各项中的内容，它可以设置在文中的任意段或无标题条中。列项可以进一步细分为分项，这种细分不宜超过两个层次。

1. **列项的设置原则**

标准化标准中的条文经常需要表述一些列举的事项，这些内容通常会表述在段或无标题条中，那么什么情况下会使用列项这种形式呢？列项的设置通常需要考虑以下原则。

（1）突出并列的各项

列项具有自己特殊的形式，它在条文中非常突出、醒目。如果需要突出段中并列的各项内容，可在段中设置列项，使得列项中各项内容更加清晰明了。

如果仅是需要突出并列的各项，选择设置无编号列项即能达到相应的效果。

（2）强调各项的先后顺序

如果在表述标准的内容时，需要强调一些事项的先后顺序。例如，规程标准中需要强调行为指示的先后步骤，可以通过设置有编号列项来表述。

（3）便于引用列项中的各项

如果需要引用文中并列的内容，这时有必要将这些内容设置为有编号列项。通过提及列项的编号可以达到准确引用的目的。

2. **列项的形式**

列项的形式具有其独特性，即列项应由引语和被引出的并列的各项组成。只有同时具备“引语”和“被引出的并列的各项”，列项才是完整的。

（1）列项的形式

列项有两种形式：

其一，由后跟冒号的文字作引语引出后跟分号（见示例 3-42，又见示例 3-43 中第二层次的列项）或逗号（见示例 3-44）的各项。由于冒号是句内点号（即句子内部的符号），所以引出的所有各项中都不应使用句号，只有最后一项的结尾使用句号。

其二，由后跟句号的完整句子作引语引出后跟句号的各项［示例 3-43 a）和 b）的最后一个分项的结尾为句号］。也就是说，凡是引出的各项结尾需要使用句号，那么就应该使用完整句子（由句号结束）作引语。

（2）引语与被引出的各项内容之间的关系

引语与被引出的各项之间是有关系的。引语引出的各项内容：

1）应与引语引导的含义相符；

2）不宜与引语中的词语相重复。

【示例 3-42】

下列仪器不需要开关：

——正常操作条件下，功耗不超过 10W 的仪器；

——任何故障条件下使用 2min，测得功耗不超过 50W 的仪器；

——连续运转的仪器。

【示例 3-43】

导向要素中图形符号与箭头的位置关系需要符合下列规则。

a）导向信息元素横向排列，并且箭头指：

左向（含左上、左下），图形符号应位于右侧；

右向（含右上、右下），图形符号应位于左侧；
上向或下向，图形符号宜位于右侧。
b）导向信息元素纵向排列，并且箭头指：
下向（含左下、右下），图形符号应位于上方；
其他方向，图形符号宜位于下方。

【示例 3-44】
仪器中的振动可能产生于：
——转动部件的不平衡；
——机座的轻微变形；
——滚动轴承；
——气动负载。

3. 列项中各项的编号

列项可以分为无编号列项和有编号列项。

（1）无编号列项

无编号列项是列项中最常见的表现形式。设置列项的目的如果仅是为了突出并列的各项，那么考虑使用无编号列项。编写这类列项时，需要在各项之前标明列项符号，包括：适用于列项的第一层次各项之前的破折号（——）（见示例 3-44 和示例 3-45）；或适用于列项的第二层次各项之前的间隔号•）（见示例 3-45）。

【示例 3-45】
在被试个人信息页上，留出空白用于填写以下信息：
——测试日期；
——主试姓名；
——被试的年龄段；
• 15 ～ 30 岁（含），
• 31 ～ 50 岁（含），
• 超过 50 岁；
——被试性别；
——被试教育程度。

（2）有编号列项

编写有编号的列项需要在各项之前标明列项编号，包括：适用于第一层次各项之前的字母编号［即后带半圆括号的小写英文字母，如 a）、b）等］；或适用于第二层次各项之前的数字编号［即后带半圆括号的阿拉伯数字，如 1）、2）等］。有编号的列项适用于以下两种情况。

1）需要识别

如果列项中的某些项需要识别，例如其中的某一项或某些项有可能被引用，特别是标准自身就需要提示标准中列出的某项，这时就需要对列项进行编号，以方便提及［如 4.3.2 a）］（见示例 3-46）。

2）需要表明先后顺序

如果需要强调列项中各项的先后顺序，那么应对各项进行编号。例如表明设计程序，试验过程的列项，使用编号可以表明设计或试验是按照 a）、b）、c）……的顺序进行的

（示例 2-46 中的有编号列项表明，在前言中应按照列项中的顺序给出相应的内容）。因此在某些情况下，有编号的列项表明列项中的各项是有先后顺序的；而无编号的列项可以理解为，各项的顺序不分先后。

（3）列项的细分

如果无编号列项中的某项需要进一步细分成第二层次的列项，就只准许细分成无编号的各项，不准许细分成有编号的各项。假如第二层次的列项需要识别或需要强调前后顺序，那么就应将第一层次列项改为字母形式的有编号列项，然后使用数字编号对第二层次列项的各项进行编号。

如果有编号列项中的某项需要进一步细分成第二层次的列项，根据是否需要识别或表明先后顺序，可以设置成使用数字编号的列项（见前文示例 3-43）或使用间隔号的无编号列项（见示例 3-46）。

【示例 3-46】

根据所形成的标准的具体情况，在前言中应依次给出下列适当的内容。

a）标准起草所依据的**标准**。具体表述为“本标准按照 GB/T 1.1—2020《标准化工作导则　第 1 部分：标准化标准的结构和起草规则》的规定起草”。

b）标准与**其他标准**的关系。需要说明以下两个方面的内容：

- 与其他标准的关系；
- 分为部分的标准的每个部分说明其所属的部分并列出所有已经发布的部分名称。

c）标准与**代替标准的关系**。需要说明以下两个方面的内容：

- 给出被代替、废止的所有标准的编号和名称；
- 列出与前一版本相比的主要技术变化；

…………

4. 列项中各项的主题

为了强调列项中各项的主题，在各项中可使用黑体字突出各项中的关键术语或短语。强调各项主题时也需要遵守一致性原则。如果列项中的某项有用黑体字强调主题的情况，那么该列项中的每项中都应有用黑体字标出的主题（见示例 3-46）。

这类用黑体字标出的术语或短语不应在目次中列出。如果有必要列入目次，则不应使用列项的形式，而应采取条的形式，将相应的术语或短语作为条标题。

5. 编写列项需要注意的问题

编写列项时，需要注意以下一些问题。

（1）引语不应省略

列项由引语和被引出的并列各项组成，因此列项中引语是必需的，不应省略。然而在列项的编写中常常出现没有引语的现象，尤其是经常出现在条标题之后。

示例 3-47 的 a）之前没有引语。由于该示例中列出的各项之间是并列关系，所以只要在列项之前增加引语就可以形成符合规定的列项。

【示例 3-47】

不正确的表述：列项所列的项目之前没有引语。

5.6.1 测试条件 a）水质：符合 6.1.2 规定的试验用水水质； b）水温：（25±1）℃； c）进水压力：（0.24±0.02）MPa； …………

（2）条或段不应表述成列项的形式

在标准编写中，有些内容本来应该分条或分段表述，但却错误地使用了列项的形式。这类问题也经常出现在条标题之后。

示例 3-48 是典型的将条或段的内容表述成列项的例子。示例中既没有引语，a）和 b）的内容也不是并列关系，因而不应该用列项的形式表述。在这种情况下，即使在 a）之前增加了引语，它也不是列项。针对该示例中的这类问题，根据具体情况可将 a）、b）按以下两种方法之一进行修改：

——改为两条，分别为 5.4.8.1 和 5.4.8.2；

——删去 a）、b），直接作为两段处理。

【示例 3-48】

不正确的表述：将条或段表述成列项。

5.4.8　储存 a）必要时应规定储存要求。特别是对有毒、易腐、易燃、易爆等类产品应规定各种相应的特殊要求； b）储存要求的内容包括： 1）储存场所，指库存、露天、遮篷等； 2）储存条件，指明温度、湿度、通风、有害条件的影响等； …………

（3）引语引导的内容与列项中的内容应相符

引语引导的含义与列项中的各项内容不应出现不一致，甚至矛盾的现象。例如，引语中的表述如为“……应符合以下要求：”，那么引出的各项中应全部是要求，不应出现某个分项为推荐。

示例 3-49 中存在以下问题：引语表明引出的各项都是搪玻璃表面的缺陷，但实际列出的不全是缺陷，如“搪玻璃表面色泽均匀”就不是缺陷。

【示例 3-49】

列项不正确的表述：引语与列项内容相互重复且不相符。

在距搪玻璃表面 600 mm 处用 100 W 手灯以正常视力观察，不应有以下缺陷：

——搪玻璃表面不应有裂纹、局部剥落等缺陷；

——搪玻璃表面色泽均匀，没有明显的擦伤、暗泡、粉瘤等缺陷；

——搪玻璃表面应没有妨碍使用的烧成托架痕迹，以及修理和修补痕迹；

——每平方米搪玻璃面上的杂粒不得超过 3 处，每处面积应小于 4 mm^2，且相互间距不得小于 100 mm。

（4）引语与列项内容不应相互重复

引语中已经出现的词语，引出的分列各项中尽可能不重复出现。例如，引语中已经使用了“不应”，分列各项中就不应再出现“不应”。

示例3-49中，引语中已有“搪玻璃表面”“不应”“缺陷”等词语，但分列的各项中却多次重复。

鉴于示例3-49的列项中存在“引语引导的内容与实际列项中的内容不相符”以及“引语与列项的内容相互重复”等问题，有必要对该列项进行修改。示例3-50只做了较少的修改，示例3-51做了较大改动，形成了一个比较简洁、理想的列项。

【示例3-50】

在距离600 mm处用100W手灯以正常视力观察，搪玻璃表面：

——不应有裂纹、局部剥落等缺陷；

——应色泽均匀，没有明显的擦伤、暗泡、粉瘤等缺陷；

——不应有妨碍使用的烧成托架痕迹，以及修理和修补痕迹；

——每平方米的杂粒不得超过3处，每处面积应小于4 mm^2，且相互间距不得小于100mm。

【示例3-51】

在距离600mm处用100W手灯以正常视力观察，搪玻璃表面应色泽均匀，并且不应有以下缺陷：

——裂纹、局部剥落等；

——明显的擦伤、暗泡、粉瘤等；

——妨碍使用的烧成托架痕迹，以及修理和修补痕迹；

——每平方米超过3处，每处面积大于4 mm^2，且相互间距小于100 mm的杂粒。

第四章 标准的核心技术要素的编写

第三章从标准化标准的要素、层次两个方面，对标准的结构进行了介绍和剖析。在起草标准化标准时，确定了具体的标准功能类型，搭建了标准的结构，进而就要着手起草标准文本。起草不同功能类型的标准首先要编写其中的核心技术要素，标准的功能类型不同，核心技术要素就会不同。本章仅举例规范标准这一类型，讨论如何编写其核心要素。

对产品、过程或服务等标准化对象进行标准化，典型的做法之一就是在标准中规定这些标准化对象需要满足的要求。如果有必要判定声称符合这些标准的各种活动及其结果是否满足了这些要求，就要在标准中描述对应的证实方法，这样形成的标准即规范标准。规范标准的功能是通过提供可证实的要求对标准化对象进行“规定”，其核心技术要素包括“要求”和“证实方法”。这两个要素是规范标准区别于其他类型标准的一个显著特征，它们的有机结合使得判定各种活动及其结果是否符合标准中的规定成为可能。因而规范标准可以作为采购、贸易的基础，作为判定产品、过程或服务符合性的依据，作为自我声明、认证的基准。

规范标准的起草应遵守 GB/T 20001.5《标准编写规则　第 5 部分：规范标准》中确立的规则。本节将从起草规范标准需要遵循的总体原则入手，进而阐述如何编写规范标准的两个必备要素——要求、证实方法。

第一节　规范标准的总体原则

起草规范标准需要遵循两个原则：性能 / 效能原则和可证实原则。它们是针对两个必备要素确立的原则：性能 / 效能原则是针对要求的原则；可证实原则是将要求与证实方法相联系的原则。

一、性能 / 效能原则

性能 / 效能原则是标准中要求的表述原则。规范标准通常可以从不同方面对标准化对象规定要求，既可以对性能 / 效能特性，还可以对描述特性，也可以对与标准化对象有关的其他特性规定要求，那么如何作出选择呢？性能 / 效能原则就是解决针对标准化对象的哪些特性或方面规定要求，从而对其进行标准化的问题。掌握这一原则需要在了解什么是性能 / 效能特性、描述特性以及其他特性的基础上，进一步理解性能 / 效能原则。

1. 性能 / 效能特性

任何产品、过程或服务都具有其特定的功能。性能是“反映产品功能的某种能力”（GB/T 20001.5—2017《标准编写规则　第 5 部分：规范标准》，定义 3.3）；效能是“反映过程或服务功能的某种能力”（GB/T 20001.5—2017《标准编写规则　第 5 部分：规范标准》，定义 3.4）。由此可见性能、效能都是反映标准化对象所具有功能的某种能力，只不过“性能”是针对产品而言；“效能”是针对过程或服务而言。而特性是“标准化对象所具有的可被辨识的特定属性”（GB/T 20001.5—2017《标准编写规则　第 5 部分：规范标准》，定义 3.5），它通常被赋值。

综上所述，性能 / 效能特性就是反映标准化对象功能的可被辨识的特定属性，这种属性通常被赋值。

2. 描述特性和其他特性

描述特性是“与产品使用功能相关的设计、工艺、材料等特性”（GB/T 200100 2014《标准编写规则　第 10 部分：产品标准》，定义 3.3）。描述特性是对产品本身特性的描述，往往可以显示在实物上或图纸上，如在图纸上描述或标注的产品尺寸、结构、粗糙度等。

对于过程标准、服务标准，可能还会涉及与活动 / 服务有关的其他特性，如过程运作的控制条件、服务环境、活动内容等。

3. 性能 / 效能原则

性能 / 效能原则是规范标准中要求的表述原则，即标准中的要求由反映产品性能、过程或服务效能的具体特性来表述，尽量不使用产品的描述特性或其他特性（如过程运作的控制条件、服务的外部条件 / 环境、活动内容等相关特性）来表达，通常不对生产过程、工艺，服务机构或人员的资质和服务设备设施等规定要求。

（1）优先考虑从性能 / 效能特性的角度规定要求，以便给技术发展留有最大的自由度

从产品性能、过程或服务的效能对标准化对象提出要求，而不对产品的描述特性，或过程运作的条件，服务的外部环境、机构人员的资质、服务设备设施等规定要求，可以给技术发展留有最大的自由度。由于相对产品的性能、过程的效能来说，产品的描述特性，过程或服务的其他特性是多种多样的。当标准从性能 / 效能特性的角度提出要求时，不同的生产 / 操作 / 服务者可以发挥各自的特长，如技术、设备、人员特点、外部条件等等，通过选择适合自己的路径，采取各自的技术、方法达到性能 / 效能特性要求的“结果”，从而提供符合标准所要求的产品、过程或服务。所以，遵循性能 / 效能原则可以充分发挥标准使用方的优势和创造力，促进技术创新和进步。

（2）综合考虑选择从描述特性或其他特性的角度规定要求

性能 / 效能原则是针对标准化对象规定要求时优先考虑的原则。在遵守这一原则时，有可能受到具体情况的限制，需要在是用性能 / 效能特性表述要求，还是用其他特性表述要求之间，经过权衡后作出选择。考虑性能 / 效能原则有可能会面临以下四种情况。

第一，在选择相应的特性时，有可能无法确定恰当的性能 / 效能特性，或者虽然特性能够确定，但无法给出明确的特性值。

第二，虽然特性和特性值都能够确定，但是没有适用的证实方法。按照可证实原则，以性能 / 效能特性表述要求，需要描述相应的证实方法。如果目前没有适用相应特性的证实方法，就不应选择从性能 / 效能特性规定要求。

第三，虽然存在相应的证实方法，但可能该方法的证实过程非常复杂，需要花费很长的时间并且耗费较多的资金。

第四，为了达到安全与健康的目的，可能需要选择（有时还是必要的）用描述特性或其他特性规定要求，例如规定结构细节（如保证安全的防错装结构），材料的有害化学成分的含量（如为了保障健康），加工过程（如保证安全的压力容器的焊接工艺），对导游在旅游过程中的具体行为作指示（如具体的安全提示，以保证安全）等。

在上述四种情况中，遇到第一、第二种情况就不应从性能 / 效能的角度规定要求；遇到第三、第四种情况，则需要认真地分析研究、权衡利弊。因此，在编写规范标准的要求时，首先要考虑从性能 / 效能特性的角度规定要求，其次要综合各种情况，考虑是否需要从描述特性改成其他特性的角度规定要求。

（3）不遗漏对标准化对象的功能有重要影响的性能 / 效能

在遵守性能 / 效能原则时，须注意确保要求中不遗漏对标准化对象的功能产生重要影响的产品性能或过程 / 服务效能。对标准化对象进行功能分析后确定标准的技术要求，可以避免这类问题的发生。

规范标准的标准化对象通常并不是只有一个功能，对于制成品或系统，复杂的过程、大型的服务等常常具有为数众多的功能。要根据标准化对象的预期目的系统地对其功能进行分析，明确它们的功能定位，确定必要功能、剔除不必要功能，从而最终确定需要对哪些特性规定技术要求。必要功能是实现标准化对象预期目的必须具备的功能，也是用户购买该产品或服务首先要考虑的因素。不必要功能是指使用者不需要的功能，即多余的功能。

例如，家用电冰箱的必要功能是能够将新鲜物品冷冻起来无害保存。另外，使用方便等人类工效性能（如产品的外观、形状、色彩、气味、手感等方面）也应仔细分析。对于消费品，在使用功能之外往往还需要考虑外观功能；而对于工业设备而言，外观功能处于次要位置。又如，如果在普通手表上安装了海拔高度的测量功能，对于一般消费者来说就是不必要功能。再如，对于理发服务，剪发、洗发则为必要功能，而按摩、美容就不一定是必要功能；对于境外旅游服务，国外机场接送站则为必要功能，而国内机场接送站就不一定是必要功能。

标准化对象的功能与其功能定位密切相关，对于某些等级的产品或服务是不必要功能，对于高级别的产品或服务可能就是必要功能，因此需要进行全面的功能分析。对标准化对象进行功能分析后，再根据确定的功能选择标准中需要规定的要求。

以家用洗衣机为例，通过功能分析进而明确需要规定的要求。如果所确定的编制标准的目的之一是可用性，那么就要分析洗衣机达到可用性的必要功能：首先是在磨损或损害最小的情况下将衣物洗干净；其次通常要具有针对各类衣料的不同洗涤方式。这两项功能确定后，就要规定实现该功能需要达到或满足的相应特性及要求。然而，由于洗衣机是一件消费品，其操作面板要具有操作便捷、容易理解的功能，外观要满足使用者舒适度的需求，为此要考虑规定人类工效学性能要求。如果保证安全是编制标准的另一个目的，那么要分析保障洗衣机安全的功能所涉及的方方面面。针对洗衣机是电器产品，并且有机械运转，至少须针对电气安全、机械运转安全提出要求。如果资源合理利用也是标准的编制目的之一，就要分析洗衣机满足资源利用功能涉及的各方面。由于洗衣机是耗能、耗水产品，有必要规定耗电、耗水的指标，或者必要时通过对其机械结构、电路设计、水流方式的规定，达到资源合理利用。

在进行产品功能分析时，要注意确认产品的具体用途。同一类产品的具体用途不同，标准中对产品的性能要求也会不同。

二、可证实性原则

规范标准中编写要素“要求”还需要满足可证实性原则，即标准中只规定能够在较短时间内得到证实的要求。可证实性原则的一个推论就是，不是所有根据标准编制目的，对标准化对象的特性规定的要求都可以写入“要求”这一要素，只是那些有适用的证实方法的要求才能写入规范标准中。

规范标准中规定的要求，如果在现实中找不到相应的证实方法，生产者且一旦声称符合，因为无法证实，只能视作生产者作出的保证。因此，这类规定只能视作保证条件，它是合同概念或商业概念，不是技术概念，不属于标准的内容，所以不应写入标准。遵守可证实性原则需要符合以下规则。

1. 只应规定能够证实的要求

只有能够证实的要求，才可以规定在标准中的“要求”要素中。无论标准化对象的某个特性多么重要，只要没有证实方法就不应写入标准。

例如，统计结果发现，牛奶有使身体增高的“性能特性”。那么在编制牛奶标准时，能否在技术要求中对这一性能特性提出要求呢？答案是否定的，因为这项要求写入标准后，没有相应的证实方法能在短时间内证明具体的牛奶产品能够增加人的身高。

在通过性能特性无法找到合适的证实方法的情况下，乳制品通常用“描述特性”表述要求，如通过蛋白质、脂肪、非脂乳固体和杂质度等理化指标来表述，这些理化指标比较容易在实验室通过测试取得结果从而证明产品是否符合了标准中规定的描述特性的指标。

2. 不必规定无须证实的要求

如果有些要求根本无须证实，则不必在技术要求中规定。多数不需要证实的要求往往是由于曾经需要证实，因此写入了标准但由于各种原因（如产品材料的改变）原来需要证实的要求可能不再需要证实了。例如，原来由钢化玻璃做的零件有强度要求，需通过跌落试验来证实不破碎，现在材料改为不锈钢，强度有了保证，不再需要证实，所以强度要求就没有必要在标准中规定了。

3. 不宜规定不能在较短时间内证实的要求

如果一项要求（如产品的稳定性、可靠性或寿命等）无法在相对较短的时间内被某种证实方法证实，那么该项要求就不宜规定在标准的要求中。例如，产品的使用寿命显然是产品的重要指标之一。除非存在既省时又适用的老化试验，能够在较短时间证明该产品的使用寿命。否则，即使存在一个试验方法，只要不能在较短时间内证实，也不宜将相关要求写入规范标准。

4. 只应写入量化的要求

要素“要求”中的所有要求应定量并使用明确的数值表示，例如“按 5.3 给出的方法测定，产品的数据读取速度不应低于 600 kB/s，数据写入速度不应低于 500 kB/s”。凡是不能量化或没有量化的要求不应写入标准的“要求”要素中。

标准中不应使用诸如“足够坚固”“适当的强度”“相对完善”“得体的仪容仪表”“恰当的菜单设计”之类的定性表述来规定要求，例如“热水器进出水管应具有足够的强度”“出水温度应适宜”等。这些定性的表述无法判断、无法证实，不应写入要求中，只可以作为一般原则、建议等写入标准的其他要素。

请注意：标准中描述了证实方法并不意味着声称符合标准时，一定要实施相关试验进行证实。之所以描述相应的试验方法，只是为一旦需要证实指出所依据的试验方法。这些方法只有在应有关方面要求时才予以实施。

第二节 规范标准“要求”的表述

“要求”是规范标准中的核心技术要素之一。该要素应全部由要求型条款构成。针对标准化对象需要规定的一个特性通常形成一个要求型条款，要求中需要对多少个特性提出要求，就有多少个要求型条款。按照性能/效能原则，这些要求型条款中大多数应该规定标准化对象的性能/效能特性，如果有必要还可能对少量的描述特性或其他特性规定要求。

一、要求表述的总体要求

1. 规范标准中的要素“要求”应通过直接或引用的方式规定以下内容：

保证产品/过程/服务适用性的所有特性；

特性值（特性值如果是一个物理量，那么表示为阿拉伯数字后原该物理量的单位符号）；

适宜时，描述证实方法。

2. 当标准化对象为系统时，规范标准中的要素“要求”应通过直接或引用的方式规定以下内容：

保证完整的、已安装的系统适用性的所有特性，根据具体情况，还可包括系统各构成要素（或子系统）的特性；

特性值；

适宜时，描述证实方法。

根据具体情况，还可包括针对确立系统的构成要素（或子系统）以及各要素（或子系统）之间的关系的规定。

示例4-1给出了以系统为标准化对象的产品规范标准，在确立系统的构成要素及各要素之间关系，规定系统的特性及特性值时的编写方法。其中的第5章确立了试验设备系统的构成要素，描述了试验架要素的要求，以及该系统的各个构成要素的功能及其构成。

【示例4-1】

5 试验设备

5.1 试验架

试验架应符合下列要求：

（a）试验架包括刚性基板和活动压板，活动压板上能够放置配重块施加压力，且所施加的载荷应在活动压板的几何中心点位置。活动压板应不受任何外力影响。

（b）基板和活动压板的最小尺寸应为120mm×120mm。

5.2 配重块

配重块应为表面平整的直方体结构，应由金属制成，以保证具有正常的刚度和强度，其质量精确应为0.1kg。

5.3 量具

量具的精度应不低于0.02mm，安装在基板或试验框架上，对活动压板变化进行连续测量。

…………

（参考GB/T 14745—2017《包装用缓冲材料蠕变特性试验方法》，做了适当改动）

二、用文字表述要求型条款

用文字表述要求型条款时，每个条款往往形成要素“要求”中的一条。用文字规定对“结果”的要求时，应将前文“（一）要求表述的总体要求”中对“要求”规定的内容表述为要求的形式，即将特性、特性值、证实方法以及要求型条款的能愿动词“应/不应”等四个元素有机地排列形成要求型条款，典型表述形式为：

按“证实方法”试验/测定/验证，“特性”“应”符合/达到“特性值”的规定；

按照“证实方法”试验/测定/验证，“特性”“应”大于/小于“特性值”；

“特性”按“证实方法”试验/测定/验证“应”符合/达到“特性值”的规定；

“特性”按照“证实方法”试验/测定/验证“应”大于/小于“特性值”。

请注意：上述典型句式中，唯一的能愿动词“应/不应”的位置是在“特性值”之前，不应放在“证实方法”之前，以表明“特性值”是声明符合标准时需要满足的；而由“按/按照”提及的“证实方法”并不是一定要做验证，只是一旦需要证实，则需要遵守由“按/按照”形成的指示性条款的指示使用相应的证实方法进行验证。

典型句式中，根据具体情况证实方法的描述可以有以下不同的形式。证实方法简单时，可以直接在条款中描述相应的方法（见示例4-2）；证实方法较复杂时，可以另外编写一条证实方法，再在要求型条款中采取规范性提示的方式（见示例4-3）；证实方法篇幅较大时，可将其移出形成规范性附录X，再在要求型条款中指明该附录（见示例4-4）；已经有适用的试验方法标准时，可在要求型条款中采取引用的表述形式（见示例4-5）。

【示例4-2】

——气密性要求产品在水深10cm处，保持2min应无气泡逸出。

——快件的投递时限以发件人签发时间到收件人签收时间为准应少于24h。

【示例4-3】

——甲醛含量按4.5测定应小于2mg/kg。

——按5.3给出的方法测定，外层面料在经纬两个方向上分别承受的拉伸强度应不小于450N。

【示例4-4】

按附录F描述的磨损性能试验方法进行试验，不同类型的包装材料对标准磨损样块的磨损率应符合表2中规定的限定值。

【示例4-5】

甲醛含量按GB/T 2912.1—2009给出的方法测定应不大于20mg/kg。

请注意：按照要求的典型表述形式：按“证实方法”试验/测定/验证，“特性”“应”符合/达到“特性值”的规定，规范标准中的证实方法理应在要求中描述或引用证实方法标准，但往往描述证实方法需要占较多的篇幅，因此多数情况下会将证实方法另设为一章、一条或移作附录，再在要求中规范性提及相应的章、条或附录。

在过程标准或服务标准中，经常会对“过程”规定要求。这时，大多情况下是针对个人的行动（做或没做）或行为（做得好不好）提出要求。表达“过程”的要求型条款通常只包含三个元素，典型表述形式是：

——“谁”应“怎么做”。

——试验者应在试验前按照 GB/T 4857.2 选定一种条件对试样进行 24h 以上的预处理。

——产品应在与预处理相同的温度条件下进行测试。

三、以表格形式表述要求

必要时（如条款数量较多，或为了便于对比等），规范标准中的“要求”可使用表格表述。这时，应在正文中指明表格之处使用能愿动词“应 / 不应”及其等效表述，将表格中的内容赋予“要求”的属性，如“……应符合表 X 的规定”。

【示例 4-6】

5.13　评价指标体系框架

卷烟条与盒包装纸印刷品“领跑者”标准的评价指标体系框架见下表。

评价指标体系框架

序号	指标类型	评价指标	指标来源（判断依据 / 检验方法）	指标水平分级		
				先进水平（5 星级）	平均水平（4 星级）	基准水平（3 星级）
1	基础指标	卷烟包装标识	YC/T 330—2014 第 6.3 规定的方法	图案、文字应符合 GB 5606.2、国家有关法律法规以及行业规定的要求		
2		溶剂使用要求	YC/T 330—2014	应在乙醇、正丙醇、异丙醇、乙酸乙酯、乙酸正丙酯、乙酸异丙酯、丙二醇甲醚、丙二醇乙醚、丁二酸二甲酯、戊二酸二甲酯、己二酸二甲酯和 2- 丁酮 12 种范围内		
3		气味要求	YC/T 330—2014 第 6.2 规定的方法	无明显异味		
4		外观要求	YC/T 330—2014 第 6.4 规定的方法	图案和文字准确、清晰和完整，表面整洁、平整，无漏印、错印，无明显残缺、划伤和条痕，无影响包装机正常使用的翘边、变形、褶皱；压凹凸表面均匀、轮廓清晰、边缘处无破裂		
5		同色色差 /$CIEL^*a^*b^*$	YC/T 330—2014 第 6.6.2 规定的方法	与标准样张一致		
6		D65 荧光亮度 /%	YC/T 330—2014 第 6.10 规定的方法	≤ 1.0		
7		裁切 / 模切尺寸偏差 /mm	YC/T 330—2014 第 6.7 规定的方法	条 ±0.5 盒 ±0.3		
8	核心指标	商品条码符号等级	YC/T 330—2014 第 6.5 规定的方法	≥ 3.0/06/670	≥ 2.5/06/670	≥ 2.0/06/670
9		同色色差 / $CIEL^*a^*b^*$	YC/T 330—2014 第 6.6 规定的方法	普通纸印刷品[a] $\Delta E^*_{ab} \leq 1.5$ 特殊纸张印刷品[b] $\Delta E^*_{ab} \leq 2.0$	普通纸印刷品 $\Delta E^*_{ab} \leq 2.0$ 特殊纸张印刷品 $\Delta E^*_{ab} \leq 2.5$	普通纸印刷品 $\Delta E^*_{ab} \leq 2.5$ 特殊纸张印刷品 $\Delta E^*_{ab} \leq 3.0$

由于表格中是要求的内容，如果在指明表格的条文中没有使用表达要求的能愿动词，

就无法判定表格中的内容是否为要求型条款。

【示例 4-7】未使用恰当的能愿动词指明表格所代表的要求型条款

5.1　产品的基本安全技术要求及相应的试验方法见表 1。

表述要求的表格中表头的典型形式为：编号 / 序号、特性、特性值、证实方法等。其中，编号 / 序号栏中的编号 / 序号的形式应与标准的章条编号无关；证实方法栏通常给出该标准中描述的证实方法的章条编号，或者给出引用的其他标准的编号和 / 或章条号。

第三节　规范标准的“证实方法”的编写

“证实方法”是规范标准的另一个核心技术要素。规范标准需要满足“可证实性原则”，标准中要针对每条要求描述对应的证实方法，以便必要时，能够通过证实方法验证标准化对象是否符合标准中的要求。

一、证实方法的类型以及包含的内容

规范标准中的证实方法通常包括三种类型：试验 / 测量方法、留痕方法、主观评价方法。产品规范标准通常采取试验 / 测量方法，过程规范标准和服务规范标准通常采取留痕方法、主观评价方法。当然，根据具体情况这些方法可以被各类规范标准使用。

1. 试验 / 测量方法

试验 / 测量方法，包括物理试验方法、化学分析方法、电性能测量方法等。

编写试验 / 测量方法需要描述用于证实产品、过程或服务是否满足要求以及保证结果再现性的所有条款，通常包含：试验 / 测量步骤；数据处理（包括计算方法、结果的表述）。

综合考虑相关需要等因素，该方法还可增加其他内容，例如试验条件、试剂或材料、仪器设备、样品等。规范标准中的试验 / 测量方法通常不涉及试验方法的原理、化学反应式、精密度和测量的不确定性等内容。

2. 留痕方法

留痕方法：如填写操作 / 过程记录、做标记、拍照、录音、录像、标准存档、扫码上传、履行网络程序等。

留痕方法需要描述的内容包括实施留痕的主体、频率（或持续时间、起始时间、实施时间），留痕材料的保留时间，以及留痕的项目、节点、步骤等。

3. 主观评价方法

主观评价方法，包括目测检查、审核、客户 / 服务对象确认 / 评价等。

主观评价方法需要描述的内容包括实施评价的主体、实施频率（或持续时间、起始时间、实施时间），目测检查的观察方法，评价 / 确认的内容、指标，实施评价的程序、操作步骤，评价结果计算方法等。

产品、过程或服务规范标准中，证实方法的编写见下文“四”“五”“六”中给出的示例。

二、对编写证实方法的通用要求

规范标准中的证实方法与单独的试验 / 测量方法标准不同，它只是为了证实标准化对象是否符合标准中的要求而设置的。也就是说，规范标准中描述的试验方法都是验证标准中的要求所需要的，不应包括没有对应要求的证实方法。

1. 每条要求都应有对应的证实方法

规范标准中针对要素“要求”中的每项要求都应描述对应的证实方法。因此，证实方法中只包含能够证实标准中的要求的必备内容即可，不必要包含试验 / 测量方法标准中的所有内容。

2. 引用现行适用的标准

编写证实方法时，如果存在现行适用的标准，那么应引用这些标准；如果没有适用的标准，才可在标准中描述相应的证实方法。

3. 给出仲裁方法

如果存在多种适用的证实方法，原则上规范标准中只描述一种方法。如果由于某种原因需要列入多种方法时，那么应指明仲裁方法。

4. 证实方法中不应包含要求

规范标准中只能在要素“要求”中规定要求，要素“试验方法”中只应包含为了证实要求描述的方法，而不应包含要求。

以下示例中，“5 技术要求”已经规定了产品的性能特性（见 5.4.2 和 5.4.5），而第 6 章“试验方法”中，在 6.3.2 和 6.3.4 描述验证具体性能特性的方法时，又用要求型条款分别引用了 5.4.2 和 5.4.5。在试验方法中规定“要求”，这种编写方法是不正确的。

【示例 4-8】不正确的表述：在试验方法中提出“技术要求”

5　技术要求

…………

5.4.2　复位温度

5.4.2.1　自动复位式热保护器的复位温度低于额定断开温度10 K以上,其容差为±15℃。

5.4.2.2　手动复位式热保护器在高于-5 ℃的环境中不应自动复位。

…………

5.4.5　接触电阻

在触头闭合状态下，端子间的接触电阻应不大于 50 MΩ。

…………

6　试验方法

…………

6.3.2　复位温度试验

按照 6.3.1 规定的方法进行复位温度试验，降低空气温度，在高于复位温度上限温度 10 K 时的温度变化率不超过 0.5 K/min 至热保护器复位时，所测得的温度应符合 5.4.2 的规定。

…………

6.3.4　接触电阻试验

用微殴计测量两引出线或端子间的接触电阻，在有异议的情况下去除产品导线和端子，应符合 5.4.5 的规定。

（选自 GB/T 22762—2008《家用和类似用途用装入式电动机热保护器》）

三、证实方法在规范标准中的呈现形式

根据具体情况，证实方法在规范标准中可以有三种呈现形式：作为单独的章、并入要求中、作为标准的规范性附录。产品规范标准中的证实方法（如试验 / 测量方法）通常编写为单独的章。过程规范标准、服务规范标准的证实方法大多并入要素“要求”中，通常在规定的要求之后单独设条描述证实方法。

1. 作为单独的章

证实方法通常作为标准中单独的章来编写。在章之下，每一个证实方法通常编写为一个条。如果标准中的每个证实方法需要描述的内容都较多，可以考虑将每一个证实方法都作为一个单独的章来编写。

规范标准中描述的每个证实方法，无论是作为证实方法一章中的条，还是各自作为单独的章，其先后次序都应与其具有对应关系的“要求”的先后次序相一致。

编写试验 / 测量步骤、数据处理等内容应按照 GB/T 20001.4 规定的有关规则编写。

2. 并入要求中

如果证实方法的内容较少，也可以将证实方法的内容并入要素“要求”中。如果标准中每个证实方法都可以并入要求，例如每个证实方法都引自其他标准，则规范标准中可以不设证实方法章。也就是将标准中的要素“要求”与“证实方法”合并，形成以“要求与证实方法”为标题的章。

请注意：规范标准中的证实方法是为了证实标准中的要求而存在的。要素“证实方法”可以并入“要求”。这种情况并不意味着标准中没有了“证实方法”这一要素，而是两个要素都有，只不过进行了合并。合并后的章、条标题宜使用“……要求与证实方法”。

第五章　其他规范性要素的编写

第四章阐述了各种功能类型的标准中的核心技术要素的编写。编写完核心技术要素，下一步就要编写其他规范性要素。首先，需要界定标准化标准的范围；其次，规定与核心技术要素相关的其他要素。除范围外，其他规范性要素包括总体原则和/或总体要求、分类和编码/系统构成、标准化项目标记、符号和缩略语、术语和定义等。本章将讨论如何编写范围、术语和定义这两项规范性要素。

第一节　范围

要素“范围”是必备的规范性要素，范围的确定和编写十分重要。首先，标准范围的明确，意味着标准针对的标准化对象、适用领域及使用者基本确定，这为标准化标准的起草提供了清晰的界限，从而能够编写出清楚、准确的条款；其次，范围为标准使用者提供了便利，使用者在用标准名称初步检索到一项标准之后，要想进一步了解该标准的内容是不是所需要的，应先阅读标准中的要素“范围”。

一、界定和构成

要素“范围”是一个必备的规范性要素。每一个标准都应以“范围”做标题，将该要素设置在正文的起始位置，它永远是标准的“第1章”。如果确有必要，该要素可以进一步细分为条。范围的功能是在标准名称之外提供进一步的信息，并起到内容提要的作用。为了实现这项功能，范围通常由两个方面的内容构成：第一，标准的标准化对象和所覆盖的各个方面，也就是概括标准的“主要技术内容”；第二，标准中的内容在哪用、给谁用、有什么用，也就是要界定标准的“适用界限”。

二、范围中需要陈述的内容及表述

范围通常由两个方面的内容构成，以下将阐述它们包含的具体内容。在起草标准时，确定的“标准化对象”“标准使用者”要在范围中予以表述。

（一）概括标准的“主要技术内容”

通常，范围的第一段用于概括标准的“主要技术内容”。

1. 陈述的内容

在对标准的主要技术内容进行概括时，首先，应明确标准化对象，也就是要陈述对哪个特定的标准化对象编制标准化标准。如果需要，还可以对标准化对象进行细化和补充，从而进一步确定标准涉及的具体标准化对象。其次，要阐述所覆盖的技术内容的主要方面。

在具体编写时要前后照应。“前”是指要考虑到位于范围之前的标准名称。首先，做到“不拆台”，标准名称中包含的内容，在范围的表述中一定要涵盖，不应遗漏；其次，要“补台”，标准名称受字数限制无法或不便包含的详细内容，在范围中要补全，尽可能提供标准名称之外的必要信息。这些必要信息的具体内容是通过对“后”的照应来实现的，要将范围之后的规范性要素的技术内容进行高度概括之后，恰当地、有机地组织到范围中，以此补充标准名称中无法涉及的必要内容。

必要时，范围宜指出那些通常被认为标准可能覆盖，但实际上并不涉及的内容。这些内容通常在陈述涉及的“主要技术内容”之后编写，如果需要，也可另起一段编写。

从示例 5-1 可以看出，范围的第一段首先陈述了该标准的标准化对象聚偏二氯乙烯涂布薄膜的分类、要求、试验方法、检验规则及标志、包装、运输和储存。

【示例 5-1】

范围 本标准规定了聚偏二氯乙烯（PVDC）涂布薄膜（以下简称涂布膜）的分类、要求、试验方法、检验规则及标志、包装、运输和储存。 本标准适用于以双向拉伸聚丙烯（BOPP）、双向拉伸聚酯（BOPET）、双向拉伸聚酰胺（BOPA）薄膜为基材膜，涂覆聚偏二氯乙烯乳液而制得的薄膜。

（选自 BB/T 0012—2014《聚偏二氯乙烯（PVDC）涂布薄膜》，做了适当改动）

2. 表述形式

标准化标准中包含的技术内容众多，如何在范围中总结、陈述复杂多样的内容呢？标准具有不同的功能类型，标准化标准的内容也具有不同的功能，不同的功能需要用不同的词语进行表述，以便使用者能够清晰地分辨出标准或标准内容的功能。

表述标准或标准内容功能的词语包括：规定、确立、描述、提供、给出和界定。“规定”在标准化标准中通常指“规定要求”“规定特性”“规定尺寸”“规定指示”等。凡是规定都是标准使用者需要遵守、执行的，或者具体产品、过程或服务需要符合的内容。“确立”指牢固地建立或树立。标准中通常确立的内容有“确立程序”“确立体系”“确立系统”“确立规则 / 总体原则”等，可见确立都与相互关联的系统有关。“描述”即描写叙述，在标准中通常用来表述描述方法、描述路径。“提供”指提供指导、提供指南、提供建议等，可见提供都是具有方向性或倾向性的内容。“给出”是指给出信息、给出说明等，给出都是比较中性的，通常不带倾向性。“界定”是指对事物或概念划定界限、确定所属的范围。标准中有许多界定的内容，通常有界定术语、界定符号、界定界限等。

在范围中概括标准“主要技术内容”的典型表述形式为：本文……[标准化对象] ……的……

根据标准的功能类型或标准具体内容应从下列六种表述形式中选取：

“本标准规定了 [标准化对象]……的要求 / 特性 / 尺寸 / 指示”；

“本标准确立了 [标准化对象 / 领域]……的程序 / 体系 / 系统 / 规则 / 总体原则”；

“本标准描述了 [标准化对象]……的方法 / 路径”；

“本标准提供了 [标准化对象 / 领域]……的指导 / 指南 / 建议”；

“本标准给出了 [标准化对象]……的信息 / 说明”；

“本标准界定了 [标准化对象 / 领域]……的术语 / 符号 / 界限”。

编写范围时，要根据标准化标准包含的具体内容或标准的类型，在六种典型表述形式中选择恰当的表述，不要随意选择和搭配，以免造成混乱。不同类型的标准在其范围中需要使用特定的典型表述形式（见下文的“三”)。

根据标准包含的具体内容，在编写范围时往往需要将上述表述形式进行组合，例如，“本标准规定了 [标准化对象]……要求，描述了……试验方法……”又如“本标准界定了 [标准化领域] ……符号，规定了……的要求”等。

标准不涉及的内容可表述为：

本标准未涉……

本标准不包括……

（二）界定标准的“适用界限”

通常，范围的第二段用于界定标准的“适用界限”。

1. 陈述的内容

在界定标准的适用界限时，陈述的内容通常包含三个方面：第一，在哪里用，指出标准的适用领域；第二，给谁用，确认标准使用者；第三，有什么用，阐述标准中的规定有什么用，诸如用于规划设计、产品生产、服务提供、供需双方贸易、合格评定、管理活动、交流与合作等。

必要时，还可补充陈述标准不适用的界限。这些内容通常在“适用界限”之后编写，如果需要，也可另起一段编写。

2. 表述形式

标准适用界限的陈述应使用下列适当的表述形式：

“本标准适用……”

“本标准适用……也适用于……”

“本标准适用……不适用于……”

标准不适用的界限还可另起一段表述为：

“本标准不适用……”

在示例 5-2 中，第一段示出了使用典型表述形式，规定表述标准内容功能的词语概括标准的主要技术内容。第二段示出了标准适用的领域（铁路、公路、水运、航空所承运的一般货物运输包装）。

【示例 5-2】

> 范围
>
> 本标准规定了对一般货物运输包装（以下简称运输包装）的总要求、类型、技术要求和鉴定检查的性能试验。
>
> 本标准适用于铁路、公路、水运、航空所承运的一般货物运输包装。不包括危险货物、鲜活易腐货物的运输包装。

（选自 GB/T 9174—2008《一般货物运输包装通用技术条件》）

3. 界定标准适用界限应陈述“标准中的规定有什么用”

适用界限是指标准（而不是标准化对象）适用的领域和使用者。因此，在范围中陈述标准的适用界限时应说明“标准中的规定有什么用、在哪里用、给谁用”，不应陈述标准针对的标准化对象有什么用、在哪里用。

（1）正确的表述——标准中的规定有什么用

陈述标准的适用界限时应说明“标准中的规定有什么用”。以下两个示例中，标准的范围都说明了标准中的规定有什么用。

示例 5-3 选自一个术语标准，范围中指出了标准中界定的术语“适用于片状、板状或块状的包装缓冲材料”。

【示例 5-3】

> 范围
>
> 本标准规定了包装用缓冲材料蠕变特性的试验方法。
>
> 本标准适用于片状、板状或块状的包装缓冲材料。

（选自 GB/T 14745—2017《包装缓冲材料蠕变特性试验方法》）

示例 5-4 中陈述了“适用于单张纸平版胶印设备使用，其他印刷设备可参照使用”。

【示例 5-4】

> 本部分适用于单张纸平版胶印设备使用，其他印刷设备可参照使用。

（选自 GB/T 34692.8—2017《印刷技术胶印数字化过程控制　第 8 部分：胶印设备》）

（2）不正确的表述——标准的标准化对象有什么用

在一些标准的范围中表述标准的适用界限时，没有表述“标准中的规定有什么用”，而是错误地表述成“标准所涉及的标准化对象在哪里用、有什么用”或“标准适用于某标准化对象”等。

在示例 5-4 中，标准的标准化对象为“单张纸平版胶印设备”，假如，范围中的适用界限表述为“本标准适用于单张纸平版胶印使用的设备”，这是不正确的表述，是将适用界限表述成“适用于某标准化对象”。

在示例 5-5 中，从选自的标准名称可以看出该标准的标准化对象为“评价指标体系和评价方法”。

“不正确 1”示例中的表述为“本标准适用……卷烟条与盒包装纸印刷品”，这是典型的表述成标准化对象在哪里用，“卷烟条与盒包装纸印刷品”是标准化对象“评价指标体系和评价方法”的应用场所，不是标准有什么用。

“正确”示例的表述中，陈述了标准中的规定有什么用——用于公共信息导向系统的

"设置"。

【示例 5-5】

不正确 1： 本标准适用于评价卷烟条与盒包装纸印刷品。 正确： 本标准规定了卷烟条与盒包装纸印刷品"领跑者"标准评价的评价指标体系和评价方法。

（参考《"领跑者"标准评价要求卷烟条与盒包装纸印刷品》）

在示例 5-6 中，从标准名称可看出，该标准针对的标准化对象为"安全信息识别系统"。该标准范围的第二段实际上陈述的是该标准的标准化对象在哪里用，即"用于……公共场所或工作区域"，并没有指出标准中的规定有什么用。在"第二段调整后的表述"中陈述了标准的规定有什么用，即"本标准适用……安全信息识别系统的系统要素的设计"。

【示例 5-6】

第二段不正确： 本标准界定了安全信息识别系统及其要素的构成，规定了在安全信息识别系统中用于表示事故预防、消防设施、风险警示以及应急疏散等信息的安全标志。 本标准适用于存在潜在人身安全风险的公共场所或工作区域。 本标准不适用于铁路、公路、内河航运、海运以及空运中使用的交通信号。 第二段调整后的表述： 本标准适用于存在潜在人身安全风险的公共场所或工作区域中安全信息识别系统的系统要素的设计。

（选自 GB/T 31523.1—2015《安全信息识别系统 第 1 部分：标志》）

在示例 5-7 中，从第一段可看出，该标准的标准化对象为废塑料。从范围的三段内容可以归纳为：本标准确立了废塑料的……适用于废塑料的……不适用……的废塑料。适用界限的表述没有说清标准是干什么用的，给谁用，而都是围绕标准所针对的具体标准化对象在做陈述或说明。

【示例 5-7】

第二、第三段不正确：

本标准确立了废塑料的分类分级方法、编码规则和代码结构，给出了分类和代码表、规定了分级的质量要求。 本标准适用于被废弃的各种塑料制品及塑料材料的破碎料。 本标准不适用于废塑料合金和列入国家危险废物名录的废塑料。

（选自 GB/T 37XX7—2019《废塑料分类及代码》，做了适当改动）

在示例 5-8 中，从标准名称可看出该标准的标准化对象为"毛绒、布制玩具"。范围的第二段中没有看出该标准是给谁用（适用哪些使用者）、有什么用，没有指出标准的适用界限，仅是说明了适用于更细化的标准化对象，即以纺织品为主要面料、内含各种填充物的玩具（包括有服饰和无服饰的玩具）。

这种对标准化对象进一步细化的内容可以融入第一段。从以下"两段融合后的表述"

中可看出，表述的内容是界定文件的对象和所覆盖的各个方面，实际上就应该在范围的第一段中陈述。可见，示例 5-8 中的内容就没有陈述文件的适用界限。

【示例 5-8】

> 不正确：
>
> 本文件规定了毛绒、布制玩具的技术要求和测试方法。
>
> 本文件适用于以纺织品为主要面料、内含各种填充物的玩具。包括有服饰和无服饰的玩具。
>
> 两段融合后的表述：
>
> 本文件规定了以纺织品为主要面料、内含各种填充物的毛绒、布制玩具 (包括有服饰和无服饰的玩具) 的技术要求和测试方法。

（参考 GB/T 9XX2—2007《毛绒、布制玩具》）

三、不同标准范围的表述

在表述不同类别的标准，尤其是不同功能类型的标准的范围时，应该体现出各自的特点。

（一）试验方法标准

按照试验方法标准所包含的具体内容，在其范围中概括标准“主要技术内容”时，应使用以下典型表述形式：

“本标准描述了……测定 / 测试 [标准化对象]……方法”。

“本标准描述了用……法测定 [标准化对象]……”

范围应简明地指出拟测定的特性，并特别说明所适用的对象。必要时，可指出不适用的界限或存在的各种限制。

针对同一对象的同一特性，且基于同一基本测试技术，有时需要在标准中包含不止一种试验方法，例如，由于待测成分在样品中的含量不同或对测定的准确度有不同的要求，应在“范围”中清楚地指出所列方法的各自不同的适用界限或适用的检验类型。

如果适用，范围还应包括使用的试验技术（如气相色谱分析法）以及进行试验的场所（如实验室、现场或在线等）。

【示例 5-9】

> 本标准描述了纸印刷均匀性测试的原理、仪器和材料，试样制备、测试步骤的方法。
>
> 本标准适用于纸的印刷均匀性的测试。

（选自 GB/T 104.4—2014《印刷技术　纸印刷适性测试方法　第 4 部分：印刷均匀性》，做了适当改动）

【示例 5-10】

> 本标准描述了使用罗拉式分析仪测定棉纤维长度的方法。
>
> 本标准适用于测定棉纤维长度指标，包括皮棉及纺纱各道工序中的半成品棉条的长度测定。
>
> 本标准不适用于从棉与其他纤维的混合物中取出的纤维，以及从棉纱或棉织物中取出的纤维的长度测定。

（选自 GB/T 6098—2018《棉纤维长度试验方法罗拉式分析仪法》，做了适当改动）

（二）规范标准

按照规范标准所包含的具体内容，在其范围中概括标准“主要技术内容”时，应使用以下典型表述形式：

“本标准规定了……[产品、过程或服务]的……要求/通用要求，描述了对应的证实方法，……”

上述表述形式中“……要求/通用要求”中的省略号要指出标准规定的要求的种类，其中在表述“要求”时，使用词语“规定”，表述“证实方法”时，使用词语“描述”，见示例 5-11 和 5-12。

【示例 5-11】

本标准规定了平板式扫描仪的使用性能、安全性、环境适应性、外观结构等技术要求，描述了相应的试验方法、标志、包装、运输和储存等。 本标准适用于平板式扫描仪的设计、开发、生产和测试。

【示例 5-12】

本标准规定了瓦楞纸板输送带的效果、响应性、宜人性等方面的要求，描述了对应的证实方法。

四、范围表述需要注意的问题

前文介绍了范围需要陈述的内容以及如何表述。在编写范围时，还要注意以下五个方面的问题。

（一）表述应全面且简洁

范围的功能是在标准名称之外提供进一步的信息，并起到内容提要的作用。为此，范围需要提供既全面又简洁的信息。

首先，范围一章所陈述的信息要全面，要包括以下两方面的内容，不应缺项：一方面要准确地描述“标准化对象”，提炼出标准涉及的各个方面，充分反映标准的规范性技术内容；另一方面要明确说明标准的适用界限，清晰给出标准的适用领域、标准使用者以及标准内容的用途。其次，范围的陈述在全面的基础上要简洁，要用简练的语言准确描述、高度凝练所要表达的内容，并且使用标准化的表述形式。只有达到了上述要求，范围才能够真正发挥“内容提要”的作用。

（二）应表述为一系列事实的陈述

范围的内容由一系列事实的陈述构成，应使用陈述型条款，不应包含要求、指示、推荐和允许型条款。也就是范围中不应含有表述这些条款的能愿动词及其等效表述。

示例 5-13 包含了要求型条款，其中“……应当考虑制定相应具体的指南”包含了能愿动词“应”，属于要求型条款。如果标准中确需规定该项要求，应在规范性技术要素中表述。

【示例 5-13】包含了要求型条款的不正确表述

1　范围 ………… 1.4　本标准提供的只是一般性指导。对特殊的产品或服务的因素应当考虑制定相应具体的指南。

（选自 GB/T 34690.8—2017《印刷技术胶印数字化过程控制　第 8 部分：胶印设备》）

（三）不应包括“引言”中的内容

范围中不应陈述可在引言中给出的背景信息，也不应陈述编制标准的原因、编制目的等。这些内容均应在引言中表述，而不应在范围中给出。

（四）标准名称的内容既不应遗漏又不应仅简单重复或重新组合

范围的表述与标准名称是有联系的：第一，在标准名称中包含的内容，在范围的表述中一定要涵盖，不应遗漏。第二，范围不应仅仅是标准名称的简单重复或重新组合。要通过对标准中的规范性技术内容的高度概括和总结 [见下文中的（五）] 来满足上述两点。

在示例 5-14 中，范围的表述仅仅简单重复了标准名称，并没有对标准中规范性内容进行概括和总结。

【示例 5-14】简单重复标准名称的不正确表述

本标准规定了包装用缓冲材料蠕变特性的试验方法。

（选自 GB/T 14745—2017《包装用缓冲材料蠕变特性试验方法》）

示例 5-15 不正确的范围表述中，仅仅对标准名称进行了重新组合，并没有给出进一步的信息。在正确的示例中，给出了对标准中规范性内容高度概括和总结之后的正确表述。

【示例 5-15】

不正确： GB/T 14706—93 的本部分规定了校对各种排版校样的专用符号及其用法。 （选自 GB/T 14706—93《校对符号及其用法》） 正确： 本标准规定了图像复制和制版使用的校对符号。本标准适用于委印者与承印者之间以及印刷、制版企业内部对图像修改表示具体要求的统一说明。 一、（选自 GB/T 14707—1993《图像复制用校对符号》，做了适当改动）

（五）陈述主要技术内容不宜仅罗列规范性要素的标题

范围需要对标准名称中无法涉及的必要内容进行补充。这种补充要通过对标准的规范性要素的内容进行高度的概括和有机的总结来完成。这里强调的是概括和总结，不宜仅停留在罗列标准中规范性要素的标题。在有些情况下标题并不能完全反映其中的主要内容。如果标准有目次，在范围中这种与目次重复的罗列也是没有意义的。

示例 5-16 不正确的范围表述中，“范围”在阐述标准的主要技术内容时，对标准中技术要素的标题进行简单的罗列，与标准的目次完全一样，没有提供更进一步的信息。对于产品标准，建议将标准中要素“技术要求”的内容进行梳理提炼后，再在范围中陈述（见示例中的“正确”表述）。

【示例 5-16】

不正确： 本标准规定了数字喷墨印刷机的术语和定义、产品分类、技术要求、试验方法、标志、包装、运输和储存。 正确： 本标准规定了数字喷墨印刷机的使用性能、人类工效性能结构、材料等技术要求，描述了相应的取样、试验方法，规定了标志、包装、运输和储存等方面的内容，同时给出了便于技术规定的产品分类。

第二节　术语和定义

非术语标准中的要素“术语和定义”是规范性要素。要素“术语和定义”的设置具有其特殊性，表现在两个方面：其一，该要素的章编号和标题的设置是必备的，即在任何标准中都应设有“3 术语和定义”；其二，该要素的内容（即术语条目）的有无可根据具体情况进行选择。也就是说，可能存在只有章编号和标题，但是没有具体术语和定义的情况。

这一规定使得标准的基本结构进一步趋向一致性，任何标准正文的前三个要素的章编号和标题都是齐全且相同的，即依次为“范围”“规范性引用文件”和“术语和定义”。

一、界定和构成

在标准中设置要素“术语和定义”的意义主要是提高标准的易用性。首先，在编写非术语标准时，如果标准中需要界定的术语是在术语呈现的位置进行定义，而不设置单独的术语和定义章，那么标准使用者在需要查找某些术语的含义时将产生诸多不便。这一要素的功能是统一安排标准中需要界定的术语及其定义，便于使用者在固定位置快速查看，增进对术语含义的一致理解。其次，非术语标准中的要素“术语和定义”仅是为了界定标准中需要定义的术语而设立的，这一点与起草“术语标准”的目标有着本质区别。术语标准是为了在某个领域中建立概念体系，以便大家在该领域中能够相互理解、顺畅交流；而“术语和定义”是为标准自身服务的，并没有建立概念体系的任务。

该要素具体内容的构成形式是相对固定的，主要由“引导语 + 术语条目”构成。与术语标准相比较，两者的共同点是：其内容都包含“术语条目”；两者存在的主要区别为：一是要素“术语和定义”中增加了引导语这一表述形式；二是“术语和定义”中术语条目的内容，通常比术语标准中的简单，除了必备内容两者完全一致外，其他内容通常相对较少；三是选择需要定义的术语的考虑点不同，要素“术语和定义”是要考虑本标准的需求；术语标准是要考虑建立某领域或某标准化对象的概念体系。

二、需定义术语的选择

选择在“术语和定义”一章中定义的术语需要满足以下四个条件。

（一）标准中使用并且是多次使用的术语

“术语和定义”一章中定义的术语要满足两点。其一，在标准中已经使用了该术语。如果某个术语在标准条文中没有用到，就没有在“术语和定义”中存在的理由。其二，在标准中要至少使用两次。如果某个术语在标准的条文中只用到一次，那么可以在条文中出现该术语时作出解释，或在其后的括号内给出解释，也可在“注”中进行解释，无须在“术语和定义”一章中对该术语进行定义。

示例 5-17 给出了仅在条文中连续使用了两次的术语，未在“术语和定义”一章中定义，而只在相应条的注中进行说明的实例。这种情况下，在相应条内进行说明对标准使用者来说更加方便。

【示例 5-17】

5.4.7　彻底延误时限

……

根据国内快递服务的类型，彻底延误时限主要包括：

……

注：彻底延误时限是指从快递服务组织承诺的快递服务时限到达之时起，到用户可以将快件视为丢失的时间间隔。例如，某一快递服务组织承诺的省际快件服务时限为 A 个日历天，则从其交寄之日起，A+7 个日历天后，快件仍未到达，则视为该快件彻底延误（丢失）。

请注意：在修订标准时，如果修改或删除的内容中包含了在“术语和定义”一章中列出的术语，标准中其他内容也没有使用该术语，则应删除“术语和定义”中相应的术语及其定义。

（二）专业使用者不易理解或在不同语境中理解不一致的术语

标准是给相关的专业人员使用的，“术语和定义”一章中需要界定的术语也是针对专业使用者的，在这个前提下标准中需界定的术语应符合以下三点：首先，专业使用者不易理解的术语，也就是说，不是一看就懂或众所周知的术语；其次，在不同的语境中有不同解释的术语；最后，无须定义通用词典中的词或通用的技术术语，除非将这些术语用于特定的含义。上述三点表明，即使一个术语不是一看就懂，但在通用词典中或者通用技术术语的相关标准中已经定义，并且标准中使用的术语与通用词典或通用技术术语的概念完全相同且没有其他特定含义，就没有必要在术语和定义中界定。

例如“产品说明书”属于通用的技术术语不必在标准化标准中对其进行定义。又如“检验”这一术语，如果在标准中多次使用它在通用辞典中的含义，即“检查验看”，就不必进行定义：如果将它用于特定的含义“通过观察和判断以及适当的测量、测试所进行的合格评价”，这里涉及测试以及合格评价的内容，就非常有必要对它下定义。

“一看就懂”的术语，有时还有另外一层含义。如果标准中使用了由已经定义的基本术语组合而成的术语，组合术语并没有改变原来单个术语的含义，那么该组合术语可以认为是一看就懂的术语。例如，“安全标准”是由“安全”和“标准”两个术语组合而成，其含义为“没有不可接受的伤害风险的标准”，其中“标准”是作为上位概念使用的，定义没有改变；而限定“标准”的“安全”的含义与术语“安全”的定义完全一样。因此“安全标准”就成了“一看就懂”的术语，不必再下定义。

（三）尚无定义或需要改写已有定义的术语

要素“术语和定义”中应仅定义在现行术语标准中尚无定义或需要改写已有定义的术语。对术语进行定义时，首先要在现行术语标准中查找相应的术语和定义。如果发现在现行术语标准中已经对拟界定的术语进行了定义，那么不宜重新定义，而应考虑引用这些定义。然而，由于术语标准中的定义适用范围比较广泛，可能会出现已有定义不完全适用的情况，因此允许对现有定义进行改写。只有确认在现行术语标准中尚无定义或已有定义不完全适用时，才需要在非术语标准中给出定义。

如果改写了现有术语标准中的定义，应在改写的定义后提示该定义是改自其他定义的。

（四）属于标准范围所限定的领域内的术语

标准中应只定义属于标准的范围所覆盖领域中的术语。如果标准中使用的某个术语满足了前文（一）至（三）阐述的条件，但该术语所涉及的领域不属于该标准所覆盖的领域，也就是标准中使用了属于标准范围之外的术语，那么不宜在标准中的“术语和定义”一章中进行定义。在这种情况下，可在使用该术语的条文中增加条文的注，说明该术语的含义。

例如，一个冶金领域的标准使用了一个纯化工领域的专业术语，即使没有检索到化工领域对该术语进行了定义，由于专业背景的限制，也不宜在冶金领域的标准的“术语和定义”章中界定相应的术语。

三、引导语和说明

要素“术语和定义”中，在给出具体的术语条目之前应有一段引导语。根据不同的情况，可以选择以下引导语中的一种。

a）只有第 3 章界定的术语和定义适用时，使用的引导语为：“下列术语和定义适用于本标准。”

b）如果除其他标准界定的术语和定义适用，没有其他需要界定的术语和定义时，使用的引导语为：“……界定的术语和定义适用于本标准。”

c）如果除了标准中界定的术语和定义外，其他标准中界定的术语和定义也适用时，使用的引导语为：“……界定的以及下列术语和定义适用于本标准。”

由于要素“术语和定义”的章编号和标题的设置是必备的，因此可能存在标准中没有需要界定的术语和定义的情况。这时需要在章标题下给出以下说明：“本标准没有需要界定的术语和定义。”

四、术语条目

在引导语之后，如果有需要定义的术语，应表述为术语条目的形式。术语条目的任何内容均不准许插入脚注。“术语和定义”中的术语条目不应编排成表的形式。

（一）术语条目的编排

术语条目最好按照概念层级分类和编排，属于一般概念的术语和定义应安排在最前面。当无法或无须分类时，可以按术语的汉语拼音字母顺序编排。

在术语条目中，为了表示概念的分类还可以将第 3 章细分为条，每条给出条标题。这种情况下术语条目将在条标题之下展开。示例 5-18 中的“3.1 标准”“3.2 标准的结构”“3.3 标准的表述”为细分的条及条标题，其他则为术语条目。

【示例 5-18】

3.1　标准

3.1.1

　　标准化标准 standardizing document

　　通过标准化活动制定的标准。

　　（来源：GB/T 20000.1—2014,5.2）

　　…………

3.2　标准的结构

3.2.1

结构 structure

标准中层次、要素以及附录、图和表的位置和排列顺序。

…………

3.3 标准的表述

3.3.1

条款 provision

在标准中表达应用该标准需要遵守、符合、理解或作出选择的表述。

3.3.2

要求 requirement

表达声明符合该标准需要满足的客观可证实的准则，并且不允许存在偏差的条款（3.3.1）。

3.3.3

指示 instruction

表达需要履行的行动的条款（3.3.1）。

（来源：GB/T 20000.1—2014,9.3，有修改）

…………

（二）术语条目的内容

术语条目至少应包括四项必备内容：

条目编号、术语、英文对应词、术语的定义。

在上述四项内容的基础上，根据需要还可以增加其他内容。术语和定义中通常术语条目最多包含的内容以及这些内容在术语条目中的先后顺序如下：

a）条目编号；

b）术语；

c）英文对应词；

d）符号；

e）术语的定义；

f）概念的其他表述形式（如图、数学公式等）；

g）示例；

h）注；

i）来源等。

以上列项中的d）、f）、g）和h）的编写规则详见第三章第一节“四”（三）的“4、8、9和10”中的相应内容。

（三）术语条目必备内容的编写

以下阐述了术语条目中必备内容的编写规则。

1. 条目编号

每个术语条目都应有一个编号，只有一个术语条目也应编号。条目编号由阿拉伯数字和下脚点组成，这在形式上与章、条编号一样，都是由下脚点分隔数字组成编号，然而它们是不同的编号。术语和定义中的条目编号都是在第3章之下进行的编号（如3.1.3、

3.2.1、3.2.2 等)。为了显示术语条目编号与章条编号的不同，在排版格式上对它们做了不同的处理，即术语条目编号单独占一行，而章、条编号与后面的标题或条的文字内容接排。

2. 术语

“术语和定义”一章是专门为标准自身设置的，选择需定义的术语应符合本节“二”中阐述的规则。另外，由于表达具体概念的术语通常可由表达一般概念的术语组合而成，所以在选择需定义的术语时宜尽可能界定表示一般概念的术语，而不界定表示具体概念的组合术语。例如，当标准中已经分别定义了“自驾游”和“基础设施”，或者定义了“基础设施”并确认“自驾游”为众所周知的概念，这种情况下如果“自驾游基础设施”的含义等同于“自驾游”和“基础设施”两个一般概念之和时，就没有必要再定义“自驾游基础设施”。

3. 英文对应词

除专用名词外，英文对应词全部使用小写字母，名词为单数，动词为原形。

4. 定义

具体编写定义时首先要考虑引用相应术语标准的定义，如果术语标准中的定义不完全适用也可在已有定义的基础上做适当修改后给出定义。在相关术语标准中没有适用的定义时，要考虑给出新的定义。这种情况下，通常是针对术语在标准中涉及的特定领域进行定义。

定义应使用陈述型条款，既不应包含要求型条款，也不应写成要求的形式。附加信息应以示例或注的表述形式给出。

定义中如果包含了其所在标准的术语条目中已定义的术语，可在该术语之后的括号中给出其条目编号，以便提示参看相应的术语条目。

五、来源

在特殊情况下，如果确有必要抄录其他标准中的少量术语条目，应在抄录的术语条目之下准确地标明来源。具体方法为：在方括号中写明“来源：标准编号，条目编号”。当需要改写所抄录的术语条目中的定义时，应在标明来源处予以指明。具体方法为：在方括号中写明“来源：标准编号，条目编号，有修改”(见示例 5-19)。

【示例 5-19】

> 3.1
>
> 指南标准 guide standard
>
> 以适当的背景知识提供某主题的普遍性、原则性、方向性的指导，或者同时给出相关建议或信息的标准。
>
> (来源：GB/T 2000.1—2014，7.8，有修改)

(选自 GB/T 20001.7—2017《标准编写规则　第 7 部分：指南标准》，做了适当改动)

第六章　标准的资料性要素的编写

第三章、第四章、第五章讨论了标准的规范性要素的编写。规范性要素的编写完成，意味着标准的条款已经建立。然而，一项完整的标准除了规范性要素之外还应包含资料性要素。

标准中包含的资料性要素应根据各标准的需要具体选择和确定。资料性要素的编写，首先要从“规范性引用标准”开始，其次是引言、前言，再次是参考文献、索引和目次，最后是封面的编写。其中“规范性引用标准、前言和封面”是必备要素，是起草标准化标准一定要编写的内容。只有编写完成所有必要的资料性要素之后，一个标准的完整草案才算起草完成。

第一节　规范性引用文件

要素“规范性引用文件”是资料性要素。要素“规范性引用文件”的设置具有其特殊性，表现在两个方面：其一，该要素的章编号和标题的设置是必备的，即在任何标准中都应设有“2 规范性引用文件”；其二，该要素的内容（即标准清单）的有无可根据具体情况进行选择，也就是说，可能存在只有章编号和标题，但是没有具体标准清单的情况。规范性引用标准一章由引导语和标准清单构成，且不应分条。

这一规定使标准的基本结构进一步趋向一致性，任何标准正文的前三个要素的章编号和标题都是齐全且相同的，依次为“范围”“规范性引用文件”“术语和定义”。

一、设置“规范性引用文件”一章的原因

在标准中如果需要规范性引用一些其他标准，就会在标准的规范性要素中通过特定的表述形式，即提及所要引用标准的编号和 / 或该标准的内容编号而实现。那么为什么还要设置规范性引用文件这一章呢？

设置“规范性引用文件”这一要素是遵循了“易用性原则”。起草形成的标准应便于标准使用者的应用。设置这一要素的目的就是要提高标准的易用性。

标准通常会规范性引用其他标准，因此标准使用者要想方便地应用某个标准，只有标

准本身是不行的，还应将标准中规范性引用的文件准备好。如果不设置该要素，标准中规范性引用的文件都包含在具体的条文中，每当用到相关条文，才会发现需要找到另一个标准才能了解相关规定。这会给标准使用者造成麻烦，或者每遇到一个规范性引用文件就要去获取相关的标准，或者需要对标准通篇检索，找出并获取所有规范性引用文件。因此，将标准中所有规范性引用的标准检索出来通过列在要素“规范性引用文件”中，保证了标准使用者能从第 2 章中一目了然地了解到还需要准备的其他规范性引用文件。因此，这一要素就是通过列出标准中规范性引用的标准清单，达到方便标准使用者，从而提高了标准的“易用性”。

标准中第 2 章规范性引用标准的设置，经常会被错误地解读为“只要列在第 2 章中的标准就是标准中的规范性引用的文件”，或者解读为“设置第 2 章的目的是确定一个标准中规范性引用的文件”。在标准中引用另一个标准时的表述形式，决定了被引用的标准是否为规范性引用的文件。换句话说，只有标准条款中规范性地引用了某标准，这个标准才是规范性引用文件，进而这个标准才应列入第 2 章。也就是说，被引用的标准是否为规范性引用标准不取决于是否列入了第 2 章，而取决于是否被标准中的条款规范性引用。

综上所述，“规范性引用文件”是一个资料性的要素，设置第 2 章仅是提供一个资料性的信息——标准清单，目的是让标准使用者更加便利地使用标准。

二、引导语和说明

如果标准中规范性引用了其他标准，那么应在章标题之下给出以下引导语：

“下列标准中的内容通过文中的规范性引用而构成本标准必不可少的条款。其中，注日期的引用标准，仅该日期对应的版本适用于本标准；不注日期的引用标准，其最新版本（包括所有的修改单）适用于本标准。”

首先，引导语提示标准使用者，以下列出的标准中的内容构成了标准必不可少的条款，同时指出了成为“必不可少”的条件是，要在标准中被引用并且是被规范性引用。也就是说，被引用的标准构成了引用它的标准的必不可少的条款，如果缺少了这些标准，引用它的标准就不完整，就不能顺利、无障碍地应用。

其次，引导语指出了与被引用标准的版本有关的信息。也就是说，使用被引用标准的版本与引用时是否注日期有关。

如果是注日期的引用标准，那么就是引用指定的版本，也就是指明的日期所对应的版本。版本固定了，所引用的内容就不会再发生变化；

如果是不注日期的引用标准，那么就是引用最新版本（包括所有的修改单），也就是说，所引用的内容会随着版本的变化而变化。

请注意：如果在应用标准时，发现在不注日期引用的标准的最新版本中找不到所引用的内容，那么可使用最新版本之前的某个版本，只要是包含了所引用内容的最后版本。

由于第 2 章是固定格式，可能存在标准中没有规范性引用其他标准的情况，这时需要在章标题下给出以下说明：

“本标准没有规范性引用标准”。

三、引用标准清单

标准清单中应列出该标准中规范性引用的每个标准，列出的标准之前不给出序号。

（一）引用标准清单的表述

如何列出引用标准清单，需要根据标准中引用时的具体情况进行选择。标准清单应抄录文中规范性引用时提及的与标准编号有关的信息，并给出标准名称。根据具体情况，需要遵守以下规则。

1. 列出注日期的引用标准

对于标准中注日期的引用标准，应在标准清单中给出“标准代号、顺序号和发布年份号和/或月份号”以及“标准名称”。

【示例 6-1】

GB/T 1031—2009 产品几何技术规范（GPS） 表面结构 轮廓法 表面粗糙度参数及其数值

2. 列出不注日期的引用标准

对于标准中不注日期的引用标准，应在标准清单中给出“标准代号、顺序号”以及“标准名称”。

【示例 6-2】

GB/T 15834 标点符号用法

3. 列出标准的多个部分

（1）列出不注日期引用标准的所有部分

对于标准中不注日期引用某个标准的所有部分，应在标准清单中给出“标准代号、顺序号”和“(所有部分)”以及“标准名称中的引导元素（如果有）和主体元素”。

【示例 6-3】

GB/T 5095（所有部分）电子设备用机电元件 基本试验规程及测量方法

（2）列出注日期引用标准的多个部分

如果注日期引用一个标准的多个部分，当这些部分为同一年发布时，需要在标准清单中给出“标准代号、顺序号及第 1 部分的编号、浪纹线形式的连接号（～）、顺序号及最后部分的编号、发布年份号”以及“标准名称中的引导元素（如果有）和主体元素”。

【示例 6-4】

GB/T 5750.1 ～ GB/T 5750.13—2007 生活饮用水标准检验方法

请注意：不管是注日期还是不注日期，在需要同时列出所有部分或多个部分的情况下，只能给出“标准名称中的引导元素（如果有）和主体元素”。

（3）列出注日期引用标准不是同一年发布的多个部分

在注日期引用的情况下，如果所要引用的部分不是同一年发布的，则只能分别列出每个部分。

【示例 6-5】

GB/T 2004.1—2016 团体标准化 第 1 部分：良好行为指南

GB/T 2004.2—2018 团体标准化 第 2 部分：良好行为评价指南

4. 列出引用的国际标准

引用国际标准、国外其他出版物，给出“标准编号”或“标准代号、顺序号”以及

“原文名称的中文译名”，并在其后的圆括号中给出“原文名称”。

【示例 6-6】

IEC 60027（所有部分）电工技术用文字符号（Letter symbols to be used in electrica technology）

ISO 13879：1999 石油和天然气工业功能规范的内容和起草（Petroleum and natural gas industries—Content and drafting of a functional specification）

5. 列出引用的其他标准

列出标准化标准之外的其他引用标准和信息资源（印刷的、电子的或其他方式的），应遵守 GB/T 7714《信息与文献参考文献著录规则》确定的相关规则。

对于在线的引用标准，应提供足以识别和锁定来源的信息。为确保可追溯，宜引用在线标准的原始来源。提供的信息应包括访问所引用的标准的方法和网址全称，并与来源中给出的标点符号和使用的大小写字母相同。

【示例 6-7】

章程和导则 . 国际电工委员会，©2004-2010[2011-02-09 查看]. 可在 http：//www.iec.ch/members_experts/refdocs/ 获得。

ISO 7000/IEC 60417[在线数据库]，设备用图形符号 [2016-04-18 查看]. 可在 http：//www.graphical-symbols.info/ 获得。

（二）引用标准的排列顺序

引用标准清单中列出的引用标准的前后顺序，需要根据标准中具体引用的标准，按照以下给出的顺序排列：

（1）国家标准；

（2）行业标准；

（3）本行政区域的地方标准（仅适用于地方标准的起草）；

（4）团体标准（需符合限定条件）；

（5）ISO、ISO/IEC 或 IEC 标准；

（6）其他机构或组织的标准（须符合限定条件）；

（7）其他文献。

其中，国家标准、ISO 或 IEC 标准按标准顺序号排列；行业标准、地方标准、团体标准、其他国际标准先按标准代号的拉丁字母和 / 或阿拉伯数字的顺序排列，再按标准顺序号排列。

上述排列顺序出于这样一种考虑：规范性引用标准清单中应先排国内标准，然后排国际标准，最后排其他国内、国际文献。

第二节　前言

由于“前言”是必备要素，它的编写是每一个标准起草者必须掌握的。与“引言”需要说明与标准直接相关的内容不同，“前言”主要关注本标准与其他标准的关系。

一、界定

要素“前言”是一个必备的资料性要素，因此每一个标准都应有前言。前言的功能是对标准自身内容之外的事项进行说明，诸如提供标准起草依据的其他标准、与其他标准的关系以及编制、起草者的基本信息等。

该要素应以“前言”作标题设置在目次（如果有）之后，引言（如果有）之前。

前言是资料性要素，因此在前言中不应包含要求、指示、推荐或允许型条款。由于前言中需要说明的内容是相对明确的，表述形式也相对固定，所以前言不应给出章编号且不分条；在前言中也不应使用图、表或数学公式等表述形式。

二、前言中需要说明的事项

尽管不同的标准，其前言中包含的内容可能不尽相同，但是前言中需要说明的事项及其表述形式是相对固定的。每个标准需要根据自身具体情况，在需要说明的事项中选择编写前言的内容。具体来讲，前言应视情况从以下列出的事项中进行选择，并按照以下内容列出的前后次序进行编写：

（1）标准起草所依据的标准；

（2）标准与其他标准的关系；

（3）标准与代替标准的关系；

（4）标准与国际标准的关系；

（5）尚未识别出标准涉及专利的说明；

（6）标准的提出信息（可省略）和归口信息；

（7）标准的起草单位和主要起草人；

（8）标准及其所代替或废止的标准的历次版本发布情况。

三、前言中说明的各事项的内容及表述

前言中说明的事项需要给出以下具体内容并遵守相应的表述规则。

（一）标准起草所依据的标准

在前言的起始部分，首先要说明起草该标准所依据的标准。任何标准，只要是按照GB/T 1.1确立的规则起草，就应通过提及GB/T 1.1声明遵守了该标准。具体表述为：

“本标准按照GB/T 1.1—2020《标准化工作导则　第1部分：标准化标准的结构和起草规则》的规定起草。”

（二）标准与其他标准的关系

在说明本标准与其他标准的关系时，通常涉及两个方面的内容。

1. 与其他标准的关系

如果正在起草的标准与其他标准有关系，如几个标准构成了支撑某项工作、某个事项的标准体系，那么可以在前言中说明本标准与其他标准之间的关系。

【示例6-8】

GB/T 1《标准化工作导则》与GB/T 20000《标准化工作指南》、GB/T 20001《标准编写规则》、GB/T 20002《标准中特定内容的起草》、GB/T 20003《标准制定的特殊程序》和GB/T 20004《团体标准化》共同构成支撑标准制定工作的基础性国家标准体系。

2. **分为部分的标准需要说明的内容**

如果正在起草的是分为部分的标准的某个部分，需要在前言中说明两个方面的内容：其一，说明所属的部分；其二，列出所有已经发布的部分名称。

【示例 6-9】

本标准是 GB/T 10001《公共信息图形符号》的第 8 部分。GB/T 10001 已经发布了以下部分：

第 1 部分：通用符号；

第 2 部分：旅游休闲符号；

第 3 部分：客运货运符号；

第 4 部分：运动健身符号；

第 5 部分：购物符号；

第 6 部分：医疗保健符号；

第 7 部分：办公教学符号。

（三）标准与代替标准的关系

如果正在起草的标准是在前一个或几个版本的基础上修订形成的新版本，应在前言中陈述标准与代替标准的关系。具体需要说明以下两个方面的内容。

1. **给出被代替、废止的所有标准的编号和名称**

（1）新标准与所代替的旧标准之间的关系

正在起草的新标准与所代替的旧标准之间的关系有以下几种情况。

1）代替先前版本。一旦某标准被另一个标准所代替，在起草其他标准时就不应再引用被代替的先前版本。然而，这种情况下并不意味着先前版本的作废，符合以下情况，先前版本还可以继续使用：

——其他标准中已经注日期引用的先前版本；

——合同或协议中已经注日期引用的先前版本；

——新签订的合同或协议，经双方商定同意使用先前版本。

当然，无论任何情况下，都鼓励使用标准的最新版本。

请注意：这里所阐述的标准可以继续使用的前提是：第一，该标准不是强制性标准；第二，虽然被其他强制性标准所引用，但是需要使用的领域或条款是该强制性标准没有履行的。

2）废除先前版本。这种情况下，所废除的先前版本不应再继续使用。首先，新签订的合同不准许引用先前版本。其次，已经引用先前版本的标准或合同也应做相应修改。

3）新标准通常会代替或废除先前一个标准。特殊情况下，新标准也可能代替或废除先前几个标准。

请注意：一个标准宜代替或废除先前标准的全部内容，不宜仅代替或废除先前标准的部分内容。如果由于种种原因，需要将几个标准中的内容相互之间进行调整，那么涉及的相关标准应同时强制修订。

（2）指出被代替的标准

如果正在起草的标准代替或废除了一个或多个标准，应在前言中表述与先前标准的关系，指出是代替还是废除先前的标准，具体给出：本标准“代替”/“废除”以及被代替或废除的标准（含修改单）的编号和带有书名号的名称。如果代替或废除多个标准，应

——给出编号和名称。

示例 6-10 给出了代替一个先前标准的表述；示例 6-11 给出了代替两个先前标准的表述。

【示例 6-10】

本标准代替 GB/T 20000.1—2002《标准化规则指南　第 1 部分：标准化和相关活动的通用词汇》。

【示例 6-11】

本标准代替 GB/T 15565.1—2008《图形符号术语　第 1 部分：通用》和 GB/T 15565.2—2008《图形符号术语第 2 部分：标志及导向系统》。

2. 列出与前一版本相比的主要技术变化

在指出了被代替或废除的标准之后，应给出当前版本与先前版本相比的主要技术变化。主要技术变化通常有以下三种：

（1）增加了新的技术内容；

（2）更改了先前版本中的技术内容；

（3）删除了先前版本中的技术内容。

说明与先前版本相比主要技术变化时，通常按照当前版本所涉及章条的前后顺序逐一陈述。如果正在起草的标准代替或废除了多个标准，在陈述技术变化情况时，宜与主要被代替的标准进行对比，将其他被代替标准作为被整合的标准处理，被整合的内容可以看作对当前版本的补充，常常作为“增加”的内容进行陈述。具体陈述技术变化需包含三个方面的内容。

首先，针对上述三种技术变化，使用“增加”“更改”“删除”引出对技术变化的描述。

其次，说明技术变化时通常无须给出变化的具体细节。标准使用者可以通过对比新旧版本中的内容了解变化的具体细节。另外，需要说明的是，给出技术变化不包括文本结构调整和编辑性改动的情况，诸如资料性要素或附加信息（如引言、示例、注、条文脚注、资料性附录等）内容的变化是编辑性改动，无须在前言中说明。

最后，陈述具体技术变化之后，在括号中给出所涉及的新旧版本的有关章条或附录等。凡是增加了新的技术内容，仅给出当前版本所涉及的有关章条或附录；凡是更改了先前版本的技术内容，需要给出所涉及的当前版本和先前版本的有关章条或附录；凡是删除了先前版本中的技术内容，仅给出先前版本的有关章条或附录。通常给出当前版本时使用“见 XXX”，给出先前版本时使用“见 XXXX 年版的 XXX”，如“（见 8.4）”“（见 8.6.2，2009 年版的 6.2.3）”“（见 2009 年版的 6.3.4）”。

请注意： 如果当前版本与先前版本的标准顺序号发生了变化，则提及先前版本时应给出先前版本的编号，例如 GB/T 20002.4—2015 代替了 GB/T 20000.4—2003，在前言中陈述与先前版本的技术变化时，需要给出诸如：“（见 GB/T 20000.4—2003 的 5.1）”“（见第 6 章，GB/T 20000.4—2003 的 5.3 和第 6 章）。”

示例 6-12 给出了前言中说明技术变化时的表述。

【示例 6-12】

本标准代替 GB/T 20001.2—2001《标准编写规则　第 2 部分：符号》，与 GB/T 20001.2—2001 相比，除结构调整和编辑性改动外，主要技术变化如下：

更改了必备要素，将“符号或含有符号的标志”确定为必备要素（见表 1，2001 年版的表 1）；

删除了与符号“注册号”有关的规定（见 2001 年版 6.3.2、6.3.4 和 7.5）；

增加了可增设其他符号栏的规定（见 6.2.4）；

增加了“带有符号的名称索引”的编排形式（见 6.3.1、6.3.2）；

增加了对索引的编排规定（见 6.3.3、6.3.5）

删除了设备用图形符号原图呈现形式的有关规定（见 2001 年版的 6.3.4、7.2.3）；

更改了说明栏中关于引用国家标准化标准或行业标准化标准中的符号、采用国际标准化标准中的符号的表述方法（见 7.4.2、7.4.4，2001 年版的 7.4.2、7.4.3）。

（选自 GB/T 20001.2—2015《标准编写规则　第 2 部分：符号标准》，做了适当改动）

示例 6-13 给出了新标准代替了两个标准，并且新标准的顺序号也发生了改变时，在前言中陈述技术变化时的表述。

【示例 6-13】

本标准代替 GB/T 2000.00—2009《标准化工作指南　第 2 部分：采用国际标准》和 GB/T 20000.9—2014《标准化工作指南　第 9 部分：采用其他国际标准化标准》。本标准以 GB/T 20000.2—2009 为主，整合了 GB/T 20000.9—2014 的内容。与 GB/T 20000.2—2009 相比，除结构调整和编辑性改动外，主要技术变化如下：

（1）更改了标准的适用范围，将适用的我国标准化标准严格限定为国家标准化标准，将依据的国际标准化标准确定为 ISO/IEC 标准化标准（见第 1 章，GB/T 20000.2—2009 的第 1 章）；

（2）增加了一致性程度为“等同”时“允许的结构调整”这一特殊情况（见 4.1.2.1）；

（3）增加了最小限度的编辑性改动包括的几种情况 [见 4.1.2.2 中的 i)、j) 和 k)]；

（4）将“总则”更改为“总体原则和要求”，并更改了相应的技术内容（见第 5 章，GB/T 20000.2—2009 的 5.1.1、5.1.2、5.1.3 和附录 E）；

（5）删除了有关翻译法和重新起草法的概念及有关表述，以及方法选择的相关规定（见 GB/T 20000.2—2009 的 5.2.1、5.3.1 和 5.4）；

（6）增加了“起草步骤”一章（见第 6 章）；

（7）增加了编写要素“前言”的若干规则，并将 GB/T 20000.2—2009 的有关内容更改后纳入（见 7.2，GB/T 20000.2—2009 的 5.1.4、6.1.1 和 6.1.3）；

…………

（选自 GB/T 1.2—2020《标准化工作导则　第 2 部分：以 ISO/IEC 标准化标准为基础的标准化标准起草规则》）

（四）标准与国际标准的关系

如果所编制的标准与 ISO 或 IEC 国际标准化标准存在着一致性对应关系（等同、修改或非等效），那么在前言中应按照 GB/T 1.2 的有关规定陈述相关信息。

（五）尚未识别出标准涉及专利的说明

如果在起草标准的过程中尚未识别出标准涉及专利，那么应在前言中给出以下说明内容：“请注意本标准的某些内容可能涉及专利。本标准的发布机构不承担识别专利的责任。”

（六）标准的提出信息（可省略）和归口信息

前言中需要给出标准的提出信息和归口信息。在给出标准的提出、归口等信息时，对于涉及的任何部门、全国专业标准化技术委员会或单位都应给出准确的全称。

1. 标准的提出信息

标准的提出也就是提案建议起草该标准的行业主管部门、标准化技术委员会或有关归口单位。这一信息的提供是可选择的，如果不需要也可省略该项信息。

如果标准由全国专业标准化技术委员会提出，那么应在相应技术委员会名称之后给出其国内代号，并加圆括号。如需要给出标准的提出信息，在前言中使用下列表述形式：

“本标准由全国 ×××× 标准化技术委员会（SAC/TC XXX）提出。”

“本标准由 ×××× 提出。”

“本标准由 ×××× 研究院提出。”

2. 标准的归口信息

在标准的提出信息（如果有）之后，应给出标准的归口信息。标准的归口可理解为负责标准编制、审查和维护的全国专业标准化技术委员会或标准化技术归口单位。如果在标准所涉及的领域内有相应的全国专业标准化技术委员会，那么由技术委员会归口；如果没有相应的技术委员会，那么通常由其他标准化技术归口单位归口。

如果标准由全国专业标准化技术委员会归口，则应在其名称之后给出委员会的国内代号，并加圆括号。

在标准前言中标准的归口信息可表述为：

“本标准由全国 ×××× 标准化技术委员会（SAC/TC XXX）归口。”

“本标准由 ×××× 研究院（所、中心）归口。”

3. 提出和归口信息合并表述

如果标准的提出和归口的标准化技术委员会或部门相同，那么可将它们合并一起陈述。这时可表述为：

“本标准由全国 ×××× 标准化技术委员会（SAC/TC XXX）提出并归口。”

（七）标准的起草单位和主要起草人

在标准的提出信息或归口信息之后，对于推荐性标准应给出标准的起草单位和主要起草人信息。

1. 标准的起草单位

标准的起草单位通常为标准的起草工作组的成员所在的单位。标准化标准的起草单位应多于一个单位。在前言中标准的起草单位可表述为：

“本标准起草单位：××××、××××、××××、……”

“本标准由 ××××、××××、××××、……负责起草。”

在给出标准的起草单位信息时，对于涉及的任何部门、单位都应给出准确的全称。

2. **标准的主要起草人**

在标准的起草单位之后应给出标准的主要起草人信息。在前言中标准的主要起草人可表述为：

“本标准主要起草人：×××、×××、×××……”

请注意：按照《强制性国家标准管理办法》的规定，强制性国家标准的前言中不给出标准起草单位、起草人信息。

（八）标准及其所代替或废止的标准的历次版本发布情况

在前言中陈述的最后一个信息就是标准及其所代替或废止的标准的历次版本发布情况。要通过相关信息的提供，给出标准各版本发展变化的清晰轨迹。给出这项信息是十分必要的，该信息的提供，一方面可以让使用该标准的人员对标准的发展及变化情况有一个全面的了解；另一方面也给今后标准的修订提供了方便，使参加标准修订的人员能够准确地掌握标准各版本发布的情况，检索到相关的标准，从而全面了解标准的背景信息，更好地支撑新标准的起草工作。

一个新标准与其历次版本的关系存在各种情况：有时比较简单，比如，从标准首次发布一直到当前版本，不过是单一标准的几次修订，如示例 6-14 所示；有时情况比较复杂，比如，标准在历次修订的过程中，有时将其他标准并入，有时又将标准分为部分，等等，示例 6-15 给出了这种情况的一个例子；还有的标准在历次修订过程中，代替了两个或两个以上的标准，这种情况需要将被代替的各标准的变化情况分别列出，见示例 6-16。如果修订的过程中，标准的顺序号发生了改变，需要给出被代替标准的编号并说明其历次版本的变化情况，见示例 6-17。无论是哪种情况，在给出这项信息时，不要拘泥于形式，而要力求表述得清晰、准确。

请注意：如果标准是首次发布，无须给出“本标准为首次发布”的说明。

【示例 6-14】

> 本标准于 1995 年首次发布，2002 年第一次修订，2007 年第二次修订，本次为第三次修订。

【示例 6-15】

> 本标准于 1988 年首次发布；1994 年第一次修订时，将 GB 3818—1983《公共信息图形符号》并入；2000 年第二次修订时分为部分出版，本标准对应 GB/T10001.1—2000《标志用公共信息图形符号　第 1 部分：通用符号》；2006 年第三次修订；本次为第四次修订。

（选自 GB/T10001.1—2012《公共信息图形符号　第 1 部分：通用符号》，做了适当改动）

【示例 6-16】

> 本标准及其所代替标准的历次版本发布情况为：
>
> 1981 年首次发布 GB 1.1—1981，1987 年第一次修订，1993 年第二次修订；
>
> 2000 年第三次修订时，并入了 GB/T 1.2—1996《标准化工作导则　第 1 单元：标准的起草与表述规则　第 2 部分：标准出版印刷的规定》的内容（GB/T 1.2—1996 的历次版本发布情况为：GB 1—1958、GB 1—1970、GB 1—1973、GB 1.2—1981、GB 1.2—1988）；

2009 年第四次修订时，并入了 GB/T 1.2—2002《标准化工作导则　第 2 部分：标准中规范性技术要素内容的确定方法》的内容（GB/T 1.2—2002 代替的标准及历次版本发布情况为：GB 1.3—1987《标准化工作导则产品标准编写规定》、GB/T 1.3—1997；GB 1.7—1988《标准化工作导则产品包装标准的编写规定》）；

本次为第五次修订。

（选自 GB/T 1.1—2020《标准化工作导则　第 1 部分：标准化标准的结构和起草规则》）

【示例 6-17】

本标准所代替标准的历次版本发布情况为：

GB/T 20000.2—2001 年首次发布，2009 年第一次修订；

GB/T 20000.9—2014 年首次发布。

（选自 GB/T 1.2—2020《标准化工作导则　第 2 部分：以 ISO/IEC 标准化标准为基础的标准化标准起草规则》）

四、编写前言需注意的问题

编写前言时要注意区分哪些内容需要编写在前言中，哪些内容需要编写在标准的其他要素或其他标准中，不应将不该写入的内容编写在前言中。尤其要注意不应在前言中编写需要写入引言、范围、规范性技术要素中的内容，也不应将仅需写在标准编制说明中的内容写入前言。为了避免这些错误的出现，在编写标准的前言时应注意以下问题。

（一）前言中只准许编写“规定的内容”

所谓“规定的内容”是指“由相应规范性标准规定在标准化标准的前言中需要编写的内容”。通常是由两类标准作出的规定：其一，GB/T 1.1 的规定；其二，相关法规或规范性标准中的规定，例如《强制性国家标准管理办法》中规定，强制性国家标准的前言“不得涉及具体的起草单位和起草人信息”。

前言中只准许编写上述两类标准所“规定的内容”。因此，当编写推荐性标准的前言时，首先应按照本节“二”和“三”中阐述的八项内容的顺序一一说明。如果有些项目没有需要说明的内容，则跳过该项，接着介绍后面各项的内容。

如果某个标准与其他标准没有关系，并且是新制定的标准，又不是以国际标准化标准为基础编制的标准，在编制过程中也没有识别出涉及专利，那么仅在前言中陈述以下内容即可：

本标准按照 GB/T 1.1—2020《标准化工作导则　第 1 部分：标准化标准的结构和起草规则》的规定起草。

请注意本标准的某些内容可能涉及专利。本标准的发布机构不承担识别专利的责任。本标准由全国 ×××× 标准化技术委员会（SAC/TC XXX）归口。

本标准起草单位：××××、××××、××××。

本标准主要起草人：×××、×××、×××。”

（二）不应在前言中说明编制标准的意义

在一些标准的前言中常常会看到对编制标准意义的阐述，如介绍标准所涉及的产品或服务在国家经济发展中的作用，所涉及领域的国内外有关情况以及标准的制定对促进经济社会、领域的发展，技术的进步等所具有的重要意义，这些内容都不应在前言中涉及，可在标准的编制说明中介绍，如果相应内容适合在引言中说明，又确需在标准中介绍，那么应编入标准的引言。

示例 6-18 中的内容陈述了编制标准的意义，不属于前言的内容，应从前言中删去。如果能从技术解决方案的角度进行陈述，那么修改后可在引言中说明。

【示例 6-18】

> 前言中说明标准编制目的的不正确的表述：
>
> 自然保护区开展生态旅游是增强自养能力实现可持续发展的有效途径，为使自然保护区生态旅游走上科学化规范化发展的轨道，促使自然保护区统一组织、管理、开展生态旅游活动，规范对自然保护区生态旅游规划设计的要求，切实提高自然保护区开展生态旅游活动的成效，特制定本标准。
>
> …………

（选自 GB/T 20XX6.2—2006《自然保护区生态旅游规划技术规程》）

（三）前言中不应包含“要求”

前言是资料性要素，不应与标准的规范性要素的内容相混淆。在前言中不应含有要求、指示、推荐和允许型条款。

示例 6-19 中的两段中都包含了要求，这些内容不应在前言中规定。应在标准中设置“总体要求”，将这些内容作相应的调整后纳入，或者纳入标准中相应技术要求中的第 1 条中。

【示例 6-19】

> 前言中包含了要求型条款的不正确的表述：
>
> 本标准应与 GB/T 22766.1—2008《家用和类似用途电器售后服务　第 1 部分：通用要求》配合使用。
>
> 本标准是通过增补或修改 GB/T 22766.1—2008 形成的。GB/T 22766.1—2008 中具体条款未在本部分提及的，表示 GB/T 22766.1—2008 中的相应条款适用于本部分。本部分中写明“适用”的部分，表示 GB/T 22766.1—2008 中的相应条款适用于本部分；本部分中写明“代替”的部分，则以本部分的条款为准；本标准中写明“增加”的部分表示除要符合 GB/T 22766.1—2008 中的相应条款外，还应符合本部分所增加的条款。

（选自 GB/T22XX6、2—2009《家用和类似用途电器售后服务　第 2 部分：电冰箱的特殊要求》）

示例 6-20 中虽然不是要求型条款，但是相应的内容是标准必不可少的条款，因此不应在前言中表述。这些内容应该表述为要求型条款，并在标准正文的“总体要求”或“技术要求”中规定。

【示例 6-20】

> 前言中包含了标准必不可少条款的不正确的表述：
>
> 本标准与 GB/T 12763 的第 1 部分和 GB/T 12763 的第 7 部分配套使用。

（选自 GB/T 12XX3.2—2007《海洋调查规范　第 2 部分：海洋水文观测》）

示例 6-21 中“是压力式温度控制器生产厂家产品出厂时应满足的技术要求”，是要求型条款的表述形式，不应写入前言中。这种表述方式改为陈述型条款后可写入引言，但不适合写进标准正文的规范性要素中。

【示例 6-21】

前言中包含了要求型条款的不正确的表述： 本标准为家用和类似用途压力式温度控制器的安全和性能标准，是压力式温度控制器生产厂家产品出厂时应满足的技术要求，是采购单位认定该产品是否合格的依据。

（选自 GB/T 22XX8—2008《家用和类似用途压力式温度控制器》）

（四）前言中不应涉及"范围"一章的内容

标准的前言不应和要素"范围"一章的内容相混淆，也就是不应涉及本应在"范围"一章中给出的内容。如果在前言中出现了"本标准规定了……""本标准适用……""本标准主要涉及……"等叙述，那么就是犯了这类错误。

第三节　封面

到目前为止，标准化标准草案的起草仅差最后一个要素"封面"的编写就完成了。封面的编写是对标准进行的包装。然而封面不仅是一个简单的包装，它还起着十分特殊的作用，在标准的封面上显示着大量识别标准的重要信息。

一、界定

要素"封面"是一个必备的资料性要素，每一个标准都应有封面。封面的功能是提供标明标准的信息。标准使用者通过这些信息可以从整体上快速识别该标准。

二、封面标明的各类信息

在任何标准化标准的封面中都应标明以下 8 项必备信息：

标准名称；

标准的层次或标准的类别；

标准代号；

标准编号；

国际标准分类号；

中国标准文献分类号；

发布日期和实施日期；

发布机构。

根据标准的具体情况，标准封面中还需标明以下信息：

标准名称的英文译名；

与国际标准的一致性程度标识；

被代替标准的编号；

征集标准是否涉及专利的信息。

三、封面中标明信息的具体表述

前文给出了在封面中标明所有信息，这些信息的具体表述需要遵守相应的规则。图 6-1 显示了标准封面中显示的各种信息的相应位置。

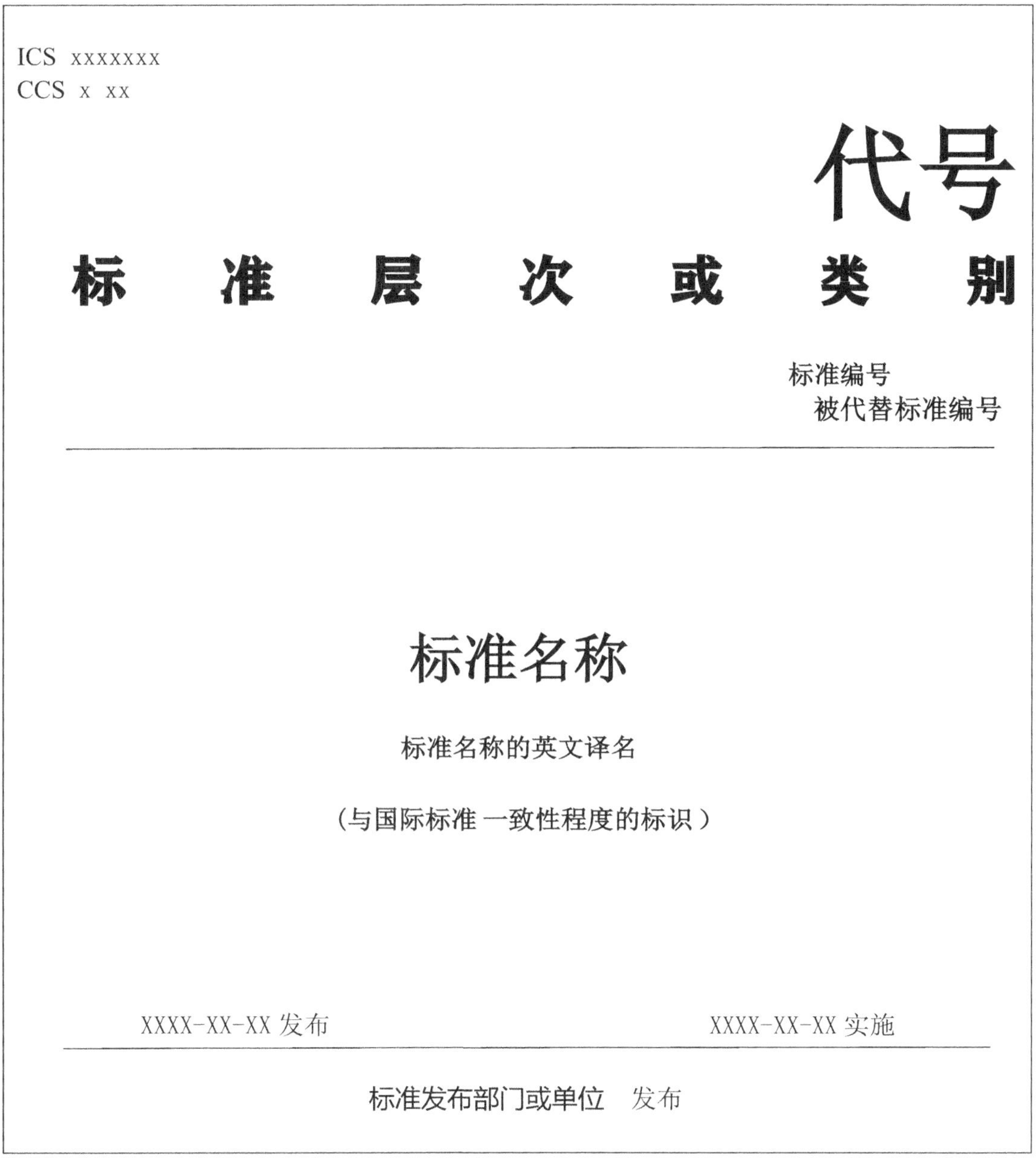

图 6-1　封面标明的信息

（一）封面中标明的必备信息

任何标准的封面中标明的必备信息需符合以下具体表述规则。

1. 标准名称

标准名称在封面中位于十分显著的位置。各类标准封面的居中偏上的位置都应给出标准名称。

2. **标准的层次或标准的类别**

（1）标准的层次

按照标准的适用范围，我国的标准化标准分为以下五个层次：国家、行业、地方、团体和企业标准。

——标准的封面上部居中位置应标明标准的层次；

——国家标准为“中华人民共和国国家标准”；

——行业标准为“中华人民共和国 ×× 行业标准”；

——地方标准标准为“×××（地方名称）地方标准”；

——团体标准为“团体标准”或“×××（社会团体名称）团体标准”；

——企业标准为“×××（单位名称）企业标准”。

（2）标准的类别

按照《国家标准化指导技术标准管理规定》，国家标准化管理部门除发布国家标准外，还会发布国家标准化指导起草技术标准。如果所起草的是这类标准，那么封面上部居中位置应标明“中华人民共和国国家标准化指导性技术标准”。行业标准化指导性技术标准、地方标准化指导性技术标准的封面上部居中位置也应标明相应的标准类别。

3. **标准代号**

标准封面的右上角应标明标准的标志。标准的标志通常为标准代号的固定字体：国家标准化标准的代号为“GB”；各行业标准的代号见表 2-1；地方标准的代号为“DB××”，其中 ×× 为各省、自治区、直辖市行政区划代码前两位数；团体标准的代号为“T/×××”，企业标准的代号为“Q/×××”。

4. **标准编号**

在标准封面中标明标准层次位置的右下方应标明标准的编号。标准的编号由标准化机构确定或分配。

标准编号由标准代号、顺序号及发布年份号构成。标准代号由大写拉丁字母和 / 或符号“/”组成，顺序号由阿拉伯数字组成，发布年份号由四位阿拉伯数字组成，顺序号和年份号之间使用一字线形式的连接号。

根据《国家标准管理办法》《行业标准管理办法》《地方标准管理办法》《团体标准管理规定》《企业标准化管理办法》的规定，我国各类标准的编号形式分别为：

强制性

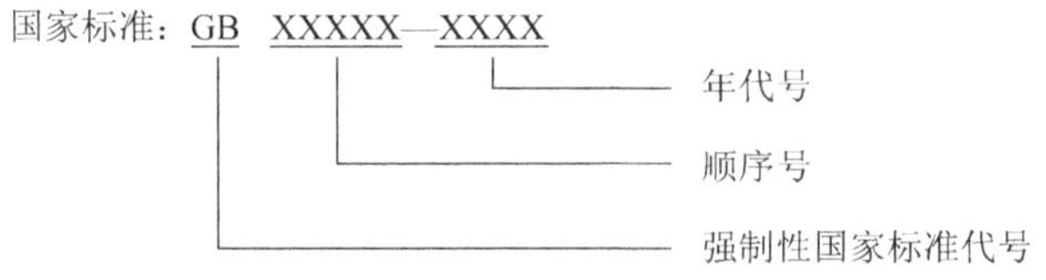

推荐性

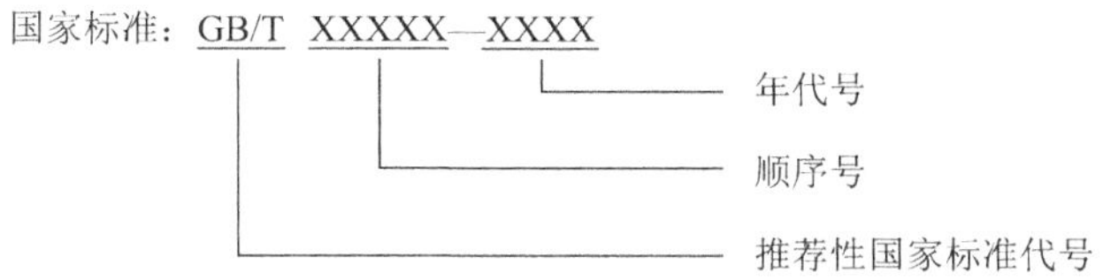

国家标准化

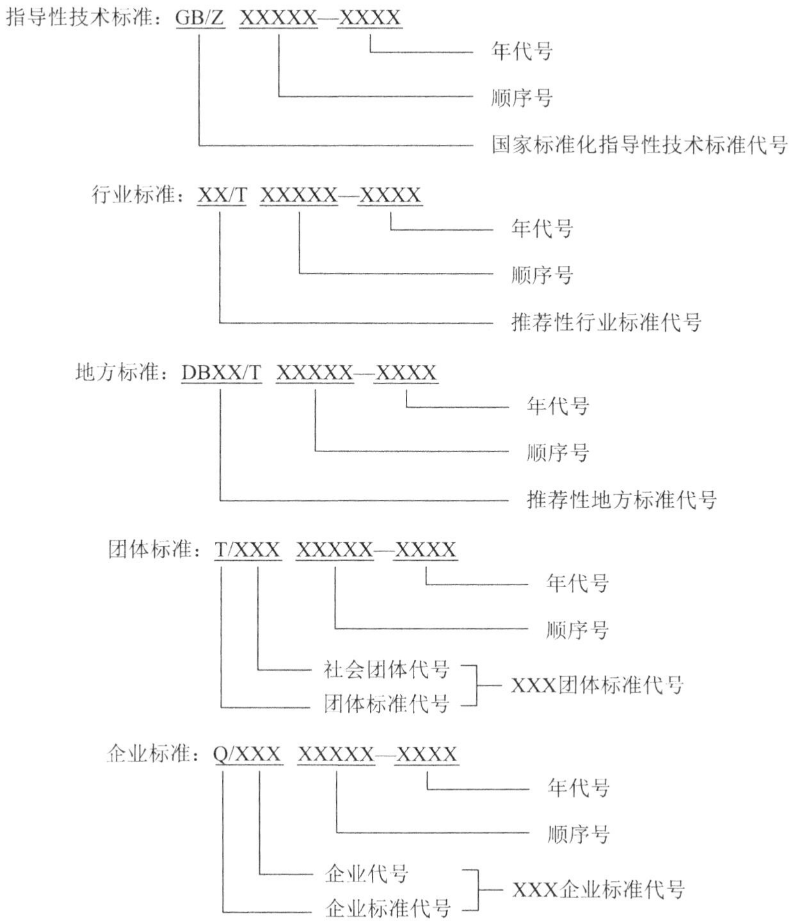

如果所起草的标准是以国际标准为基础编制的，并且等同采用国际标准，则在封面上标明的标准编号应为双编号。

5. 国际标准分类号（ICS 号）

在我国标准封面上标明 ICS 号，能够通过使用这一国际统一的分类方法及其编号，便于我国标准与国际标准的交流与对比。ICS 的标注见示例 6-22 和示例 6-23。

【示例 6-22】

ICS 55.020

CCS A 80

（选自 GB/T 4122.1—2008《包装术语　第 1 部分：基础》）

【示例 6-23】

ICS 01.040.55

CCS A 80

（选自 GB/T 25159—2010《包装术语非危险货物用中型散装容器》）

6. 中国标准文献分类号（CCS 号）

国家、行业和地方标准化标准在 ICS 号之下，应标明 CCS 及其分类号，即中国标准文献分类号。CCS 的标注见前文示例 6-22 和示例 6-23。

7. 发布日期和实施日期

在封面的倒数第二行，应标示标准的发布日期和实施日期，例如“2020-03-31 发布”“2020-10-01 实施”。标准的实施日期由标准的审批发布部门在发布标准时确定。

8. 发布机构或单位

在封面的倒数第一行，应标明标准的发布机构、组织或单位。目前，不同层次标准的发布机构、组织或单位情况如下。

国家标准的发布机构为“国家市场监督管理总局”和“国家标准化管理委员会”；

行业标准的发布机构为各行业主管部门；

地方标准的发布机构为各省、自治区、直辖市标准化行政主管部门；

团体标准的发布组织为各社会团体；

企业标准的发布单位为各企业单位。

（二）封面中根据情况标明的其他信息

封面中除需要标明的必备信息外，不同类别的标准根据具体情况标明的其他信息需要符合以下表述规则。

1. 标准名称的英文译名

为了便于国际贸易和对外技术交流，在国家标准和行业标准封面上的标准名称之下应标明其对应的英文译名。目前许多国家（如日本、德国、法国、俄罗斯等）都在本国标准的封面中给出标准名称对应的英文译名。英文译名的编写需要符合以下规则。

（1）英文译名的编写要以中文的标准名称为基础，在保证原意完整和准确的基础上，不必按照中文的标准名称逐字翻译。

（2）英文译名宜从相应国际、国外标准的名称（如英文）或英文译名中选取。在以国际标准为基础编制我国标准时，最好使用国际标准的名称。如果我国标准规定的技术内容与相应国际标准的技术内容有差异（在与国际标准的一致性程度为非等效或修改时），那么应研究是否可以使用国际标准的名称，如果确实无法使用，则需依据我国标准名称，对国际标准名称作相应调整后形成英文译名。

（3）我国的标准名称各要素之间留有空一个汉字的间隔，对应的英文译名的各要素间用一字线形式的连接号“—”相连。标准名称的各元素的第一个单词的首字母应大写，其他单词的字母小写（需要大写的专用名词除外）。

（4）表示标准功能类型的词语的英文译名可从表 6-1 中选取。

表 6-1　标准名称中表示标准功能类型的词语的英文译名

标准功能类型	名称中的词语	英文译名
术语标准	术语	Vocabulary,terminology,term
符号标准	符号、图形符号、标志	Symbol,graphical,symbol,sign
分类标准	分类、编码	Classification,coding
试验标准	试验方法、……的测定	Test method,determination of...
规范标准	规范	specification
规程标准	规程	Code of practice
指南标准	指南	Guidance,guidelines
原则、要求和规则标准	原则、要求、规则	Principle,requirement,rule

示例 6-24 给出了各类功能类型标准名称的英文译名。

【示例 6-24】

术语标准	
纳米科技术语　第 6 部分：纳米物体表征	Nanotechnologies—Vocabulary— Part 6：Nano object characterization
售后服务基本术语	Fundamental terminology of after Sales service
钎焊术语	Soldering and brazing terms
符号标准	
公共信息图形符号	Public information graphical symbols
矿山安全标志	Mine safety signs
气体激光器文字符号	Letter symbols for gas lasers
分类标准	
活性炭分类和命名	Classification and nomenclature for activated carbon
突发事件分类与编码	Emergency classification and coding
铁路行包运输分类与代码	Classification and code of transport of baggage and parcel in railway
试验标准	
硫化橡胶热氧老化试验方法管式仪法	Rubber, vulcanized—Test method of deterioration by heat and oxygen Tube tester
钢丝及钢丝制品通用试验方法	Steel wire and wire products—General test methods
耐火材料热膨胀试验方法	Refractories—Determination of thermal expansion
规范标准	
γ 辐照设计、建设和使用规范	Gamma irradiation facilities—Design, construction and use—Specifications
1000kV 变电站自动化系统技术规范	1000kV substation automation system—Technical specification
读数系统社会能源计量规范　第 6 部分：本地总线	Specification for society energy metering for reading system—Part 6：Local bus

续表

规程标准	
马铃薯离体无病毒种子苗繁殖操作规程	In-vitro virus free seed potatoes plant lets breeding—Code of practice
起重设备检查和维护操作规程　第 9 部分：起重装置	Lifting appliances—Code of practice for inspection and maintenance—Part 9：Lifers
指南标准	
电气和电子产品环境试验湿热试验指南	Environment tests for electric and electronic products—Guidance for damp heat tests
建筑环境设计评估新建筑能源效率的指南	Building environment design—Guidelines to assess energy efficiency of new building

2. 与国际标准的一致性程度标识

当所起草的标准与国际标准有一致性对应关系时，应按照 GB/T 1.2—2020 的规定，在封面中的英文译名之下标示与国际标准化标准的一致性程度标识。

3. 被代替标准的编号

如果所起草的标准代替了同层次的某个或某几个标准（如国家标准代替国家标准），则应在封面中的标准编号之下另起一行标明被代替标准的编号（见示例 6-25）。封面中标示的被代替标准编号不应超过一行。如果被代替的标准较多，标示被代替标准编号超过了一行，那么可列出主要被代替的标准，并在标准编号后加上“等”字（见示例 6-26）。具体被代替的多项标准可在前言中说明“标准与代替标准的关系”时给出。

不同层次标准的替代情况不在封面上标示。必要时，可在标准前言中说明“标准与代替标准的关系”时给出。

【示例 6-25】

代替 GB/T 15565.1—2008 .GB/T 15565.2—2008

【示例 6-26】

代替 GB/T ×××××—2008 等

4. 征集标准是否涉及专利的信息

在标准的工作组讨论稿、征求意见稿和送审稿的封面显著位置应给出征集标准是否涉及专利的信息：

“在提交反馈意见时，请将您知道的相关专利连同支持性标准并附上。”

第七章　要素的表述

标准的要素由“条款和附加信息”组成，而要素又有不同的表述形式，通常包括条文、图、表、数学公式、附录、引用或提示等，本章将详细阐述标准要素的具体表述，在讨论需要遵守的三原则的基础上，详细介绍要素的内容以及要素的各种表述形式的编写。

第一节　标准表述的三原则

无论要素包含什么内容，也无论其表述形式如何，首先需要遵守标准表述的三原则：一致性、协调性和易用性。只有遵守了标准表述三原则，才能达到编制标准的目标——形成清楚、准确和无异议的条款，进而实现标准化的目的和效益。

一、一致性原则

一致性是标准最基本的表述原则。它强调的是内部的一致，这里的“内部”有两个层次：第一，每个标准内部；第二，由拥有同一个标准顺序号的各部分形成的标准内部。编写标准时遵循一致性原则，将避免由于同样或类似内容的不同表述给标准使用者造成的困惑，从而确保标准能够被正确理解。从标准文本自动处理的角度考虑，一致性也将使文本的计算机处理，甚至计算机辅助翻译更加方便和准确。遵循一致性原则通常考虑结构、文体、术语和形式四个方面。

（一）结构的一致

结构的一致主要指拥有同一个标准顺序号的各部分之间需要考虑的原则。各部分的结构一致，是指相关要素和层次的设置与否，章、条的编号，排列顺序，标题表述等宜尽可能一致。目前，国际上 ISO、IEC 和我们国家标准中的要素“规范性引用标准”“术语和定义”确定为必备要素就是贯彻结构一致性原则的具体做法。

示例 7-1 给出了 GB/T 17497.3—2012 的结构。虽然 GB/T 17497 分为多个部分，但是各个部分的结构基本上与以下示例是一致的。

【示例 7-1】

前言
1 范围
2 规范性引用标准
3 术语和定义
  3.1 柔性版印刷
  3.2 上光
  3.3 模切
  3.4 糊版
  3.5 硬口
  3.6 耐磨性
  3.7 主要部位
  3.8 次要部位
4 产品分类
5 技术要求
  5.1 印面外观
  5.2 套印误差
  …………

（二）文体的一致

单个标准中或者拥有同一个标准顺序号的各个部分中，相同的条款宜使用相同的用语，类似的条款宜使用类似的用语。

示例 7-2 给出了 GB/T 20001.6—2017 和 GB/T 20001.7 —2017 第 6 章的内容。从示例中可看出这两个标准的结构高度一致。其中相似的条款 6.1.1 的相似度非常高，然而 6.1.2 的相似度却降低了。可见两个标准之间的表述还需进一步提高一致性。

【示例 7-2】

6 标准名称
…………
6.1.1 规程标准的名称应包含词语“规程”，以表明标准的类型。通常，词语“规程”应置于标准名称的补充元素中。在编写标准的某个部分的名称时，词语“规程”可置于主体元素中。
6.1.2 规程标准的标准名称的英文译名中对应的词语“规程”应译为“code of practce”。

（选自 GB/T 20001.6—2017《标准编写规则 第 6 部分：规程标准》）

6 标准名称
…………
6.1.1 指南标准的名称应包含词语“指南”，以表明标准的类型。通常，词语“指南”应置于标准名称的补充元素中。在编写标准的某个部分的名称时，词语“指南”可置于主体元素中。
6.1.2 指南标准的英文译名中对应的汉语“指南”应译为“guidance”“guidelines”。

（选自 GB/T 20001.7—2017《标准编写规则 第 7 部分：指南标准》）

从示例 7-3 可看出 GB/T 1.1—2020 的三个条中表述相似内容的高度一致性。

【示例 7-3】

> 8.6 规范性引用文件
>
> 8.6.1 界定和构成
>
> 规范性引用文件这一要素用来列出文件中规范性引用的文件，由引导语和标准清单构成。该要素应设置为标准的第 2 章，且不应分条。
>
> …………
>
> 8.7 术语和定义
>
> 8.7.1 界定和构成
>
> 术语和定义这一要素用来界定为理解标准中某些术语所必需的定义，由引导语和术语条目构成。该要素应设置为标准的第 3 章，为了表示概念的分类可以细分为条，每条应给出条标题。
>
> 8.8 符号和缩略语
>
> 8.8.1 界定和构成
>
> 符号和缩略语这一要素用来给出为理解标准所必需的、标准中使用的符号和缩略语的说明或定义，由引导语和带有说明的符号和 / 或缩略语清单构成。如果需要设置符号或缩略语，宜作为标准的第 4 章。如果为了反映技术准则，符号需要以特定次序列出，那么该要素可以细分为条，每条应给出条标题。
>
> …………

（选自 GB/T 1.1—2020《标准化工作导则 第 1 部分：标准化标准的结构和起草规则》）

（三）术语的一致

在每个标准内，同一个概念宜使用同一个术语，避免使用同义词。

术语的一致包含两层含义：首先，在标准中应使用要素“术语和定义”中已经界定的术语。在现行有效的标准中，就出现了有些条款使用了第 3 章界定的术语，但另一些条款又使用了同义词的问题。其次，即使按照规定有些术语未在第 3 章界定，文中的术语也宜保持一致。

例如，在 GB/T 1.1—2020，除严格按照“术语和定义”中界定的含义使用术语外，全文在使用其他词语时也严格遵守“一致性原则”，诸如“引用”针对提及其他标准，“提示”针对提及标准自身，“指明”针对提及标准中附录、图、表等表述形式。

又如，在 GB/T 1.2—2020 中，除按照“术语和定义”中界定的含义使用的“结构调整、技术差异、编辑性改动”等术语外，全文还按照一致性原则使用“等同、修改、非等效”“增加、更改、删除”等词语。

（四）形式的一致

标准形式的一致能够便于对标准内容的理解，查找及使用。形式的一致通常包括以下方面。

1. 条标题：虽然条标题的设置可以根据标准的具体情况进行取合，但是在某一章或条中，其下一个层次中的各条有无标题要一致。

2. 列项或无标题条的主题：标准中的列项或无标题条，可以根据具体情况用黑体字标明主题。如果强调了主题，则某个列项中的每一项，或某条中的每个无标题条都需要强调。

3. 图表标题：虽然标准中的图或表是否有标题是可以选择的，但是全文中有无标题要一致。

二、协调性原则

一致性强调的是一个标准内部的一致，而协调性主要针对标准之间，强调的是与外部的协调，其目的是“为了达到标准的整体协调”。众多标准可以构成一个标准体系，只有标准之间相互协调，才能充分发挥整个系统的功能，获得良好的系统效应。在表述标准内容时，为了达到标准系统的整体协调，在起草标准时需要注意与现行有效的标准之间相互协调。

标准的整体协调是有其范围的：从行业的角度考虑，行业的标准宜保持协调；推而广之从国家的角度考虑，所有的国家标准宜保持协调。为了达到标准系统整体协调的目的，在起草标准时需要考虑以下四个方面。

（一）避免重复和不必要的差异

遵守协调性原则首先要避免标准内容的重复和不必要的差异。因为，重复和不必要的差异往往容易造成不协调。为此，需要采取两项具体措施。第一，将针对一个标准化对象的规定尽可能集中在一个标准中。这样将避免由于相同的规定散落在不同标准中而产生的差异，造成不协调。第二，将通用的内容规定在一个标准中。利用通用化方法，将适用于某领域或标准化对象的内容进行通用化处理，将通用内容或者规定在某个标准的一个部分（通常为通用部分）中，该标准的其他部分则引用通用部分的相关内容；或者将适用更广泛的通用内容编制成单独的标准，以便其他标准引用。这种处理方式避免了每个标准都针对通用内容进行规定而产生的不协调。

（二）起草标准宜符合基础标准和领域内通用标准的有关条款

起草每个标准都遵守基础标准，就使得适用最广泛的标准得到了应用，保证了每个标准都符合标准化的最基本的原则、方法和基础规定，从而就可以达到在较高层面上（国家、行业）各标准之间的协调。

1. 每个标准要符合现有基础标准的有关条款，尤其涉及下列有关内容：标准化原理和方法，标准化术语，量、单位及其符号，符号和缩略语，图形符号，参考文献的标引，技术制图和简图，技术标准编制等。

2. 对于特定技术领域，还需要考虑涉及诸如下列内容的通用标准中的有关条款：极限、配合和表面特征，尺寸公差和测量的不确定度，优先数，统计方法，环境条件和有关试验，电磁兼容，符合性和质量等。

3. 编制标准时除与上述标准协调外，还要注重与同一领域的标准进行协调，尤其是要考虑本领域的通用标准，注意遵守已经发布的标准的规定。

（三）采用国际标准

如果有对应的国际标准，要首先考虑以这些标准为基础起草我国标准：如果对应的国际标准为 ISO 或 IEC 发布的标准，宜尽可能按照 GB/T 1.2 的规定等同或修改采用。采用国际标准能够保证我国标准与国际标准在国际层面上的协调。

（四）采取引用的方式

如果需要使用其他标准中的内容时，采取引用的方式，而不抄录其他标准中需要的内容，这样可以避免由于抄录错误导致的差异，还可以避免由于被抄录标准的修订造成的标准之间的差异和不协调。如果需要使用标准自身其他位置的内容，那么也宜采取提示的方式，让标准使用者遵守或参考标准中的相关内容。

三、易用性原则

任何标准只有最终被应用才能发挥其作用。易用性原则是指在起草标准时需要考虑标准的表述要便于标准的使用。易用性原则主要涉及以下两个方面的内容。

（一）易于直接应用

在起草标准时需要考虑标准中的条款要易于直接使用。为此，需要遵守以下原则。

1. 各类要素要各司其职、各就各位

为了易于直接应用，标准中的各类要素就要各司其职、各就各位，这样才能方便标准使用者，使他们能够在固定位置查找到相应的内容。

首先，标准中的核心技术要素要规定能够决定标准功能类型的技术内容。在核心技术要素中，对于试验标准就要描述试验的步骤以及试验结果的处理方法；对于规范标准就要规定能够被证实的要求以及对应的证实方法等。同时，这些核心技术要素的位置应该相对固定，以便标准使用者能够容易地找到相应的要素。

其次，要紧紧围绕核心技术要素的需要设置其他规范性要素。也就是说，其他规范性要素要在核心技术要素之后确定。例如，标准中的核心技术要素使用的术语需要定义，符号需要解释时，就要设置要素“术语和定义”“符号和缩略语”，并在这些要素中对相应的术语进行定义，对符号和缩略语进行解释。在固定位置设置这些根据核心技术要素衍生出来的其他规范性要素，同样方便了相应内容的查找、检索与使用。

最后，要利用好资料性要素和资料性内容，它们在保证标准易用性方面发挥着重要的作用。在所有要素中，这些要素或内容是最后确定和编写的。资料性要素通常包括：便于查找相关标准的要素（如规范性引用标准、参考文献等），方便标准本身使用的要素（如目次、索引等），或提供标准的技术信息、编制目的，说明标准与其他标准的关系，给出标明标准信息的要素（如引言、前言、封面）等。资料性内容还可能涉及帮助正确使用标准的示例，对标准中规范性内容进行解释或说明的注、脚注等，这些要素或内容虽然都是资料性的，但它们能够帮助标准使用者尽快理解和使用标准，它们的主要功能就是提高标准的易用性。

2. 标准中的条款要便于直接使用

标准条款的表述要清晰明确，易于应用。为此应使用规范的能愿动词，要将要求型条款、指示型条款与其他可选择的条款明确区分出来。

（二）便于被其他标准引用以及被标准自身提示

标准的内容不但要便于直接应用，还要考虑到易于被其他标准、法律法规或规章等标准所引用，或者被标准自身提示。为了标准内容易于引用或提示，编写标准时需要考虑以下三个方面。

第一，单独标准或标准层次的设置。为了便于引用或提示，需要将有关内容设置为单

独的标准，或设置为标准的有编号的层次。如果标准中较多的内容有可能被引用，那么需要考虑将这些内容编制成单独的标准或单独的部分；如果标准中的段有可能被引用或提示那么就要考虑将其设置为条；如果标准中的某些内容拟用于认证，那么宜将它们编为单独的章、条，或单独的标准。

第二，标准具体内容的编号与否以及编号形式。标准中的章、条、术语条目、附录图、表等都设有编号，编号的设置方便了这些内容被其他标准所引用。阿拉伯数字加下脚点的条编号是标准所特有的，它虽然不便于读，但是非常便于引用时指明标准中具体的内容。列项虽然可以编号，也可以使用列项符号，但如果列项中的某些项有可能会被其他标准所引用，那么就要考虑对列项进行编号（包括字母编号和数字编号）。

第三，避免悬置条、悬置段。标准中的“无标题条不应再分条”（因为分条后的原无标题条成为“悬置条”），“章标题或条标题与下一层次条之间不宜设段”（所设的段称为“悬置段”），以免引用这些“悬置条”或“悬置段”时造成指向不明的混乱。

第二节　要素内容的表述

本节将详细介绍如何具体表述条款和附加信息。

一、条款

构成要素的条款有要求、指示、推荐、允许和陈述五种类型，也就是说要素是由五种类型的条款构成的。

（一）条款的表述

各种类型的条款要能够明确地区分，只有这样标准使用者才能识别这些条款，在他声明其产品、过程或服务符合某个标准时，能够清晰地知道他需要满足的要求或执行的指示，并能够将这些要求或指示与其他可选择的条款（如推荐、允许）区分开来。

各种类型的条款通常使用不同的句子语气类型或能愿动词来表述。标准使用者也将通过这些句子语气类型或能愿动词来识别出条款的类型。

1. 要求型条款的表述

要求型条款使用能愿动词“应”或“不应”来表达。例如，GB/T 1.1 中规定“每幅图均应有编号”“无标题条不应再分条”。这里“应”和“不应”都表明了一种要求。如果某个标准中存在没有编号的图，或者某个无标题条又进一步向下分条，则可以判定该标准没有符合 GB/T 1.1 的规定。

2. 指示型条款的表述

指示型条款通常使用祈使句来表达。例如“称取固体试样 0.2 ～ 1.0 g”“在……之前不启动该机械装置”，这种指示是声明符合标准时，标准使用者需要完成的行动步骤，并且不准许有偏差，祈使句通常在试验标准或规程标准中使用，它是对人类的行为或行动步骤的明确指示。

3. 推荐型条款的表述

推荐型条款使用能愿动词“宜”或“不宜”，一方面表达原则性或方向性的指导，另一方面表示具体建议。无论能愿动词是肯定形式还是否定形式，推荐型条款都可以针对结果或者针对过程。

（1）表达原则性或方向性的指导

“宜”和“不宜”在标准中可以表达原则性或方向性的指导。例如，团体开展标准化活动宜向全体成员开放，反映成员需求……，表述的是一种原则性的指导。

（2）表达具体建议

肯定形式“宜”用来表达建议的选择或认为特别适合的行动步骤，无须提及其他的选择或行动步骤。例如“每个表宜有表题”，表示在有表题和无表题两种选择中，特别建议选择有表题，这里无须提及无表题的情况，也不排除无表题这种可能性（这里的“宜”针对的是结果）。又如“测定该溶液的 pH 值宜采用滴定法”，表示采用滴定法这个行动是特别适合的，但并不是所要求的（这里的“宜”针对的是过程）。

否定形式“不宜”用来表达某种选择或行动步骤不是首选的但也不是禁止的。例如“温度不宜高于 25 ℃”，表示在温度高于 25 ℃和低于 25 ℃这两种选择中，高于 25 ℃不是首选的，但也不禁止（这里的“不宜”针对的是结果）。又如“在对样品进行分解时，不宜使用水溶法”，表示使用水溶法这种行动是不赞成的，但也没有禁止这种行动（这里的“宜”针对的是过程）。

4. 允许型条款的表述

允许型条款使用能愿动词“可”或“不必”来表达。例如“在无标题条的首句中可使用黑体字突出关键术语或短语，以便强调各条的主题”，表明为了突出无标题条的主题，标准“允许”将条中的术语或短语标为黑体。又如“每个标准不必都含有标记体系”，表明不是每个标准都要含有标记体系，即标准中允许不包含标记体系这项内容。

5. 陈述型条款的表述

陈述型条款可以使用能愿动词或陈述句来表述。

（1）能愿动词

使用能愿动词“能”或“不能”，“表示需要去做或完成指定事项的才能、适应性或特性等能力”。例如，“图形符号旋转或水平翻转至其他方向时仍能保持其含义，……”陈述了图形符号传递信息所具有的特性能力。又如“如果在特殊情况下不能避免使用商品名或商标……”这里“不能”陈述了不具有不使用商品名的能力。

使用能愿动词“可能”或“不可能”，“表示预期的或可想到的材料、生理或因果关系导致的可能结果”。例如“在腐蚀性大气条件中使用该连接器可能引起锁定机构的失效”，陈述由于材料的原因可能导致的结果。又如“儿童不可能清楚地看到这些危险”，陈述了可想到的生理原因导致的不可能。

（2）陈述句

在标准中常常通过陈述句来陈述事实。标准中的陈述句的典型用词有“是”“为”“由”“给出”等。例如“章是标准层次划分的基本单元”“参考线为 90.0 mm”“标准名称由尽可能短的几种元素组成”“封面这一要素用来给出标明标准的信息”，这些陈述句都是陈述某种事实，以便于相互理解。

（二）条款表述所用的句子语气类型和能愿动词

五种类型的条款是通过句子语气类型和能愿动词进行区分与表述的。表 7-1 给出了表述不同类型的条款使用的句子语气类型、能愿动词，表中还列出了能愿动词对应的等效表述。

1. **句子语气类型、能愿动词及其等效表述**

表中列出的能愿动词是标准中不同类型条款的首选表述，也就是说表达条款时应首先使用表中列出的能愿动词，即“应、不应；宜、不宜；可、不必；能、不能；可能、不可能”等，或使用相应的句子语气类型，即“祈使句、陈述句”。只有在特殊的情况下，例如由于条款所处的语境，上、下文的衔接等语言的原因不能或不宜使用首选能愿动词时，才可使用表中列出的能愿动词的等效表述。

表 7-1　各类条款使用的句子语气类型、能愿动词及其等效表述

条款		能愿动词或句子语气类型	在特殊情况下使用的等效表述
要求		应	应该、只准许
		不应	不应该、不准许
指示		祈使句	—
推荐		宜	推荐、建议
		不宜	不推荐、不建议
允许		可	可以、允许
		不必	可以不、无须
陈述	能力	能	能够
		不能	不能够
	可能性	可能	有可能
		不可能	没有可能
	一般性陈述	陈述句，典型用词，是、为、由、给出等	—

2. **能愿动词的使用**

以下给出了使用能愿动词表述各类条款的实例。

（1）要求型条款

每幅图均应有编号；

热水器的加热效率不应低于 92%。

（2）推荐型条款

在家庭某些高风险位置和儿童自由运动的其他地方，建筑结构宜考虑采用非玻璃材料；

设计模板中设计完成的图形符号，符号细节之间的最小间隙不宜小于 2.0 mm。

（3）允许型条款

可将无标题条首句中的关键术语或短语标为黑体，以标明所涉及的主题；

如果允许存在多样化的产品，那么不必对产品的某些特性规定特性值。

（4）陈述型条款——能力

在空载的情况下，机车的速度能达到 200 km/h；

如果在特殊情况下，不能避免使用商品名，则应指明其性质。

（5）陈述型条款——可能性

有限的运动神经控制可能导致儿童失去握持能力和坠落。

3. 句子语气类型的使用

以下给出了使用句子语气类型表述条款的实例。

（1）指示型条款（使用祈使句）

开启记录仪；

将金属环表面附着的试验液体擦拭干净后放在防粘材料上，然后将已按7.1处理好的密封胶试样填满金属环。

（2）陈述型条款（使用陈述句）

标准名称是对标准所覆盖的主题的清晰、简明的描述；

再下方为附录标题；

图的编号由“图”和从1开始的阿拉伯数字组成；

GB/T 15565给出了基本网格、基本图型和基本模型的定义及图形。

4. 等效表述的使用

以下给出了使用能愿动词的等效表述的实例。

（1）要求型条款

变量的符号应该用斜体表示；

只准许对图作一个层次的细分；

“尽可能”“尽量”“考虑”“避免”“慎重”等词语不应该与“应”一起使用表示要求；

不准许将表再细分为分表。

（2）推荐型条款

“尽可能”“尽量”“考虑”等词语不应该与“应”一起使用表示要求，建议与“宜”一起使用表示推荐；

不建议用“安全”和“安全的”作为修饰语，以免传递确实免除了风险的额外信息；

推荐依据公众容易识别的物体、行为动作或二者的组合设计图形符号；不推荐使用与流行式样有关的图形作为符号要素。

请注意：在表述原则性或方向性的指导时，不应使用“宜”“不宜”的等效表述，这些等效表述只用于表达具体建议。

（3）允许型条款

标准分为部分后，每个部分可以单独编制、修订和发布……

允许规范性引用其他正式发布的标准化标准或其他文献，只要经过正在……

被动式对策，个人可以不采取预防措施：主动式对策，需要个人采取某些措施；

该标记中无须再给出产品等级A。

（4）陈述型条款——能力

该标准中所涉及的专利能够按照GB/T 20003.1的要求获得许可声明；

了解儿童能够或不能够实现哪些运动技能有可能成为安全设计和干预措施设计的重要工具。

（5）陈述型条款——可能性

在这种情况下，引用这些悬置段时有可能发生混淆；

对于儿童而言，在没有监护情况下，想要保证烟花燃放的安全性是没有可能的。

（三）能愿动词含义辨析

能愿动词是条款表述使用的专有动词，只有使用前文表 6-1 中给出的能愿动词，才能表达出各种类型的条款。因此，准确理解能愿动词的含义，辨析各个动词之间的区别，才能在标准化标准中准确地表述条款，进而传递要表达的技术规则。

1. 五种能愿动词表述含义的比较

为了对五种能愿动词表述的含义有更深入的了解，以下在同一个句子中使用不同的能愿动词，通过比较更能看清条款类型及其含义的变化：

目次应自动生成：表示一种要求，只有自动生成目次，才认为遵守了标准的要求；

目次宜自动生成：表示一种建议，目次最好自动生成；

目次可自动生成：表示一种允许，目次自动生成是被允许的；

目次能自动生成：陈述一种事实，一种客观的能力，目次能够自动生成；

目次可能自动生成：表达一种可能性，目次有可能被自动生成。

2. 能愿动词之间以及与有关词语含义的辨析

为了更确切地掌握能愿动词及其等效表述，以下对能愿动词、相应的等效表述，以及其他相关用词的含义及相互关系进行辨析。

（1）“应”与“必须”——不要用“必须”强调要求

“必须”规定要求具有某种强制性，它强调的是法定责任。对于推荐性标准，只有在标准使用者声明符合标准化标准后，才要求他“应”怎样去做，或要求标准化对象“应”符合哪些规定，而不是强迫人或物“必须”遵守或符合某些要求。

因此，为了避免将标准化标准的要求与外部的法定责任相混淆，在推荐性标准的条款中不应使用“必须”代替“应”强调要求。换句话说，推荐性标准的条款中就不应出现词语“必须”。

（2）“不应”与“禁止”“不得”——不要用“禁止”“不得”强调要求

与前文相似，“禁止”“不得”也是强制性标准中使用的词语，因此在推荐性标准中，不要使用它们代替“不应”强调要求。也就是说，推荐性标准的条款中不应出现词语“禁止”和“不得”。

（3）“不应”与“不能”——不要用“不能”表述要求

这两个能愿动词表述的条款类型是不同的。“不应”表示的是要求型条款，而“不能”表示的是表述能力的陈述型条款。但在日常交流中“不应”与“不能”常常混用，例如“你不能这样做”往往表示的是“你不应这样做”。反映到标准的编写中，常会出现在需要使用“不应”的条款中，却不经意地使用了“不能”。虽然是一字之差，但条款的性质却发生了改变，由要求型条款变成了陈述型条款。例如：“终结线应排在标准的最后一个要素之后，不能另起一面编排。”这里的“不能”实际上要表述的是“不应”，也就是不准许终结线单独另起一面。但按照能愿动词使用规则，使用“不能”表示客观上实现不了终结线单独另起一面。这显然不正确，因为另起一面客观上不是“不能”，而是标准要求“不应”，即不准许另起一面。所以说，这里的“不能”应改为“不应”，即“终结线应排在标准的最后一个要素之后，不应另起一面编排”。

综上所述，“不能”表示的是陈述型条款，不要用它表述要求。

（4）标准中不应使用词语“不可”

由于以下原因“不可”没有被 GB/T 1.1 确定成条款表述的能愿动词或等效表述。首先，“不可”在字面上是对能愿动词“可”的否定；而“可”是表述允许型条款的能愿动词。其次，“不可”的含义在某些语境下与“不应”几乎等效，而“不应”是表述要求型条款能愿动词“应”的否定。因此，“不可”与“可”和“应”都有着一定的关系，如果标准化标准中使用了“不可”，容易造成要求型条款、允许型条款的混淆。

鉴于此，GB/T 1.1 将“可”的否定形式确定为“不必”“可以不”“无须”，没有包含“不可”，也没有将“不可”作为“不应”的等效表述。总之，标准化标准中不使用词语“不可”。

（5）“应”与“宜”——不要将推荐型条款写成要求型条款

在以国际标准化标准为基础起草国家标准化标准时，经常出现将推荐型条款误写成要求型条款。在国际标准化标准中，使用助动词“should”代表推荐型条款，在形成国家标准化标准过程中，应将其译为能愿动词“宜”，但却经常被译为“应”，这导致将推荐型条款写成了要求型条款。造成这一问题有两个方面的原因：一是没有意识到“should”和“shall”的不同，不了解国际标准化标准中助动词的使用规则，或者不了解国际标准化标准中的助动词与我国标准化标准中的能愿动词的对应关系；二是觉得使用“宜”不如使用“应”读起来顺畅。若不是经过了认真分析后特意要将“宜”（should）改为“应”，而是不经意地将“should”误译成“应”，一字之差使推荐型条款改成了要求型条款，导致了国家标准化标准与国际标准化标准之间存在技术性差异。

因此，在起草我国标准化标准时要留意不要由于将“宜”写成了“应”，而误将推荐型条款改成了要求型条款。

（6）“宜”与“可”——注意区分其中“意愿”上的差异

标准中的条款无论使用“宜”，还是使用“可”，该条款都是一个可选择的条款。那么，“宜”和“可”有什么区别呢？使用能愿动词“宜”的条款是推荐型条款；使用“可”的条款是允许型条款。使用“宜”与“可”除了表示条款的类型不同外，往往还代表着标准编制方的意愿不同。

使用“宜”往往表示虽然出于某种客观原因，标准中不能要求标准使用者严格遵守标准中的规定，只能以推荐的方式来表述，然而标准编制方实际上非常希望标准使用者按照标准中“宜”所推荐的去做。而使用“可”有时却表示标准编制方主观上并不想让标准使用者去做标准中允许的内容，但是由于种种原因又不得不允许标准使用者这么做。由于标准编制方可能并不希望使用者去做“可”所允许的事项，所以标准中使用“可”的同时，往往会附加其他条件。例如，“只有能够接受所引用内容将来的所有变化（尤其是对于规范性引用），并且引用了标准的所有内容，或者未提及被引用标准具体内容的编号，才可不注日期”。这是允许不注日期引用的同时规定的一系列条件的实例。

（7）“可”“能”“可能”——注意区分所代表的条款类型，不要互相替代

“可”“能”“可能”都是条款表述所用的能愿动词。它们分别代表不同类型的条款。

“可”是表述允许型条款所用的能愿动词，表示允许、许可等，如根据需要可在各分项之前使用间隔号或数字编号；

“能”是表述陈述型条款所用的能愿动词，表示材料的、生理的能力、才能，如酒精能溶于水；鸭能游水，鸡不能游水；

“可能”是表述陈述型条款所用的能愿动词，表示物质、生理或因果关系导致的“可能性”，如大暴雨可能引发泥石流。

请注意：“可”的等效表述为“可以”，不是可能；“能”的等效表述为“能够”，也不是“可能”。

综上所述，这三个能愿动词都有各自的含义，是不准许互相替代的。其对应的等效表述用词也不应混用。

二、附加信息

顾名思义，附加信息是附属于标准中的条款的信息，仅对理解或使用标准起辅助作用。附加信息要表述成没有这类信息标准仍是可用的，也就是说删除了附加信息标准的可用性应该不受影响。由于附加信息的存在是辅助标准的理解或使用的，删除附加信息会影响标准的易用性。

附加信息通常由对事实的陈述组成，不应包含要求或指示型条款，也不应包含推荐或允许型条款。附加信息及其表述见表 7-2。

表 7-2 附加信息及其表述

附加信息	表述
示例 / 例如 注、条文脚注 清单 / 列表 事实 / 信息陈述	应表述为事实的陈述，不应包含要求、指示、推荐或允许型条款 典型句子语气类型：陈述句 典型用词：见

（一）示例或例如

示例或例如均属于附加信息，通常存在于规范性要素中。在标准中它们通过给出具体的例子来进一步说明标准中的内容，以便帮助标准使用者更好地理解或使用标准。

1. 示例

（1）示例不应包含对标准应用必不可少的内容

示例是附加信息，不应包含对标准应用必不可少的内容，也就是说，不应将需要作为条款规定的内容，在示例中给出或者以示例的形式出现。因此，示例不应包含表述要求、推荐、允许型条款所使用的能愿动词及其等效表述，也不应使用祈使句。然而，如果示例是为了提供与表述要求、指示、推荐或允许型条款有关的例子，包含了相关的能愿动词是被允许的。

示例 7-4 不正确的例子中，如果删除了“示例 2”的内容，标准就无法使用。这种表述方法使示例成为应用标准“必不可少”的内容，只有通过示例才能了解或使用所规定的内容。因此，这种情况下应作相应的调整，不应将相关内容作为示例处理（见示例 7-4 中正确的例子）。

【示例 7-4】

> 不正确：
>
> 如果适用某标准的产品目前只有一种，那么在该标准中可以给出该产品的商品名或商标，但应附上示例 2 所示的脚注。
>
> 示例 2：
>
> “X）……[产品的商品名或商标]……是由……[供应商]……提供的产品的 [商品名或商标]。给出这一信息是为了方便本标准的使用者，并不表示对该产品的认可。如果其他产品具有相同的效果，那么可使用这些等效产品。”
>
> 正确：
>
> 如果适用某标准的产品目前只有一种，那么在该标准中可以给出该产品的商品名或商标，但应附上如下脚注：
>
> “X）……[产品的商品名或商标]……是由……[供应商]……提供的产品的 [商品名或商标]。给出这一信息是为了方便本标准的使用者，并不表示对该产品的认可。如果其他产品具有相同的效果，那么可使用这些等效产品。”

（2）示例编号及位置

示例是相对正式的一种举例。因此，在每个章（未分条）、条或术语条目中：只有一个示例，需要在示例的具体内容之前标明“示例：”；如果有多个示例，宜标明示例编号，在同一章（未分条）、条或术语条目中示例编号均从“示例 1”开始，即“示例 1：”“示例 2：”等。

由于示例是通过给出具体例子的特定形式，对标准中涉及技术内容的条款的进一步说明，并且是附加信息，通常在条文中无须提及；因此示例宜置于规定相应技术内容的章（未分条）、条或术语条目之下，以便清楚地表明示例和条文的关系。在同一章（未分条）或条中，不同的示例通常在涉及的段后给出，如果给出的示例连续呈现，应该给出示例编号，以便需要时提及（见示例 7-5）。

【示例 7-5】

> 5.3　标题
>
> ……
>
> 5.3.2　××××××××××××××××××××××××××××××××××。
>
> 示例：××××××××××××××××××××××××××××××××。
>
> …………
>
> 6.5　标题
>
> ××。
>
> 示例 1：××××××××××××××××××××××。
>
> ××。
>
> ××××××××××××××××××××××××××××××××××××
>
> 示例 2：
>
> ××××××××××××××××××××××××××××××××××××。
>
> 示例 3：
>
> ××××××××××××××××××××××××××××××××××××。

示例 7-6 给出了示例的表述实例。

【示例 7-6】

4.6.3 自适应功能 电冰箱的运行状态宜能根据用户行为习惯或环境的变化自动调节。 示例 1：在夜间，电冰箱能够自动降低运行噪声，减少对用户的干扰和影响。 示例 2：在晚上未开灯的情况下打开电冰箱，电冰箱内部照明自动降低到适宜的亮度。避免对用户的眼睛产生较强的视觉刺激。

（选自 GB/T 36608.1—2018《家用电器的人类工效学技术要求与测评　第 1 部分：电冰箱）

（3）示例需避免与条款相混淆

如果给出的示例与编排格式有关或者易于与文中的条款相混淆，为了与条款内容明显区分，可将示例内容置于线框内。如示例 7-5 与示例 7-6 在线框内给出的条文编排格式（包括字体和字号）与实际标准一致。

（4）示例不宜单独设章或条

示例是依附标准条款的附加信息，如果没有条款，示例也就无从谈起。因此，不宜将示例单独设置为标准正文的条，更不应设置为章。

如果示例较多或所占篇幅较大，尤其是作为示例的多个图或多个表的情况，宜将相关示例移作资料性附录，“以……示例”作为附录标题。这种情况下，不宜每个示例、作为示例的每个图或每个表均各自编为单独的附录。

2. 例如

“例如”是简单的一种举例方式，它位于章条中，与条款融合在一起。通常在条文中规定相关内容之后，为了便于更好地理解标准中的条款，用“例如”引出简单的例子。通常在内容较少，并且用文字表述的情况下，使用“例如”这种形式简单举例。

【示例 7-7】

某一章或条中，其下一个层次上的各条，有无标题应一致。例如 6.2 的下一层次，如果 6.2.1 给出了标题，6.2.2、6.2.3 等也需要给出标题，或者反之，该层次的条都不给出标题。

（二）注

注的功能为给出旨在帮助理解或使用标准内容的解释、说明等附加信息。注具有本身特定的形式，如果需要，可以在标准中规定相应的内容后给出“注：”这一形式。

注属于附加信息，不应包含表述要求、推荐、允许型条款所使用的能愿动词及其等效表述，也不应使用祈使句。也就是说需要在标准中规定的内容，不应使用“注”这一形式。

示例 7-8 中，第一个注包含了“应”；第二个注使用了祈使句；第三个注包含了“宜”；第四个注包含了“可”，这些都是“注”的不正确的表述。

【示例 7-8】

注的不正确表述：

注：对于额定洗涤容量大于额定脱水容量的双桶洗衣机，洗涤、漂洗后应分别进行两次脱水，每次脱水应使用标准洗涤物的 50%，每次运行 5 min。

注：或者，在……载荷下测试……

注：服务提供者宜慎重考虑在进一步使用评估结果时，是否将评估结果的使用条款与细节告知被评估者。

注：滴头、滴水元件“常数”可按公式（4）计算。

示例 7-9 给出了如何正确表述“注”的例子。

【示例 7-9】

不正确：

注：理想的冲击试验应在恒定的冲击速度下进行。

正确：

注：恒定的冲击速度是获得冲击试验理想结果的保证。

注可以存在于规范性要素或资料性要素中。按照在标准中所处的位置，可以将注分为以下几种形式：条文中的注、术语条目中的注、图中的注或表中的注。

1. 条文中的注

条文中的注通常是对标准中某一章、某一条或某一段中的内容做注释。由于条文中的注给出的是附加信息，通常在文中无须提及；因此最好置于涉及的章、条或段的下方，以便清楚地表明注与条文之间的关系。

每个章、条中只有一个注时，在注的第一行文字前标明“注：”。同一章（未分条）或条中有多个注时，应标明注编号，每个章（未分条）或条中的注编号均从“注 1”开始，即“注 1：”“注 2：”等。

注在条文中的位置及编号见示例 7-10。

【示例 7-10】

6.1.1　标题

××。

注：×××。

6.1.2　标题

××。

注 1：××××××××××××××××××××××××××。

××。

> 注 2：××。
> 6.2 标题
> ××。
> 注 1：××。
> 注 2：××××××××××××××××××××××××××。

示例 7-11 和示例 7-12 给出了条文中的注的表述实例。

【示例 7-11】

> B.3 生产
> B.3.1 产品中的原材料和物质成分，转化和填料
> 原材料的来源、加工、转化和填料操作应适用于包装产品并且在生产过程中能够控制，任何的变化或偏差不应影响循环再生处理的适应性。
> B.3.2 加工过程变化的控制
> 设计阶段选择的材料，在循环再生技术方面没有出现过问题，加工过程中不应改变，不因此影响再生处理的适应性。
> 注：本条款同样适用于其他成分的选择，如黏合剂、印刷油墨、涂料、标签、封闭器或其他辅助材料。

（选自 GB/T 16716.5—2010《包装与包装废弃物　第 5 部分：材料循环再生》）

【示例 7-12】

> 2.1 包装 package
> 为在流通过程中保护产品、方便储运、促进销售，按一定技术方法而采用的容器、材料及辅助物等的总称。
> 注：改写 GB/T 4122.1—2008，定义 2.1。

（选自 GB/T 33255—2016《包装印刷产品分类》）

2. 术语条目中的注

术语条目的注应置于示例（如果有）之后。

3. 图中的注或表中的注

每幅图或每张表中：只有一个注时，在注的第一行内容之前应标明“注：”；有多个注时，应标明注编号，同一幅图或同一张表中注编号均从“注 1：”开始，即“注 1：”“注 2：”等。

本章第五节“一”中的（三）介绍了图中的注的设置位置，其中的示例 7-54 至示例 7-55 给出了图中的注的设置位置并给出了编写实例。

本章第五节“二”中的（三）介绍了表中的注的设置位置，其中的示例 7-67 至示例 7-68 给出了表中的注的设置位置并给出了编写实例。

（三）脚注

除术语条目外，脚注可出现在标准条文中的任何位置。根据所处的位置，标准中的脚注可分为条文脚注和图表脚注。

1. 条文脚注

条文脚注可以针对规范性要素或者资料性要素中的内容进行注释。条文脚注与注不同，其功能为针对标准条文中的某个词、句子数字或符号等给出解释、说明等附加信息。条文脚注中不应包含表述要求、推荐、允许型条款所使用的能愿动词及其等效表述，也不应使用祈使句。

在标准中宜尽可能少用条文脚注。不应该通过脚注提供本来应该在正文中表述的内容，更不应该通过脚注强调某些事项。

示例 7-13 给出了在脚注中不正确使用“应”的实例，应将该脚注改为说明性的陈述，如“‘XXX’为相应技术委员会的编号”。

【示例 7-13】

> 4.4.2 国家标准英文译本的前言中除保留国家标准的内容外，还应在前言的第一段增加声明，声明内容为：SAC/TC ×××1) is in charge of this English translation. In case of any doubt about the contents of English translation, the Chinese orginal shall be considered authoritative.
>
> ————————
>
> 1)“×××”应填写相应的技术委员会编号。

（选自 GB/T 20000.10—2016《标准化工作指南 第 10 部分：国家标准的英文译本翻译通则》）

条文脚注应置于相关页面左下方的细实线之下，脚注应从“前言”开始全文连续编号，编号形式为后带半圆括号从 1 开始的阿拉伯数字，即 1)、2)、3) 等。在条文中需注释的文字，符号之后应插入与脚注编号相同的上标形式的数字 1)、2)、3) 等标明脚注。特殊情况下，例如为了避免与上标数字混淆，可用一个或多个星号，即 *、**、*** 代替条文脚注的数字编号。

示例 7-14 给出了用脚注提供附加信息的例子。

【示例 7-14】

> 6.4 分类、标记和编码
>
> 6.4.1 ……
>
> 6.4.2 根据具体情况，该要素可并入技术要求，或编制为标准的一个部分，也可编制为单独的标准①。
>
> ————————
>
> ①如果编制为标准的一个部分或单独的标准，那么形成的标准属于“分类标准”，不属于产品标准。

（选自 GB/T 20001.10—2014《标准编写规则 第 10 部分：产品标准》，做了适当的改动）

2. 图表脚注

图表脚注与条文脚注的编写遵守不同的规则。

（1）编号

与条文脚注的编号不同，图表脚注的编号应使用从“a”开始的上标形式的小写拉丁字母，即[a、b、c]等。在图或表中需注释的位置应插入与图表脚注编号相同的上标形式的小写拉丁字母标明脚注。每个图或表中的脚注应单独编号。

（2）可包含要求型条款

由于图、表本身的特点，有时需要针对图或表中的某些内容规定要求。这时可以赋予图表脚注承担规定要求的这一功能，在图、表中需要规定要求的位置插入标明脚注的上标形式的字母[a、b、c]，然后在脚注中规定要求。

因此，与条文脚注不同，图表脚注除给出附加信息之外，还可包含要求型条款。因此，在编写脚注相关内容时，应使用适当的能愿动词或句子语气类型（见本章第二节中的“一”），以明确区分不同的条款类型。规定了要求的图脚注、表脚注属于规范性内容。

本章第五节“一”中的（三）介绍了在图中图脚注的设置位置，其中的示例 7-54 和示例 7-55 示出了图脚注的设置位置并给出了编写实例。

本章第五节“二”中的（三）介绍了在表中表脚注的设置位置，其中的示例 7-67 和示例 7-69 示出了表脚注的设置位置并给出了编写实例。

（四）清单、列表

清单或列表通常存在于资料性要素中，包括“规范性引用标准”和“参考文献”中的标准清单及信息资源清单。“目次”中的目次列表和“索引”中的索引列表等。清单或列表通过提供相关的检索信息起到便于标准的使用或理解的作用。清单提供检索标准之外的其他标准的信息，而列表提供检索或查找标准本身结构或关键内容的信息。

1. 清单

标准中“清单”的特点是除了给出标准的清单外不包含其他内容，比如规范性引用标准中仅给出标准中引用的规范性标准清单，参考文献中仅给出标准中资料性引用或标准编制过程中参考的标准清单和信息资源清单。

2. 列表

标准中的“列表”并没有明显的表，表格形式是隐含的，但具有表格的功能。在索引中，通过提供主题词列表，帮助标准使用者在标准中快速检索需要的内容。在目次中，通过提供标准的章、条、图、表的标题列表，帮助标准使用者快速了解标准的结构，检索标准的内容。

列表中的每一行都包含多项相互关联的内容：索引列表，关键词及对应的章、条、图、表编号；目次列表，章、条、图、表编号和标题对应的页码。

（五）事实、信息的陈述

标准化标准的资料性要素“前言”，附加信息示例、注、脚注，只准许表述为事实的陈述，不应包括表述要求、推荐、允许型条款所使用的能愿动词及其等效表述，也不应使用祈使句。

根据在标准中所起的作用，图、表、附录可以是资料性的，这种情况下相应的图表、附录也应表述为事实、信息的陈述。

三、通用内容

表述标准内容时，常常会遇到在某一章中的许多条中，或在某一条的许多分条中都需要涉及某些相近、相似甚至一样的规定，我们称这些共同需要的内容为通用内容。

通用内容不宜分散在标准的各处，而应相对集中表述。标准中某章 / 条的通用内容宜作为该章 / 条中最前面的一条。根据具体的内容，可用“通用要求”“通则”“概述”作为条标题。

通用要求用来规定某章 / 条中涉及多条的要求，均应使用要求型条款。通则用来规定与某章 / 条的共性内容相关的或涉及多条的内容，使用的条款中应至少包含要求型条款，还可包含其他类型的条款，如推荐型条款。从概述的名称可看出，它是用来给出与某章 / 条内容有关的陈述性或说明性的内容，应使用陈述型条款，不应包含要求、指示或推荐型条款。标准化标准中，除非确有必要通常不设置“概述”。

示例 7-15 和示例 7-16 给出了在某条标准的第 1 分条中设置“通则”或“通用要求”的实例。

【示例 7-15】

5　设计
…………
5.2　主图
5.2.1　通则
5.2.2　颜色
5.2.3　底图
5.2.4　公共设施位置信息
5.2.5　毗邻街区的导向信息
5.2.6　观察者位置
…………

（选自 GB/T 20501.4—2018《公共信息导向系统导向要素的设计原则与要求　第 4 部分：街区导向图》）

【示例 7-16】

5　技术要求
…………
5.5　耐环境适应性能
5.5.1　通用要求
5.5.2　太阳电池耐 UV 紫外辐射性能
5.5.3　太阳电池耐盐雾腐蚀性能
5.5.4　太阳电池耐风沙性能
5.5.5　太阳电池耐机械震动性能
…………

（选自 GB/T 24716—2009《公路沿线设施太阳能供电系统通用技术规范》，做了适当改动）

第三节　条文

条文是标准最主要的最基本的表述形式，也是引出其他表述形式（如图、表）的源头。条文的表述是否准确和严谨直接关系到标准的内容能否表达标准起草者的真实意思，直接关系到标准使用者是否能准确理解标准内容，不产生歧义。

一、汉字和标点符号

标准中条文的表述需要使用规范汉字和标点符号，这是所有标准形式都需要遵守的准则，标准更应该为此作出典范。

（一）规范汉字

一般应用领域的汉字使用以《通用规范汉字表》为准，标准编写使用的汉字同样应符合《通用规范汉字表》的规定，避免使用繁体字和异型字。《通用规范汉字表》共收字8105个，分为三级字表。一级字表为常用字集，收字3500个，主要满足基础教育和文化普及的基本用字需要。二级字表收字3000个，使用度仅次于一级字。一二级字表合计6500字，主要满足出版印刷辞书编纂和信息处理等方面的一般用字需要。能够入选一二级字表的汉字，是根据其使用频率来确定的。三级字表收字1605个，是姓氏、人名、地名、科学技术术语和中小学语文教材文言文用字中未进入一二级字表的较通用的字，主要满足信息化时代与大众生活密切相关的专门领域的用字需要。

（二）标点符号的使用

标准编制使用标点符号应符合GB/T 15834《标点符号用法》。GB/T 15834规定了现代汉语各个标点符号的定义、形式和用法，以及标点符号的位置和书写形式。该标准对汉语书写规范有重要的作用，适用于汉语书面语。该标准规定了句号、逗号等17个标点符号的定义、形式和用法，同时，规定了标点符号的位置和书写形式。该标准还给出了标点符号用法的补充规则，主要说明标点符号应怎样使用和不应怎样使用的规则，以解决目前使用混乱或争议较大的问题。该标准对区分功能有交叉的标点符号的用法给出了指导。

标准中以下几个常用符号的特定用法需要标准起草者关注：

——冒号“：”，是句内点号的一种，表示语段中提示下文或总结上文的停顿。在列项引导语中用于总说性或提示性词语之后，例如，“湍流矢量风速的三个分量及其定义为：”，表示提示下文，句子没有结束，所以用冒号引出下文每一个分句项，用最后一个分句完成整句的陈述。

——分号“；”，是句内点号的一种，表示复句内部并列关系分句之间的停顿，以及非并列关系的多重复句中第一层次分句之间的停顿。在列项中用于引导语以冒号引出下文的情况。每个列项为并列关系或递进关系的分句，所以用分号停顿，直到最后一个分句结束整句，用句号结尾。

——句号“。”，是句末点号的一种，主要表示句子的陈述语气。在列项中用于一句完整引导语的句末，例如，“在开始起升操作之前，应进行以下检查。”而引出的每一个列项是另起一句，所以每个列项的句末应以句号结尾。

——引号“”，是标号的一种，标示语段中直接引用的内容或需要特别指出的成分。同时列举两个以上所引内容之间不用顿号，例如，对于适用于一类或多种产品的规范标准，标准名称中应包含“通用”“总”等限定词。

——分隔号“/”，是标号的一种，在标准中的主要用法是用于分隔供选择或可转换的两项，表示“或”，如 A/B 表示 A 或 B；“A 和 / 或 B”表示“A 和 B，或者 A 或 B”。例如，零部件 / 元器件标准，总体原则和 / 或总体要求，应通过计算和 / 或试验来验证设计的合理性。

二、常用措辞的使用

标准中条款的表述需要准确清晰，保证标准使用者正确理解标准起草者表达的真实意思，避免含糊其词、语法错误和逻辑混乱。

（一）要求型条款常用措辞的使用

为了使标准中意思表述得更加准确，特别是规范性要素的内容表述得更加准确，对于要求型条款使用的措辞做了更明确的表述。针对产品、过程或服务特性要达到要求，使用措辞“符合”，例如，对车辆牵引座高度分级提出要求，见示例 7-17。针对人员或组织的行为要达到要求，使用措辞“遵守”，例如对起重机司机安全操作提要求，见示例 7-18。

【示例 7-17】

3.4 高度

牵引座高度的分级应符合表 1 的规定。

表 1　牵引座高度分级要求

单位：mm

牵引座	等级 1	等级 2	等级 3	等级 4	等级 5	等级 6
高度范围	140 ～ 159	160 ～ 179	180 ～ 199	200 ～ 219	220 ～ 239	240 ～ 260

（选自 GB/T 13880—2007《道路车辆　牵引座互换性》）

【示例 7-18】

5.3　起重机司机

5.3.1　安全操作

起重机司机应遵守制造商说明书和安全工作制度（见 4.1），负责起重机的安全操作。在任何时候都应只服从吊装工或指挥人员发出的可明显识别的信号（见 6.2），接到停止的信号除外。

（选自 GB/T 23723.1—2009《起重机安全使用　第 1 部分：总则》，做了适当改动）

（二）与能愿动词匹配措辞的使用

日常口语或书面语言习惯中一些不严谨的措辞应被标准编写者重视。其中，与能愿动词搭配的措辞用得不规范则会给标准使用者造成误解和困惑，甚至误用标准。作为标准编写者正确使用与能愿动词搭配的措辞至关重要。

“尽可能”“尽量”表达的是努力的方向，并没有要求一定要做到，如果与“应”搭配在一起——“应尽可能”，就会产生意思上的冲突，因为“应”表达的是要做到的事项。如果要表达努力的方向，应该使用“宜”等推荐性条款使用的能愿动词搭配使用——“宜尽可能”。如果要表达要求，不应使用“尽可能”“尽量”这样的措辞。

“通常”“一般”“原则上”等这些措辞的指向是主要情况，保留了例外情况。能愿动词“应”的指向是明确的，不应该有出入、有例外，如果这些措辞与“应”搭配使用——“通常应”或“原则上应”，就会产生意思上的冲突。因此，不应使用“通常应”或“原则上应”这样的表述。这些措辞可以与“宜”搭配使用，例如“通常宜”“一般宜”等，表示建议，也可以用于陈述主要情况。

“考虑”“优先考虑”“充分考虑”“避免”“慎重”是存在于人头脑中的意识，无法证实，而“应”的指向是明确的，是要能证实的，因此，这些措辞不应该与“应”等要求型条款使用的能愿动词搭配使用。这些措辞可以与“宜”搭配使用，例如“宜考虑”等；用“不宜”代替“避免”，表示建议。

有时候标准编写者使用“应尽可能”是由于还没有掌握提出要求的前置条件，即不清楚什么条件应该做到“应”，什么条件下做不到“应”，由此带来了含混矛盾的表述。如果标准编写者能明确提要求的前置条件，就可以先陈述条件，再提要求。可使用如下措辞，“……（情况/条件下）应……”“只有/仅在……时，才应……”“根据……（情况/条件），应……”“除非……（情况/条件），不应……”例如，“在飞机处于顶起前最大高度状态下，该棱台的高度应足以达到飞机的千斤顶垫”。“当内燃机车辆采用某一特殊传动类型时，由于传动系统中机械/液压的黏性力，车辆无法在被支起时进行测试。在这种情况下，测试应按以下的方法进行：车轮着地，并且对车辆施加约束，防止车辆产生较大的位移。当使用这种方法时，车辆在测试中不应移动。”

三、全称、简称和缩略语

全称和简称是指中文之间的省略关系。缩略语是指外文中相对于完整形式的缩写形式。以下内容主要介绍全称、简称和缩略语在标准中的使用规则，以及缩略语的表达形式。

（一）全称和简称的用法

当一个词组的字数超过三个，使用时就会感觉冗长，往往有使用简称的需求。给出简称要采取主动原则。对于有使用简称需求的词组，主动提出统一的简称供大家使用，是一种明智的做法。例如，词组“无人驾驶飞机”简称“无人机”。这样可以避免不同的使用者自行缩略，出现不同的简称。例如，“邮政编码”有人简称“邮编”，有人简称为“邮码”，造成不统一。通常在术语标准中将某概念的广泛适用的简称作为指称该概念的许用术语或首选术语。

如果针对标准中较长的需要重复使用的词语或短语给出简称，那么在正文第一次使用该词语或短语时，应在该词语或短语后的圆括号中给出简称，以后则应使用简称。这种情况常常在范围一章中出现，如“本标准规定了标志用公共信息图形符号（以下简称‘图形符号’）”。请注意，这种给出简称的方式通常仅限于在该标准中使用，并不是相关领域中固定的简称。换句话说，这种简称只是在该标准中临时使用，不是相关领域中的固定用法，因此，不应作为术语编入该标准“术语和定义”一章中。

对于组织机构的全称和简称，应使用该机构正在使用的全称和简称（或原文缩写）。不应按任何简化规则或其他方法自行简化形成简称。标准中使用组织机构名称时，一般选择使用全称。国际或国外的组织机构，如果需要使用外文缩写形式，则首次使用时应使用组织机构的中文全称，在其后的圆括号中给出外文缩写，如美国石油学会（API）。

标准中使用组织机构的全称还是简称、使用中文名称还是外文缩写，取决于该机构的全称、简称或外文缩写的使用频度，哪一种使用频度高则使用哪一种形式。例如，中文名称“国际标准化组织”，外文缩写“ISO”，在标准化领域中，通常使用“ISO”。一旦使用简称或外文缩写形式则应符合上文给出的表述形式。

（二）缩略语的用法

在我国标准中，缩略语专指由外文词组构成的短语的缩写形式，即缩略语主要由拉丁字母组成。缩略语的使用宜慎重，只有在不引起混淆的情况下，且在标准中随后需要多次使用时，才应规定并使用缩略语。

如果全文中需要使用的缩略语较多时，宜归集在一起列于“符号和缩略语”一章的缩略语清单中说明，先让标准使用者对标准中的所有缩略语有全面了解。如果在标准中未给出缩略语清单，但需要使用拉丁字母的缩略语，那么在正文中第一次使用时，应给出缩略语对应的中文词语或解释，并将缩略语置于其后的圆括号中，以后则使用缩略语，见示例 7-19。

【示例 7-19】

4　焊接工艺规程（WPS）的技术内容
4.1　一般原则
WPS 应该包含执行焊接操作的必要信息。WPS 的内容见 4.2 ～ 4.4，具体应用时，可以根据实际情况做增减处理。
WPS 格式的示例见附录 A。
4.2　有关制造商的内容
制造商的内容如下：
制造商名称；
WPS 名称及编号；
焊接工艺评定报告（或其他所需标准）的编号。

（选自 GB/T 19867.2—2008《气焊焊接工艺规程》，做了适当改动）

缩略语宜由大写拉丁字母组成，每个字母后面没有下脚点（如 DNA）。由于历史或技术原因，部分情况下约定俗成的缩略语可使用不同的方式书写（如 a.c.）。

四、数和数值的表示

数和数值的表示是量化指标的基本表达。“数”是一个用作计数、标记的抽象概念，是比较同质或同属性事物的等级的简单符号记录形式。在日常生活中，数通常出现在标记（如公路、电话和门牌号码）、序列的指标（序列号）和代码（如 ISBN）上。“数值”与量相关，不应孤立存在，是用数表示的一个量的多少，例如，长度是 80 米，其中的“80”不是简单抽象的数，而是有含义（这里指长度）的数值。

（一）数的表示

数字的用法应遵守 GB/T 15835《出版物上数字用法》。在使用数字计量和编号的场合，为达到醒目、易于辨识的效果，应采用阿拉伯数字。如果表示计数或编号所需用到的数字个数不多，建议不超过 10，可以选择使用汉字数字，如七、八等。表示物理量则不管数字个数多与不多，都应使用阿拉伯数字及物理量单位。

任何数均应从小数点符号起，向左或向右每三位数字为一组，组间空四分之一个汉字的间隙，但表示年份号的四位数除外。例如，23 456、2 345、2.345、2.345 6、2.345 67，年份号则为 2019 年。

运算符号——乘号（×）应该用于表示以小数形式写作的数和数值的乘积、向量积和笛卡儿积，见示例 7-20 和示例 7-21。运算符号——乘号（·）应该用于表示向量的无向积和类似的情况，还可用于表示标量的乘积以及组合单位，见示例 7-22 和示例 7-23。在一些情况下，乘号可以省略，见示例 7-24。

【示例 7-20】$I=2.5*10^3$ m

【示例 7-21】$\overrightarrow{I_G}=\overrightarrow{I_1}\times\overrightarrow{I_2}$

【示例 7-22】$U=R\cdot I$

【示例 7-23】$rad\cdot \mathrm{m}^2/\mathrm{kg}$

【示例 7-24】4*c*-5*d*，6*ab*，7（*a*+*b*），3ln2

（二）物理量的数值表示

物理量为用于定量地描述物理现象的量，即科学技术领域里使用的表示长度、质量、时间、电流、热力学温度、物质的量和发光强度的量。

物理量按照正规的表达方式可以写成：

$$A=\{A\}\cdot[A]$$

式中：A——某个物理量的符号；

$\{A\}$——以单位 $[A]$ 表示的该物理量 A 的数值；

$[A]$——该物理量的某个单位的符号。

物理量的符号及其单位符号的规定见下文的“七”。

如果将某一个物理量用另一个单位表示，而此单位等于原来单位的 k 倍，则新的数值等于原来数值的 $1/k$ 倍。因此，物理量 A 的数值 $\{A\}$ 与选取的单位 $[A]$ 有关。

诸如 v/（km/h）、l/m、和 t/s 或 v/（km/h）、l/m 和 t/s 之类的数值表示法适用于图的坐标轴和表的表头栏中。

五、尺寸和公差

尺寸是表达的技术指标中使用最多的物理量，同时由于要解决产品互换性和兼容性的问题，需要在不同规定用途中的尺寸有比较合适的准确度，即有公差要求，保证产品的适用。

（一）尺寸表示方法

尺寸应以无歧义的方式表示。尺寸的表示应包括“数值和单位”。尺寸是一个物理量，所以每个尺寸的“量”都应该包含“数值和单位”，见示例 7-25。特别注意在几个尺寸相乘或相加时，每个尺寸的单位不应省略，省略单位是错误的，同样数值与单位脱离也是错误的，见示例 7-26。

【示例 7-25】80 mm

【示例 7-26】80 mm×25 mm×50 mm（不可写成 80×25×50 mm）

平面角宜用单位度（°）表示，例如，写作 17.25°。

（二）公差表示方法

公差应使用以下通用规范的表示方法，避免产生歧义。

1. 和差或角标形式表示的公差

公差应以无歧义的方式表示，通常使用带有公差的值或公差的范围值。

公差可以采取和差形式或角标形式表示。如果所表示的量为量的和差形式，则应将数值用括号括起来，将共同的单位符号置于全部数值之后，见示例 7-27。

【示例 7-27】t=28.4℃ ±0.2℃ =（28.4±0.2）℃（不写成 28.4±0.2℃）

如果所表示的量为量的角标形式，当量的中心值和公差值的单位一致时，可将共同的单位符号置于全部数值之后，见示例 7-28。

【示例 7-28】80_{0}^{+2}mm（不写作 80_{-0}^{+2}mm，因为“0”不分正负）

当量的中心值和公差值的单位不一致时，可将不同的单位符号分别置于相应数值之后，见示例 7-29。

【示例 7-29】80mm$_{-25}^{+50}$μm

在没有固定中心值的情况下，公差还可以用数值范围表示，见示例 7-30 和示例 7-31。

【示例 7-30】10 kPa ～ 12 kPa（不写作 10 ～ 12 kPa）

【示例 7-31】0 ℃～ 10 ℃（不写作 0 ～ 10 ℃）

2. 百分号表示的公差

为了避免误解，百分率的公差应以正确的数学形式表示，见示例 7-32。

【示例 7-32】用“63% ～ 67%”表示范围。

用百分号表示的公差，应特别注意区别绝对误差还是相对误差，以免发生误解，见示例 7-33 和示例 7-34。

【示例 7-33】用“（65±2）%”表示具有中心值的绝对误差。不写作“65±2%”，也不写作“65%±2%”，容易误解为相对误差。

【示例 7-34】用“65%，具有 ±2% 的相对误差”表示相对误差。

（三）物理量的范围与物理量的公差

符号“～”一般表示物理量量值的范围，有时也可表示没有固定中心值的公差的范围，呈现为比较窄的一个量值的范围。所以在看到符号“～”时要注意区别所呈现的量值范围是物理量的范围还是物理量的公差范围，这在引出量值范围的文字中会有表述。从概念上讲两者是不样的，不应混淆。

“+”“－”“±”用于表示物理量量值范围的上下限或偏差方向时，应紧接数值，不应留半个汉字空格，例如“摄氏度为 -7 ℃～ 5 ℃”“长度公差为 ±5 m”。

六、数值的选择

根据不同的对象以及表达需求，定量技术指标所呈现的量值形式也有所不同，例如对食品中某种有害微生物的控制要求不得检出或含量不应超过一个量值，那么这个量值就是一个极大值；不同规格杯子的尺寸，就是可选择的不同的固定值。

（一）极限值

对于某些用途有必要规定极限值（最大值、最小值）或量的范围值，见示例 7-35、示例 7-36 和示例 7-37。

【示例 7-35】

5.1.5.3　连接器中可移动端用作紧急切断开关时，应保证在紧急情况下手动将连接器快速断开。连接器的两部分应保证轻易地分开，操作力不应超过 150N。

（选自 GB/T 27544—2011《工业车辆电气要求》，做了适当改动）

【示例 7-36】

9.2　工作面相对于框架的突出部分

大于 400mm×250mm 的平板工作面的侧面和 / 或端面均应超过框架，突出部分应不小于 25mm，突出部分底面应适当地平整以便安装夹具。

（选自 GB/T 22095—2008《铸铁平板》）

【示例 7-37】

5.1.3.2　蓄电池连接器工作电压应与蓄电池工作电压一致，并根据使用需要选择，且应对蓄电池电解液和酸雾有抗腐蚀性。连接器的使用温度范围至少应达到 -20℃～ 90℃。

（选自 GB/T 27544—2011《工业车辆 电气要求》，做了适当改动）

通常一个特性规定一个极限值，但有多个广泛使用的类别或等级时，则需要规定多个量的范围值，见示例 7-38。

【示例 7-38】

5.2　眼镜类的透射比要求见下表。

眼镜类的透射比要求

分类	可见光谱区	紫外光谱区	紫外光谱区
	τ_v（380~780）nm	τ_{SUVA}（315~380）nm	τ_{SUVB}（280~315）nm
UV-1	＞ 80%	≤ 1%	≤ 1%
UV-2	＞ 80%	1% ＜ T SUVA ≤ 10%	≤ 1%
UV-3	＞ 80%	10% ＜ T SUVA ≤ 30%	≤ 1%

注 1：装成老视镜或近视镜只需满足可见光谱区的透射比要求即可。

注 2：装成镜左片和右片的光透射比相对偏差不超过 15%。

（选自 GB 10810.3—2006《眼镜镜片及相关眼镜产品　第 3 部分：透射比规范及测量方法》，做了适当改动）

（二）选择值

对于某些目的，特别是品种控制和接口的目的，可选择多个数值或数系。适用时，应按照优先数系，或按照模数制或其他决定性因素选择数值或数系。

优先数系是国际上统一的数值分级制度，采用为 GB/T 321（进一步的使用指南见 GB/T 19763 和 GB/T 19764）。优先数系是指由公比分别为 10 的 5、10、20、40、80 次方根，且项值中含有 10 的整数幂的理论等比数列导出的一组近似等比的数列。各数列分别用符号 R5、R10、R20、R40 和 R80 表示，称为 R5 系数、R10 系数、R20 系数、R40 系数和 R80 系数。优先数系有很多优点，例如，工业技术上的各种参数指标，特别是需要分档分级的参数指标，采用优先数系可以防止数值传播的紊乱。在确定产品的参数或参数系列时，如果没有特殊原因需要选用特定数值，那么为满足技术经济上的要求，宜选用优先数，并且按照基本系列 R5、R10、R20 和 R40 的顺序，优先用公比较大的系列。在示例 7-39 中规定了普通螺纹直径及配合螺距，其中表 1 规定的第 1 系列和第 2 系列的直径都分别按照优先数系的基本系列 R10 系数安排。

【示例 7-39】

4　直径与螺距的标准系列

直径与螺距的标准组合系列应符合表 1 的规定。在表内，应选择与直径处于同一行内的螺距。

首先选用第一系列直径，其次选择第二系列直径，最后选择第三系列直径。

表 1　直径与螺距标准组合系列　　单位：毫米

公称直径 D,d			螺距 P										
			粗牙	细牙									
第一系列	第二系列	第三系列		3	2	1.5	1.25	1	0.75	0.5	0.35	0.25	0.2
1			0.25										0.2
1.2	1.1 1.4		0.25 0.25 0.3										0.2 0.2 0.2
1.62 2	1.8		0.35 0.35 0.4									0.25	0.2 0.2
2.53 3	2.2		0.45 0.45 0.5								0.35 0.35	0.25	
4	3.5 4.5		0.6 0.7 0.75							0.5 0.5	0.35		
5 6		5.5	0.8 1						0.75	0.5 0.5			
8	7	9	1 1.25 1.25					1 1	0.75 0.75 0.75				
……	……	……	……	……	……	……	……	……	……	……	……	……	……

（选自 GB/T 193—2003《普通螺纹直径与螺距系列》）

选择优先数系时，宜注意非整数有时可能带来不便或规定了不必要的高精度。这种情况下需要对非整数修约（见 GB/T 19764《优先数和优先数化整值系列的选用指南》）。宜避免在一个标准中同时给出一个参数的精确值和修约值，这样会让标准使用者无所适从。

模数制是指在模数的基础上所制定的一套尺寸协调的标准。例如，建筑模数尺寸中最基本的数值叫基本模数，我国以 100 mm 作为基本模数，以 *M* 表示。因此建筑物的主要尺寸以及各构件的主要尺寸都应该是基本模数的倍数。模数制不仅适用于建筑业，而且也适用于包装物标准化，电器、仪器和成套装置的组装尺寸的标准化，以及机械工业产品的单元尺寸和组合尺寸的协调等方面。

除考虑运用上述数学工具以外，还需要考虑其他一些决定性因素，以满足技术经济要求，而不能机械地运用数学工具。例如，还需要考虑广泛可接受性，如果在实践中已经证明比较适用的品种规格，就尽可能固化在标准中，不必按数学工具重新规划品种规格，造成浪费和混乱。

七、量、单位及其符号

量、单位及其符号有国际通用的表达，即国际单位制，是国际计量大会（CGPM）采纳和推荐的一种一贯单位制。在国际单位制中，将单位分成三类：基本单位、导出单位和辅助单位。各种物理量通过描述自然规律的方程及其定义而彼此相互联系。为了方便起见，国际单位制选取一组相互独立的物理量，作为基本量，其他量则根据基本量和有关方程来表示，称为导出量。

（一）国际单位制

国际单位制是促成各方相互理解的基础，不单是在技术领域，在经济和社会领域，在国内外都是所有沟通交流的基础。根据《中华人民共和国计量法》的规定，我国已把国际单位制作为法定计量单位使用，所以，标准中使用国际单位制是法定要求。

标准中使用的量、单位及其符号应从以下标准化标准中选择并符合这些标准的相关规定：

GB/T 3101《有关量、单位和符号的一般原则》；

GB/T 3102《量和单位》（所有部分）；

GB/T 14559《变化量的符号和单位》；

ISO 80000《量和单位》（所有部分）；

IEC 80000《量和单位》（所有部分）。

注：由于 GB/T 3102 与 ISO 80000 和 IEC 80000 的修订并不同步，因此需要关注国际标准化组织颁布的新的量和单位（包括修订的量和单位）。

国际单位制不应被随意修改，例如，“U_{max}=500V”不应被改为“U=500Vmax”，“质量百分比为 5%”不应被改为“5%（m/m）”，“体积百分比为 7%”不应被改为“7%（V/V）”。

（二）单位符号的英文和中文表示

在英文中，计量单位名称是全拼形式（如 metre），而计量单位符号是缩略形式（如 m）。引入我国后，将计量单位名称翻译成中文的单位名称（如 metre 译成“米”），而计量单位的符号仍然保持原样，用缩略形式的字母表示（如 m）。

根据我国的实际情况，在上述表示方法的基础上，增加了一种计量单位的中文符号（简称“中文符号”），用中文的单位名称的简称表示。中文符号只有必要时才可在小学、初中的教科书和普通报刊文章中使用，不应该用于标准化标准等科技文献。例如，物理量速度的单位名称为“千米每小时”，单位符号为“km/h”，中文符号为“千米 / 小时”。其中，速度的单位名称“千米每小时”可用于标准化标准中的文字叙述；单位符号“km/h”与阿拉伯数字表示的数值结合后可表示物理量速度的量值；中文符号“千米 / 小时”不应在标准化标准中使用。

在分母中不应包含“单位”字样。有些物理量是由物理量相除得到的，这样的量不应在分母中包含“单位”。因为，“单位”一词是不确定的概念（如分别以 km、m、cm、mm 等为“单位”的长度是不相同的）。例如，“线质量”的定义是“质量除以长度”，而不是“每单位长度质量”。因此，线质量的单位名称是“千克每米”，而不是“千克每单位长度”。

（三）混合单位的用法

使用混合单位时（如速度），单位符号和单位名称不应混合使用，例如“km 每小时”“千米 /h”都是错误的表示。用单位名称表示应为“千米每小时”，用符号表示应为“km/h”。

表示带有单位的数值时，不应将汉字数字与单位符号混用，例如“五 m”；不应将阿拉伯数字与单位名称混用，例如“5 米”。用单位名称表示应为“五米”；用单位符号表示应为“5m”。不应将单位符号和其他信息混合使用。例如，应写作“含水量 20 mL/kg”，不应写作“20mL H_2O/kg”，或“20mL 水 /kg”。

（四）单位符号的格式

单位符号应使用正体，量的符号应使用斜体。例如，符号“V”表示单位“伏特”；符号“*U*”表示电压。

数值和单位符号之间应有半个汉字空格，除非单位符号已构成空隙。例如 5 mm，14 A，37 km/h，115 °，27℃，25 K。

当表示范围区间、公差或数学关系时，要确保单位的使用无歧义，例如，写作“10 mm ～ 12 mm”，不写作“10 ～ 12 mm”；写作“0 ℃～ 10 ℃”，不写作“0 ～ 10 ℃”；写作“23℃ ±2℃”或“（23±2）℃”，不写作“23±2 ℃”；写作“（60±3）%”，不写作“60±3%”。

（五）单位符号的缩写形式

单位符号的缩写应使用规范缩写，不使用非规范缩写，例如，写作“s”，不写作“sec”；写作“h”，不写作“hrs”；写作“cm^3”，不写作“cc”；写作“r/ min”，不写作“rpm”。

不应使用“ppm”“pphm”“ppb”之类的缩略语。例如，写作“质量分数为 4.2 μg/g”，或写作“质量分数为 4.2×10^{-6}”，而不写作“质量分数为 4.2ppm”。又如，写作“相对不确定度为 6.7×10^{-12}”，而不写作“相对不确定度为 6.7ppb”。

不应使用缩略语“m”和“b”分别表示“million”和“billion”。而在大数的命名上各国之间存在着差异，例如“billion”在美国、法国表示 10^9，在英国、德国表示 10^{12}。由于这种差异造成了上述缩略语在不同国家有不同的含义，可能会引起混淆。这些缩略语只代表纯数字，所以直接用数字表示将更加清楚。

第四节　引用和提示

引用和提示是指在编写标准化标准的某些内容时，没有将具体内容写出，而是通过某种表述形式使用其他标准或标准自身其他条文中的内容。引用是指“在标准中通过提及其他标准的编号和/或该标准的内容编号的表述形式，使用被提及的标准内容”，从而达到不抄录所需要的内容的目的。提示是指“通过提及本标准其他位置的内容编号的表述形式，使用被提及的其他位置的内容”。

在起草标准时，如果有些需要规定的内容，在现行有效的其他标准中已经包含并且适用，就可以通过引用而使用这些内容；如果需要使用本标准其他位置的内容，就可以采取提示的表述形式。引用或提示就是不抄录所需要的内容，而达到使用相关内容的目的。这样可以避免重复造成的标准间或标准内部的不协调、标准篇幅过大以及抄录错误等。

对于在线引用标准，应提供足以识别和定位来源的信息。为确保可追溯性，宜提供所引用标准的第一手来源。信息应包括访问引用标准的方法和完整的网址，并与来源中给出的标点符号和大小写字母相同。

一、引用和提示的原因

为什么要采取引用或提示的表述形式而不重复抄录所需要的内容呢？这是由于采取这种表述形式可以避免产生以下一些问题。

（一）标准间或标准内部的不协调

标准要素的表述原则之一是“协调性原则”。采取引用的表述形式可以避免由于重复造成的标准之间或标准内部的不协调。

假如经过分析研究确认某标准的现行版本中的内容适用于正在起草的标准，并且认为该标准今后的新版本也适用，也就是可以采取不注日期的引用形式。这时如果不采取引用的表述形式，而是将需要的内容抄录下来，就会出现以下问题：在起草的标准编制完成进入应用的过程中，被抄录的标准有可能被修订，其中被抄录的内容有可能随之修改。由于相关内容已经被抄录到新的标准中，被抄录的内容跟不上原标准最新版本的变化，造成了无法使用最新版本中的内容。这种情况违背了需要使用最新版本的初衷。

可见，抄录极有可能导致同样的内容在不同标准（如都是国家标准）中的规定不相同，造成标准之间的不协调。另外，如果在使用标准自身内容时，采取抄录而不是提示的表述形式，就可能出现文中某些内容在编写标准的过程中被修改了，但文中抄录了这些内容的地方却由于疏忽没有被修改的情况。因此，无论是抄录其他标准的内容，还是抄录标准自身的内容，都会造成不协调的情况，这种问题会给标准使用者造成极大的困惑。

（二）标准篇幅过大

采取抄录的方式，还有可能造成标准的篇幅过大。由于一些需引用的内容，如某些试验方法，需要大量的篇幅才能描述清楚，如果将这些内容全部抄录下来，则会造成正在编制的标准篇幅过大。标准自身内容的抄录同样会造成前后重复、标准篇幅过大的问题。

（三）抄录错误

采取抄录的方式还有可能造成抄录错误。一旦发生这类问题，就会出现同样的内容在两个标准中，或一个标准的不同部位表述不一致的问题。这种情况，一方面违反了一致性原则，造成理解上的疑惑或偏差；另一方面还会违反协调性原则，造成同样的内容，不同标准或同一标准的不同部位的规定不同。因此，要避免由于抄录造成的这种无意间不一致、不协调的问题。

（四）涉及其他专业领域

在起草一个标准时，如果需要引用另一个标准，这个被引用的标准在许多情况下都会涉及其他专业领域。这时采取引用的表述形式就是表明这些被引用的内容是有来源的，不是本标准最初规定的内容。由于涉及了其他专业领域，通常也会由其原编制方对这些标准进行修订。采取引用的表述形式，将有利于使用其他领域最新的标准化成果。

二、提及标准自身或标准中的具体内容

在编写标准时，首先会遇到如何称呼标准自身的问题；其次不管是引用其他标准，还是提示使用标准自身的内容，都会涉及如何提及标准中的具体内容的问题。

（一）标准自身的称谓

在标准中需要称呼标准自身时应使用的表述形式为“本标准……”（包括标准、标准的某个部分、标准化指导性技术标准等）。

在标准中凡是称呼标准自身时，不应称呼标准的功能类型，如不应称呼“本规范”“本规程”“本指南”等。

请注意：GB/T 1.1—2020 规定统一使用“本文件”称呼所有的标准化文件自身，不再使用“本标准”“本指导性技术文件”“GB/T XXXXX 的本部分”“本部分”等称谓。

如果分为部分的标准中的某个部分需要称呼拥有同一个标准顺序号的所有部分时，那么表述形式应为：“GB/T ×××××（所有部分）。”例如 GB/T 10001 分为 9 个部分，在其任何一个部分中称呼所有部分时，使用 GB/T 10001（所有部分）。

（二）提及标准中的具体内容

在两种情况下会涉及提及标准中的具体内容：提示本标准其他位置的内容；引用其他标准中的具体内容。无论是哪种情况，凡是需要提及标准中的具体内容，在表述时都不应提及页码，而应提及标准内容的编号。提及标准中的不同内容有以下几种具体表述形式：

提及章或条：“第 4 章 5.2”“6.5.3.1”“A.1”“C.4.6”；

提及列项：“9.3.3 b)”“4.1 e）中的 3）到 5)”“8.2 列项中的第 5 项”“7.5 d）中的第 2 项”；

提及段：5.3 中的第二段；

提及附录：“附录 C”；

提及图或表：“图 1”“表 2”；

提及数学公式：“公式（3)”“10.1，公式（5)”；

提及示例：“示例 3”“6.6.3 的示例 2”；

提及注：“注 2”“7.3 的注 1”“表 2 的注”。

三、被引用标准的限定条件

所谓“引用标准”，实际上包括两大类：一类是标准，另一类是标准之外的标准。正因为如此，我们使用“标准”这一大的概念，统称为“引用标准”，而不称其为“引用标准”。由此又提出了新的问题，是不是所有标准都能被标准规范性引用，哪类标准可以被引用？以下给出了较明确的答案。

（一）首选被规范性引用的标准

在国家标准、行业标准引用其他标准时，原则上被规范性引用的标准应是国家标准、行业标准或国际标准。

（二）可以被规范性引用的标准

除了上述标准，在标准中允许规范性引用其他正式发布的标准或其他文献。然而，这种引用是有前提的，需要评估这些标准的可接受性和可获得性，解决相应的版权或专利权等问题。因此，需要经过正在编制标准的归口标准化技术委员会或审查会议确认待引用的标准是否符合下列条件：

具有广泛可接受性和权威性；

发布者、出版者（知道时）或作者已经同意该标准被引用，并且，当函索时，能从作者或出版者那里得到这些标准；

发布者、出版者（知道时）或作者已经同意，将他们修订该标准的打算以及修订所涉及的要点及时通知相关标准的归口标准化技术委员会；

该标准在公平、合理和无歧视的商业条款下可获得；

该标准中所涉及的专利能够按照GB/T20003.1的要求获得许可声明。

如果确认能够引用这些标准，对于有标识编号的标准，引用时应提及标识编号；对于没有标识编号的标准，引用时应提及名称。如果是注日期引用还需提及版本号或年份号。

（三）不应被引用的标准

对于一些无法及时、公开获得的标准，不应被标准所引用。另外，标准中也不宜规范性引用法律法规等政策性标准。

1. 不应引用的标准

由于下列标准达不到一些基本要求，起草标准时不应引用这些标准。

（1）不能公开获得的标准

由于非公开的标准通常情况下是不易获得的（如只属于某个企业所有，而参与竞争的企业不易获得）。如果引用了这类标准，对于无法获得标准的使用者来说，将无法使用相应的标准。因此，这类标准不应被引用。

注：公开获得是指任何使用者能够获得，或在合理和无歧视的商业条款下能够获得。

（2）尚未发布或出版的标准

在引用其他标准时，不应引用尚未发布或出版的标准。在起草标准的过程中，如果确知另一个需要的标准正在被制定，在确保该标准的发布或出版日期早于正在编制的标准的前提下，方可在标准中引用该标准。一般情况下，一个工作组或标准化技术委员会同时编制几个相互关联的标准时，能够控制各个标准的进度，这时可根据具体情况决定是否引用正在制定的标准。

（3）已被代替或废止的标准

在起草一个标准时，不应引用已经被代替或废止的标准。如果负责标准起草的工作组或技术委员会认为，这些被代替或废止的标准（非强制性标准）中的内容适用于正在起草的标准，可以将相关内容写在正在起草的标准中，而不应采取引用的方式。

请注意：如果标准“甲”注日期规范性引用了标准“乙”（非强制性标准），其后标准“乙”被修订并被新版代替。这种情况下，在标准“甲”的有效期内，以及在其范围的限定和引用的具体表述的框架下，标准“乙”还可以继续使用。这时标准“乙”的使用是基于现行有效的标准“甲”用的效力，并不是标准“乙”本身的效力。

2. 不应规范性引用法律等政策性标准

起草标准时不应规范性引用法律行政法规、规章和其他政策性标准，也不应普遍性要求符合法规或政策性标准的条款。由于这些标准均属于强制性的政策性标准，即使不被标准化标准引用，它们的实施也是强制的，标准使用者无论是否声明符合标准化标准，均需要遵守法律法规等强制性标准。

另外，标准中引用其他标准分为注日期和不注日期。由于注日期意味着只使用指定日期的标准，如果所引用的标准是法律法规等强制性标准，一旦指明了日期，则会有悖于法律法规的要求。因为法律法规被修订后，原来的版本就会被废止，在新的法律法规实施之际，以前的文本不准许使用。

在标准中，以下表述是不正确的：

“……应遵守 ×× 行业的相关规定”；

“……应遵守《……管理办法》中的规定”；

“……应符合国家有关法律法规的要求”。

然而，为了向标准使用者提供附加信息，帮助正确理解标准，可以资料性提及法律法规等强制性标准。例如可表述成“符合本标准是符合……（法规）的方法之一”。参见本节“六”（二）中的“2. 外部约束的提及”。

四、注日期或不注日期引用

标准在引用其他标准时，可以采取注日期或不注日期两种形式。注日期引用与不注日期引用的表述形式不同，所起的作用也不同。

（一）注日期引用

以下将详细介绍注日期引用的表述形式、作用及其使用的规则。

1. 表述

注日期引用就是在引用时指明了所引标准的发布年份。具体表述时应提及标准编号，包括“标准代号、顺序号及发布年份号”，不给出标准名称。当引用了标准具体内容时应提及内容编号；当引用同一个日历年发布的不止一个版本的标准时，应指明年份和月份。

【示例 7-40】

……按照 GB/T XXXXX—20XX 中的规定……；

……遵守 GB/T XXXXX—20XX 中 5.1 的规定；

……符合 GB/T XXXXX—20XX-XX 中 6.3 的规定。

注日期引用有下列几种情况。

（1）注日期引用其他标准中带有编号的章条、列项、图表等

引用时提及标准的编号和具体内容的编号 [见本节“二”中的（二）]：

……履行 GB/T XXXXX—2016 第 5 章确立的程序……（注：日期引用其他标准中具体的章）

……按照 GB/T XXXXX.1—2016 中 5.2 规定的……（注日期引用其他标准中具体的条）

……符合 GB/T XXXXX—2017 中 9.3.3 b）规定的……（注日期引用其他标准中具体的列项）

……使用 GB/T XXXXX.1—2012 表 1 中界定的符号。（注日期引用其他标准中具体的表）

（2）注日期引用其他标准中没有编号的具体内容

引用时提及标准的编号并指明具体的段或列项中的项 [见本节“二”中的（二）]：

……遵守 GB/T XXXXX—2015 中 4.1 第二段的规定……（注日期引用其他标准中具体的段）

……符合 GB/T XXXXX—2013 中 6.3 列项的第二项的规定……（注日期引用其他标准中无编号列项的某一项）

……见 GB/T XXXXX—2007 中 6.6.8 的最后一段。（注日期引用其他标准中具体的段）

……按 GB/T XXXXX.1—2006 中 5.2 第二个列项的第三项规定。（注日期引用其他标准某条中有多于一个无编号列项的某一项）

（3）注日期引用其他标准的所有内容

引用时只提及标准的编号：

……按 GB/T XXXXX—2015 规定的……

（4）注日期引用同一个日历年发布的多于一个版本的标准

引用时在标准编号后给出月份号：

……遵守 GB/T XXXXX—2017-03 规定的……

（5）注日期引用分为部分的标准的所有部分

如果被引用的所有部分为同一年发布，引用时给出“标准代号”“顺序号及第 1 部分的编号”“～”“顺序号及最后部分的编号”和“年份号”，无须给出每部分的编号：

……按照 GB/T 20XX5.1 ～ 20XX5.7—2016 中规定的……

如果被引用的所有部分不是同一年发布，引用时需要分别提及各个部分的编号：

……按照 GB/T 10001.1—2012、10001.2—2006、GB/T 10001.3—2011、GB/T 10001.4—2009、GB/T 10001.5 ～ 10001.6—2006 和 10001.9—2008 中界定的……

2. 使用注日期引用的情形

注日期引用意味着被引用标准的指定版本（即所注日期的版本）或该版本中的内容适用于引用它的标准。也就是说，该版本以后被修订的新版本，甚至修改单（不包括勘误的内容）中的内容都不能确定是否适用于引用它的标准。

在标准中引用其他标准时，一般情况下首选注日期引用的表述形式。对于下列情况引用标准均应注日期。

（1）提及了标准具体内容的编号

标准中引用其他标准时，只要提及了被引用标准中的具体章、条、图、表或附录的编号，均应注日期。这是因为上述具体内容都是和特定版本相联系的，如果脱离了特定版本，按照具体章条、图表编号就有可能找不到相应的内容（新的版本中相应内容的编号可

能有变化，甚至根本不存在了）。因此，这种情况下，引用其他标准时应该注日期。

（2）不能确定是否能够接受被引用标准将来的所有变化

如果在编制标准时，对相关标准进行充分研究后，认为某标准目前的内容适合于正在编制的标准，然而，由于没有看到未来的标准内容，更谈不上对其进行研究，对将来的标准内容是否适用存在疑虑，还不能确定是否能够接受该标准将来的所有变化（包括修改单或修订版中内容的变化）。这种情况下，要采取谨慎的态度，也就是无论引用时是否提及了被引用标准具体内容的编号，都要采取注日期引用的表述形式，以便指定使用当前版本。

请注意：前文指出，只要提及了标准具体内容的编号就要注日期。反之，如果确定采取注日期引用标准，那么只要引用标准中的具体内容，就要提及相应内容的编号。

3. 注日期引用的标准的更新

在注日期引用的情况下，如果被引用的标准随后发布了修改单或修订版，是否能够使用这些修改单或修订版，要从两个方面来讨论。

首先是标准编制方。编制方有必要评估是否需要更新原引用的标准。如果经过认真研究，认为该修改单或修订版适用于引用它们的标准，这时可使用以下两种方式之一将相应的修改单或修订版纳入标准中：

发布引用了这些标准的标准自身的修改单，以便通过修改单，引用被引用标准的修改单或修订版的内容；

修订引用了这些标准的标准。

假设“标准甲”引用了“标准 A”，而随后“标准 A”发布了“修改单 B”。如果经过研究，认为“标准甲”需要引用“修改单 B”，那么可发布“标准甲”的“修改单乙”，以便在“修改单乙”中说明“修改单 B”也适用于“标准甲”。示例 7-41 给出了这类修改单的示例：

【示例 7-41】

GB/T XXXXX—2017《×××××××××××××》

第 1 号修改单

本修改单经国家市场监督管理总局（国家标准化管理委员会）于 20XX 年 X 月 X 日批准，自 20XX 年 X 月 X 日起实施。

一、在第 2 章引用标准清单中：

——将“GB/T 10001.1—2006 标志用公共信息图形符号　第 1 部分：通用符号”改为“GB/T 10001.1—2012 公共信息图形符号　第 1 部分：通用符号”；

——增加“GB/T 20XX1.2—2013《公共信息导向系统……　第 1 部分：总则》第 1 号修改单”。

二、将 5.1 改为：

5.1　公共信息导向系统中，使用的公共信息图形符号应符合 GB/T 10001.1—2012 中界定的符号；导向要素的设计应遵守 GB/T 20XX1.2—2013 和 GB/T 20XX1.2—2013 第 1 号修改单的规定。

其次是标准使用者。如果使用者经过分析认为，被引用标准的修改单或修订版更加适用，那么可以选择使用。这种情况下，在声明符合标准时需要指出，使用的是更新的引用标准，要注明新标准的日期。

（二）不注日期引用

以下将详细介绍不注日期引用的表述形式、作用及其使用的规则。

1. 表述

不注日期引用就是在引用时不指明所引标准的发布年份。具体表述时只应提及“标准代号和顺序号”，当引用一个标准的所有部分时，应在标准顺序号之后标明“(所有部分)”。示例 7-42 给出了这种表述形式。

【示例 7-42】

……按照 GB/T XXXXX 描述的……

……遵守 GB/T XXXXX 规定的……

……符合 GB/T XXXXX（所有部分）中的规定；

……参见 GB/T 16273……

2. 使用不注日期引用的情形

不注日期引用意味着被引用标准的最新版本（包括所有的修改单）适用。也就是说，无论何种情况，永远是所引标准的最新版本（包括所有的修改单）适用于引用它的标准。

什么情况下使用不注日期引用的表述形式呢？符合下列条件引用标准才可以不注日期：

a）能够接受所引用内容将来的所有变化（尤其是对于规范性引用）；

b）引用了标准的所有内容；

c）不提及被引用标准具体内容的编号。

不注日期引用应该在符合上述条件 a）的基础上，再符合条件 b）或 c）中的一种，通常需要符合条件 b)，在特殊情况下可以选择符合条件 c)。不注日期引用的一个先决条件是：接受所引用内容将来的所有变化，也就是要能够使用所引标准的最新版本。在这个前提下还要考虑符合下述两个条件中的一个。

通常情况下，还需要符合引用标准的所有内容这一条件 [即条件 b）]。例如，在 GB/T 1.1—2020 的 9.4.1 中规定“标准中使用的汉字应为规范汉字，使用的标点符号应符合 GB/T 15834 的规定”。这里引用 GB/T 15834《标点符号用法》的目的，就是要使所有国家标准化标准中使用的标点符号符合汉字标点的规定，并且与其他类型的标准中的标点符号用法相一致。GB/T 15834 的内容无疑是最权威的，也是最适用的，并且这种权威性和适用性并不会因为今后的修订或修改而改变。所以，是“能够接受所引用内容将来的所有变化”的，加之是需要引用 GB/T 15834 的所有内容。在这种情形下选择了引用时不注日期。

在特殊情况下，如果需要引用某标准中的具体内容，但又能够接受所引内容将来的所有变化，这时就需要做具体分析，在“使用最新版本”与“便利性”（提及引用内容的编号后便于查找）两者之间进行选择。如果“使用最新版本”更重要，也就是更想让标准使用者使用被引用标准的最新技术内容，那么就要损失一些便利性，选择不提及所引标准具体内容编号的引用形式 [即上述条件 c）]，但仍然指明引用的具体内容 [详见下文“五”中的（一）]。如果“便利性”更加重要，那么在引用时就要提及引用标准中的具体章、条、附录、图或表的编号，从而就要使用注日期引用的表述形式 [见前文的（一）]，不选择使用所引标准的最新版本。

请注意：如果选择了不提及被引用标准具体内容编号的不注日期引用形式，为了方便标准使用者，可在脚注中给出被引用标准现行版本中需要使用的具体内容的编号。

示例 7-43 给出了通过不提及被引用标准具体内容编号的方式，而不注日期引用，并且在脚注中指出了现行版本中所引内容的编号。

【示例 7-43】

…………

6.2.1 在导向要素中，方向符号应使用 GB/T 10001.1[2)] 中规定的图形。

…………

2）该标准的现行版本为 GB/T 10001.1—2012，其中编号为 001 的图形符号为“方向”符号。

五、具体内容或所有内容的引用

标准中可以引用其他标准的所有内容，也可以只引用其他标准中的具体内容。具体引用哪些内容完全取决于所起草标准的需要。

（一）具体内容的引用

具体内容的引用是指在引用其他标准时，并不是引用该标准的所有内容，而只是引用了其中的某些需要的内容。

具体引用时，又分两种情况：一是提及了所引用内容的章、条、图、表或附录的编号；二是虽然没有提及所引具体内容的编号，但仍然指向了所引标准中的某些特定内容。

假如，GB/T 23XX1—2016 描述了测试某个特性的三种方法，其中“乙方法”规定在第 6 章。在起草一个产品标准时，需要引用乙方法，文中引用时可能出现下列两种表述形式：

a）……按照 GB/T 23XX1—2016 第 6 章描述的方法测定……

b）……按照 GB/T 23XX1 描述的乙方法测定……

可见，没有提及所引具体内容的编号而要引用某些特定内容时，需要对该内容进行指明，如指明是“乙方法”。上述两种表述形式，虽然有的指明了日期 [如 a）]，有的没有指明日期 [如 b）]；有的提及了章编号 [如 a）]，有的没有提及章编号 [如 b）]，但是它们都属于引用了具体内容，也就是都要引用 GB/T 23XX1 中的乙方法。

这里需要注意，上述两种表述形式中，只有在 a）提及了所引具体内容的编号，注日期引用才成为必须；而 b）并未提及所引具体内容的编号，可以不注日期，表示可以接受所引内容将来的所有变化 [见前文“四”中的（二）]。

（二）所有内容的引用

所有内容的引用是指在引用其他标准时，引用了该标准的所有内容，也就是说，这些内容全都适用于引用它的标准。

这里“所有内容的引用”需要和前面的“没有提及所引具体内容的编号，但仍指向所引标准中的某些特定内容”进行辨析，主要区别为是否指向了所引用标准中的特定内容。仍以前文（一）中的试验方法标准为例，在起草某标准时，假如引用该试验方法标准，文中可能出现下列两种表述形式：

a）……按照 GB/T 23XX1 描述的方法测定……

b）……按照 GB/T 23XX1 描述的乙方法测定……

这两种表述形式中，虽然都没有指明试验方法的章条编号，但 a）是所有内容的引用，即标准中描述的三种试验方法都适用；b）是没有提及所引具体内容的编号，但仍指向所引标准中的特定内容，即“乙方法”适用。

六、规范性或资料性

根据标准中引用某标准的内容或提示标准自身其他位置的内容后，这些内容在引用它的标准中所起的作用，可以将引用或提示分成“规范性”和“资料性”两种。

（一）规范性

以下将对规范性引用和规范性提示进行详细介绍。

1. 规范性引用

规范性引用是指引用的标准内容构成了引用它的标准中必不可少的条款。

因为不同功能类型的标准中构成必不可少的条款类型不同，所以表述规范性引用的条款类型也会不同。对于任何标准，只要有要求或指示型条款都是必不可少的条款；指南标准中虽然不准许使用要求型或指示型条款，但是这类标准中推荐型条款即必不可少的条款；任何标准中，术语和定义是必不可少的要素，其中的术语条目也是必不可少的。

根据上述分析，在引用其他标准时，以下表述形式属于规范性引用：

在任何标准中，由要求型或指示型条款提及标准；

在任何标准中，由“按”“按照”提及试验方法类标准；

在指南标准中，由推荐型条款提及标准；

在任何标准中，在“术语和定义”中由引导语提及标准。

示例 7-44 中提及的标准均属于规范性引用的标准。

【示例 7-44】

标准洗涤物应符合 GB/T 4288 规定的要求；（由要求型条款引用的标准）

按照 GB/T 2912.1—2009 描述的方法测定，甲醛含量应不大于 20 mg/kg；（由“指示型条款”引用的试验方法标准）

团体标准涉及专利的政策宜按照 GB/T 20003.1 制定；（指南标准中由推荐性条款引用的标准）

GB/T 15971—2010、GB/T 16766 和 GB/T 31385—2015 界定的以及下列术语和定义适用于本标准。（在“术语和定义”一章中由引导语提及的标准）

对于规范性引用，被引用的标准内容成为引用它的标准中必不可少的条款，因此在声称符合某标准时，除要遵守标准中的规范性内容外，还要遵守标准中规范性引用的其他标准中相应的条款。

标准中所有规范性引用的标准，无论是注日期还是不注日期，均应在要素“规范性引用标准”中列出。

2. 规范性提示

需要提示使用者遵守、履行或符合标准自身的具体条款时，应使用适当的能愿动词或句子语气类型（见本章第二节中的“一”）提及标准内容的编号。这类提示，如示例 7-45 属于规范性提示。

【示例 7-45】

“……应符合 7.5.2 中的相关规定。”

"……按照 5.1 规定的测试程序……"

(二)资料性

以下将对资料性引用和资料性提示进行详细介绍。

1. 资料性引用

前文介绍了规范性引用的概念,如果在标准中没有使用前文(一)中的"1. 规范性引用"所述的表述形式引用其他标准,那么属于资料性引用。示例 7-46 的引用形式都是资料性引用。

【示例 7-46】

"……的信息见 GB/T XXXXX。"

"……GB/T XXXXX 中给出了进一步的说明。"

"……参见 GB/T XXXXX……的内容。"

2. 外部约束的提及

如果确有必要,标准化标准中可资料性提及法律法规,或者可通过包含"必须"的陈述,指出由法律要求形成的对标准使用者的约束或义务(外部约束)。

请注意: 这里提及的法律法规,并不是标准自身规定的条款。它仅是提示使用者法律法规在某些方面是有约束的,使用"必须"也是表明是外部约束的"必须"。因此,这种提及的法律法规属于资料性引用标准,通常宜与标准的条款分条表述。

【示例 7-47】

"……强制认证标志的使用见《……管理办法》。"

【示例 7-48】

"依据……法律规定,在这些环境中必须穿戴不透明的护目用具。"(用"必须"指出由于某法律的规定形成的外部约束)

标准中所有资料性引用的标准,无论是注日期,还是不注日期,均应在要素"参考文献"中列出。

3. 资料性提示

需要提示使用者参看、阅看标准自身的具体内容时,不应使用诸如"见上文""见下文"或"见 XXX 内容"等形式,而应使用"见"提及标准内容的编号(见示例 7-49)。这类提示属于资料性提示。

【示例 7-49】

"(见 5.2.3)";

"(见 6.3.2b)";

"(见表 B.2)";

"见图 3"。

请注意: 提示本标准中的资料性附录、示例、文中的注,脚注、图中的注、表中的注等资料性内容时。应使用资料性的提及方式。如:

"……4.1 的注";

"见表 2 的注";

"见 6.6.4 示例 3";

"相关信息见附录 B"。

其中使用"见"提及附录是"资料性提示",不是指明附录的表述(参见本章第五节的"四")。

七、标明来源

正如本节“一、引用和提示的原因”中阐述的，在需要使用其他标准中的内容时通常不抄录需引用的具体内容，而采取引用的表述形式。然而，在特殊情况下，如果确有必要抄录其他标准中的少量内容，应在抄录的内容之下或之后准确地标明来源，具体方法为：在方括号中写明“来源：标准编号，章/条编号或条目编号”。例如，（来源：GB/T XXXXX—2015.4.3.5）

请注意：准确地标明出处是保证标准协调性的一种有效方法。标明出处意味着重复抄录只是为了提供信息，一旦抄录的内容与原标准不一致时，能分辨出哪一个标准中的规定是原始规定，从而以其出处的原文为准。

如果需要，被抄录的原标准可列入参考文献，但不应将其列入规范性引用标准。这是由于具体原文已经被抄录在目前的标准中，原标准不是使用目前标准所必需的标准。

八、规范性引用其他标准需注意的问题

一个标准规范性引用了另一个标准，被引用的标准或其有关内容构成了引用它的标准必不可少的条款。因此，应将规范性引用标准及其内容作为所起草标准自身的条款对待，对这一点并没有引起一些标准起草者足够的重视，为此，当标准中规范性引用其他标准时应注意做到以下几点。

（一）做好资料收集检索工作

在起草标准之前和起草标准的过程中要及时收集、查找和检索相关资料。一旦与标准有关的内容已经在其他标准中作出规定，就要考虑采取引用这种表述形式，充分利用现有的成果，尤其是标准化成果。

（二）应引用另一标准现行有效的版本

在起草标准时，如果需要引用另一个标准，但该标准存在新旧两个版本，在这种情况下，不准许引用标准的先前版本也就是说标准发布时所引用的标准应为现行有效的版本。

（三）时刻关注所引标准的版本变化

在决定引用某个标准后，应认真核对所引标准的版本。若是标准化标准，则要准确核实标准的发布年份号。在起草标准的全过程中，应时刻留意所引用标准的版本变化，以便随时调整所起草的标准。当所起草的标准形成报批稿时，应再一次核对所有注日期的规范性引用标准。如果所引用的标准又发布了新的版本，应研究其适用性，如适用则应再一次对报批稿进行调整，以便引用新的版本；如不适用，按照前文所述的规则也不应引用已经被代替的标准，这时需要研究重新起草相关内容的方案。

（四）标准发布后要留意注日期引用标准的最新版本变化

标准发布后，对于标准中注日期的规范性引用标准也应时刻留意其最新变化，如果发布了新版本，要研究其适用性，如果适用应尽快对标准进行调整（如发布标准的修改单或对标准进行修订），以便引用最新版本。

当对标准进行修订时，标准中所有引用的标准都要确认其有效性，凡是引用标准被新的标准所代替，都要评估新标准的适用性，如适用才可继续引用，否则要研究相应的解决方案。

第五节　要素内容的其他表述形式

前文介绍了各种要素内容表述形式中的两种：条文、引用和提示。在用条文表述要素内容时，有时不容易清晰表述，这时使用或者辅以图表、公式可能表述起来更容易、更清晰。另外，标准中有些内容可能不是标准的主要内容，属于附加条款，或者由于标准结构安排的考虑，需要将要素的某些内容作为附录处理。因此，图、表、数学公式和附录都是条文的表述形式，本节将对这些表述形式进行详细阐述。

一、图

首先讨论标准中的图。标准中什么情况下需要使用图，每幅图起到什么作用，如何编写，这些问题是每一个标准起草者需要关注并且应该掌握的。

（一）图的用法

图是条文的一种特殊表述形式，当用图呈现所要表达的内容比用文字表述得更清晰易懂时，图这种特殊的表述形式将是一个理想的选择。在对事物进行空间、流程等描述时使用图往往会收到事半功倍的效果。因此，标准中通常用图来反映需要规定的结构、型号、形状、工艺流程、工作程序或组织结构等。很显然，这种情况下将文字的内容“图形化”能够提高标准的适用性。

标准中的图通常使用线图来表示。在某些情况下当不能使用线图时，才可使用图片和其他媒介来表示图。

（二）图的指明

图是条文内容“图形化”的一种表述形式，它将本来用条文表述的内容改变为用图形表述，图形所在的位置基本上就是原来条文所在的位置，因此可以说图是条文内容的一种“就地变形”，是用另一种更加适合的表述形式来表达条文的内容。标准中的图所起的作用是不同的，它可以表示不同的条款类型。

在标准中将条文内容图形化之处，应在条文中指明该图形。图的指明包括两个方面：一是通过使用适当的能愿动词或句子语气类型明确该图所起的作用；二是提及图的编号。标准中的每幅图均应被指明，也就是说标准中不应存在没有被指明的图。如果标准中某幅图没有被指明，那么其存在的必要性将受到质疑，该图或者需要删除，或者需要被指明。

以下的示例提及了图的编号，并用能愿动词指明了图的条款类型。示例 7-50 表明图 5 为要求型条款；示例 7-51 表明图 3 为陈述型条款。

【示例 7-50】

“……的结构应与图 5 相符合。”

【示例 7-51】

“……的示意图见图 3。”

图可以是规范性的，也可以是资料性的。凡是将规范性内容“图形化”形成的图是规范性的，例如，规程标准中程序确立中表明程序流程的图；凡是将资料性内容“图形化”形成的图是资料性的。

（三）图的编写

图的编写涉及图的编号和图题、图的转页接排以及图中的内容。

1. 图的编号和图题

为了便于提及，需要对图进行编号，并给出图题。图编号和图题应置于图下方居中位置。每幅图均应有编号。图的编号由“图”和从 1 开始的阿拉伯数字组成，如“图 1”“图 2”等。只有一幅图时，仍需给出编号“图 1”。图的编号从引言开始一直连续到附录之前，并与章、条和表的编号无关。

每幅图宜给出图题，图题也可理解为图的名称。标准中的图有无图题应一致。

图的编号和图题见示例 7-52。

【示例 7-52】

图 X　图题

2. 图的转页接排

当某幅图需要转页接排时，随后接排该图的各页上应重复图编号、后接图题（可选）和“(续)”或“(第 # 页 / 共 * 页)”，其中 # 为该图当前的页面序数，* 是该图所占页面的总数，均使用阿拉伯数字。使用“(续)”还是使用“(第 # 页 / 共 * 页)”，取决于图转页接排页数的多少。转页接排页数较少，建议使用“(续)”；转页接排页数较多，建议使用“(第 # 页 / 共 * 页)”。

示例 7-53 给出了图在转页接排时，接排的各页图编号及相关内容的各种选择。

【示例 7-53】

图 X　（续）
图 X　图题（续）
图 X　（第 2 页 / 共 3 页）
图 X　图题（第 2 页 / 共 3 页）

如果在图的右上方有“关于单位的陈述”，那么续图均应重复该陈述。

3. 图中的字母符号、标引序号和标记

（1）字母符号

图中用于表示角度量或线性量的字母符号应符合 GB/T 3102.1 的规定，必要时，使用下标以区分特定符号的不同用途。

图中表示各种长度时使用符号系列 l_1、l_2、l_3 等，而不使用诸如 A、B、C 或 a、b、c 符号。

如果图中所有量的单位均相同，应在图的右上方用一句适当的关于单位的陈述（例如“单位为毫米”）表示。（见示例 7-54 线框右上角的“单位为毫米”）

示例 7-54 给出了图的示例，包含了关于单位的陈述、长度符号的表示、标引序号说明、图中的段、图中的注、图脚注以及图编号和图题等。

【示例 7-54】

单位为毫米

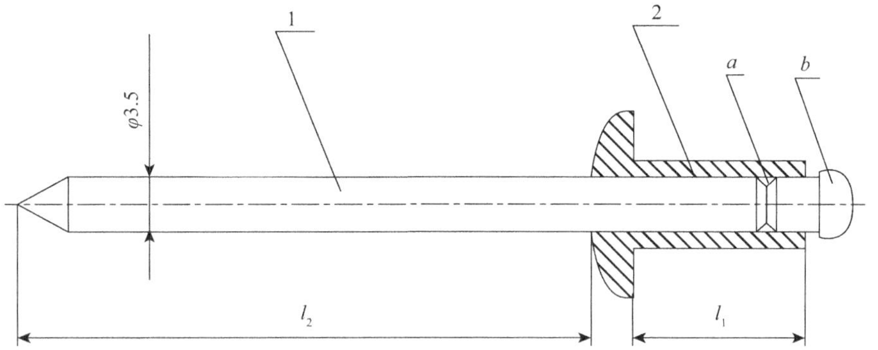

<table>
<tr><th>l_1</th><th>l_2</th></tr>
<tr><td>6</td><td rowspan="4">27</td></tr>
<tr><td>12</td></tr>
<tr><td>20</td></tr>
<tr><td>30</td></tr>
</table>

标记说明：

1——钉芯

2——钉体

钉芯的设计应保证：安装时，钉体变形、胀粗，之后钉芯抽断。

注：此图所示为开口型平圆头抽芯铆钉。

[a] 断裂槽应滚压成型

[b] 钉芯头的形状和尺寸由制造者确定。

图 X　抽芯铆钉

（2）标引序号和标记

在图中应使用标引序号或图脚注代替文字描述，文字描述的内容在标引序号说明或图脚注中给出。标引序号说明应置于图题之上，图中的段之前。（见示例 7-54 中的“标引序号说明”）

在曲线图中，坐标轴上的标记不应以标引序号代替，以避免标引序号的数字与坐标轴上数值的数字相混淆。曲线图中的曲线、线条等的标记应以标引序号代替。

在示例 7-55 中，为了避免与坐标轴上数值的数字相混淆，坐标轴上的标记 ω, t，未用标引序号 1、2 代替。

【示例 7-55】

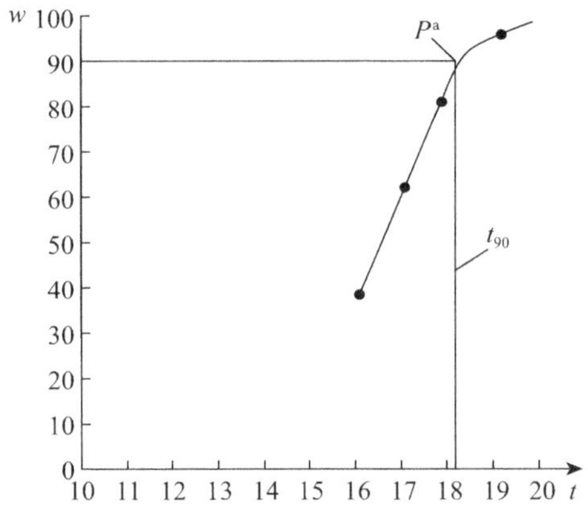

标引序号说明：

ω—— 凝胶谷粒的质量分数，以百分数计；

t —— 蒸煮时间，以分钟计；

t_{90}—— 使 90% 的谷粒成凝胶状所需的时间；

P^{a}—— 与 t_{90} 的蒸煮时间相对应的曲线上的点。

注：这些结果基于针对三种不同类型谷粒所开展的研究。

注：本示例中 t_{90} 约为 18.2 min。

图 X 曲线图示

在流程图和组织系统图中，允许使用文字直接描述，不使用标引序号进行标记。见示例 7-56。

【示例 7-56】

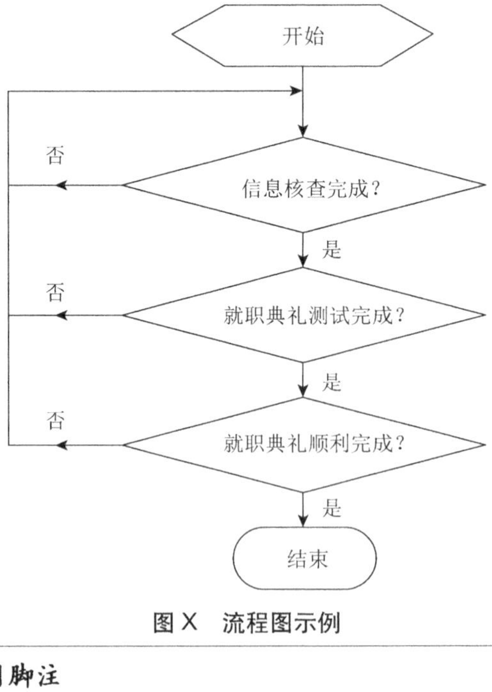

图 X 流程图示例

4. 图中的段、注和图脚注

当需要针对图提出要求、说明情况时，可以在图中以段的形式安排。图中的段应置于图题之上的图中的注之前。（见示例 6-54 注之前的文字）

图中的注应置于图题和图脚注（如果有）之上，图脚注应置于图题之上并紧跟图中的注（如果有）。

前文示例 6-54 和示例 6-55 中给出了图中的注及图脚注的编写示例。

（四）分图

分图会使标准的编排和管理变得复杂，因此宜尽量避免使用。

1. 设置

只有当图的表示或内容的理解特别需要时，才可使用分图；然而只允许对图作一个层次的细分。通常存在诸如以下情况需要设置分图：多幅图共用图题、标引序号说明、图中的注或图中的脚注，或者图中的段等内容。反之，如果每幅分图中都包含了各自的标引序号说明、图中的注、图中的脚注或图中的段，那么就不应将它们设为分图，而应调整为单独的图。

2. 编号

分图应使用字母编号 [后带半圆括号的小写拉丁字母，例如图 1 可包含分图 a)、b) 等]，不应使用其他形式的编号（如 1.1、1.2、……，1-1、1-2、……），见示例 7-57。

【示例 7-57】

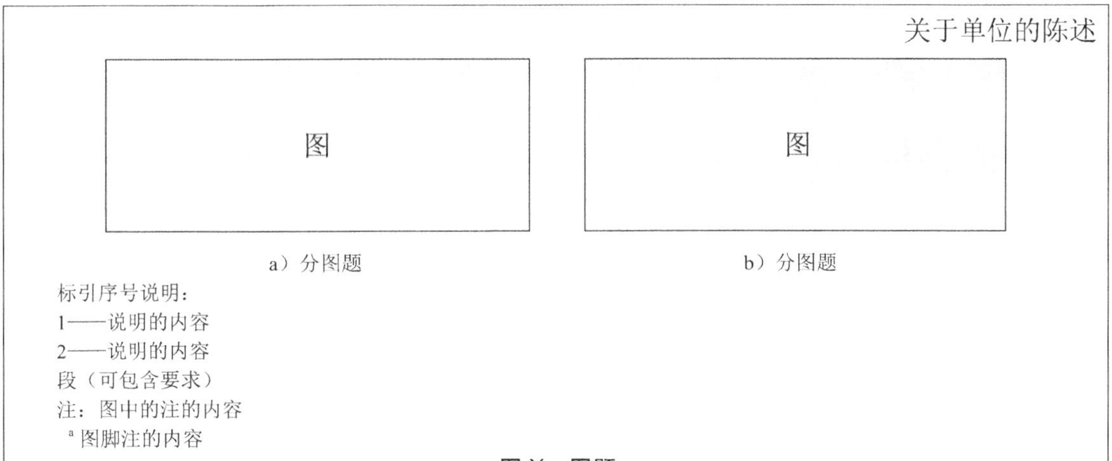

图 X　图题

（五）常用图形绘制

标准中各类图形的绘制需要遵守相应的规则。以下列出了有关的国家标准：

机械工程制图：GB/T 1182、GB/T 4458.1、GB/T 4458.6、GB/T 14691（所有部分）、GB/T 17450、ISO 128-30、ISO 128-40、ISO 129（所有部分）；

电路图和接线图：GB/T 5094（所有部分）、GB/T 6988.1、GB/T 16679；

流程图：GB/T 1526。

二、表

前文讨论了标准中的图，以下讨论标准中的表。标准中在什么情况下需要使用表，每张表起到什么作用，如何编写，这些问题同样是每一个标准起草者需要关注并且应该掌握的。

（一）表的用法

表也是条文的一种特殊表述形式，当用表呈现所要表达的内容比用文字表述得更简洁明了、易理解时，表这种特殊的表述形式也将是一个理想的选择。通常，在需要对大量数据或事件等进行对比、计算或显示时，使用表来表述，其优势显而易见。很显然，在这种情况下将文字的内容“表格化”能够提高标准的适用性。

通常表的表述形式越简单越好，创建几个表格比试图将太多内容整合成为一个表格更好。

因此，不准许将表再细分为分表 [例如，不再将“表 2”分为“表 2a)”和“表 2b)”]，也不准许表中套表或表中含有带表头的子表。

（二）表的指明

表是条文内容“表格化”的一种表述形式，它将本来用条文表述的内容改变为用表格表述，表格所在的位置基本上就是原来条文所在的位置，因此可以说表也是条文内容的一种“就地变形”，是用另一种更加适合的表述形式来表达条文的内容。标准中的表所起的作用是不同的，它可以表示不同的条款类型。在标准中将条文内容表格化之处，应在条文中指明该表格。表的指明包括两个方面：一是通过使用适当的能愿动词或句子语气类型明确该表所起的作用；二是提及表的编号。标准中的每幅表均应被指明，也就是说标准中不应存在没有被指明的表。如果标准中某张表没有被指明，那么其存在的必要性将受到质疑，该表或者需要删除，或者需要被指明。

以下的示例提及了表的编号，并用能愿动词指明了表的条款类型。示例 7-58 表明表 7 为要求型条款；示例 7-59 表明表 2 为陈述型条款。

【示例 7-58】

“……的技术特性应符合表 7 给出的特性值。”

【示例 7-59】

“……相关信息见表 2。”

表可以是规范性的，也可以是资料性的。凡是将规范性内容“表格化”形成的表是规范性的。例如，规范标准中呈现要求的特性、特性值和对应证实方法的表格；凡是将资料性内容“表格化”形成的图是资料性的，例如，资料性附录中给出的供参考的数据表格。

（三）表的编写

表的编写涉及表的编号和表题、表的转页接排、表头以及表中的内容。

1. 表的编号和表题

为了便于提及，需要对表进行编号，并给出表题。表编号和表题应置于表上方居中位置。

每个表均应有编号。表的编号由“表”和从 1 开始的阿拉伯数字组成，如“表 1”“表 2”等。只有一个表时，仍需给出编号“表 1”，表的编号从引言开始一直连续到附录之前，并与章、条和图的编号无关。

每个表宜给出表题，表题也可理解为表的名称。标准中的表有无表题应一致。

表的编号和表题见示例 7-60。

【示例 7-60】

表 X　表题

XXXX	XXXX	XXXX	XXXX

表的转页接排

当某个表需要转页接排时，随后接排该表的各页上应重复表编号、后接表题（可选）和“(续)”或“(第 # 页 / 共 * 页)”，其中 # 为该表当前的页面序数，* 是该表所占页面的总数，均使用阿拉伯数字。使用“(续)”还是使用“(第 # 页 / 共 * 页)”，取决于表转页接排页数的多少。转页接排页数较少，建议使用“(续)”；转页接排页数较多，建议使用“(第 # 页 / 共 * 页)”。

示例 7-61 给出了表在转页接排时，接排的各页表编号及相关内容的各种选择。

【示例 7-61】

表 X（续）

表 X　图题（续）

表 X（第 2 页 / 共 3 页）

表 X　表题（第 2 页 / 共 3 页）

如果在表的右上方有“关于单位的陈述”（见下文的“3”），那么续表均应重复该陈述。

2. **表头**

每个表应有表头。表头通常位于表的上方（见示例 7-62），特殊情况下出于表述的需要，也可位于表的左侧边栏。

表中各栏 / 行使用的单位不完全相同时，宜将单位符号置于相应的表头中量的名称之下（见示例 7-62）。如果表中所有量的单位均相同，应在表的右上方用一句适当的关于单位的陈述（如“单位：毫米”）代替各栏中的单位符号（见示例 7-63）。

【示例 7-62】

类型	线密度 kg/m	内圆直径 mm	外圆直径 mm

【示例 7-63】

单位：毫米

类型	长度	内圆直径	外圆直径

适用时，表头中可用量和单位的符号表示（见示例 7-64）。需要时，可在指明表的条文中或在表中的注中对相应符号予以解释。

【示例 7-64】

类型	ρ_1（kg/m）	*d*/mm	*D*/mm

表头中不准许使用斜线（见示例 7-65 和示例 7-66）。

【示例 7-65】

不正确的表头：

尺寸 类型	A	B	C

正确的表头：

<table>
<tr><td rowspan="2">尺寸</td><td colspan="3">类型</td></tr>
<tr><td>A</td><td>B</td><td>C</td></tr>
<tr><td></td><td></td><td></td><td></td></tr>
</table>

【示例 7-66】

不正确的表头：

<table>
<tr><td>材料
心部硬度
壁厚 /mm</td><td>20</td><td>15Cr、20Cr</td><td>20Mn2</td></tr>
<tr><td>2 ～ 10</td><td>≤ HRC38</td><td>HRC24 ～ 45</td><td rowspan="2">HRC24 ～ 48</td></tr>
<tr><td>＞ 10 ～ 18</td><td>—</td><td>HRC20 ～ 40</td></tr>
</table>

正确的表头：

<table>
<tr><td rowspan="2">壁厚 /mm</td><td colspan="3">材料</td></tr>
<tr><td>20</td><td>15Cr、20Cr</td><td>20Mn2</td></tr>
<tr><td>2 ～ 10</td><td>≤ HRC38</td><td>HRC24 ～ 45</td><td rowspan="2">HRC24 ～ 48</td></tr>
<tr><td>＞ 10 ～ 18</td><td>—</td><td>HRC20 ～ 40</td></tr>
</table>

3. 表中的注和表脚注

表中的注应置于表内下方，表脚注（如果有）之上。

表脚注应置于表内的最下方，并紧跟表中的注（如果有）。

示例 7-67 给出了表的典型编排样式，包含了表编号和表题、关于单位的陈述、表头、表中的段、表中的注和表脚注等。

【示例 7-67】

表X 表题 单位：毫米

类型	长度	内圆直径	外圆直径
A	230	100	125
……	……	……	……
段（可包含要求型条款） 注 1：表中的注的内容 注 2：表中的注的内容			
表脚注的内容			

示例 7-68 给出了表中的注的编写实例；示例 7-69 给出了表脚注的编写实例。另外，这两个示例中，还给出了在条款中指明相应的表的实例。

【示例 7-68】

7.2.2 安装位置的最低亮度

在现场激发照明停止后的 10min、60min 和 90min，最低亮度值应分别达到表 3 规定的要求。……

表 3 安装要素的最低亮度要求

消隐时间 /min	最低亮度 /（mcd/m^2）
10	≥ 30
60	≥ 7
90	≥ 5
注：安装要素的亮度特性取决于磷光材料的固有性能、启用前的激发照明水平和类型。	

（选自 GB/T 23809.1—2020《应急导向系统设置原则与要求 第 1 部分：建筑物内》，做了适当改动）

【示例 7-69】

7.15 耐化学试剂腐蚀性

试样应放置在试验板上，将其一半浸入表 9 所列的某种试剂，试剂的选取按照生产商和采购商之间的约定。……

表 9 试剂

代码	试剂	实验温度 /℃（±2℃）	浸没时间 /h
W	蒸馏水	65 和 95	8
L	去垢剂 [a]	23	8
K	通用清洗剂 [a]	23	8
T	变压器油	23	24
B	石油溶剂油（庚烷）	23	1
……	……	……	……
[a] 去垢剂溶液与通用清洗剂的成分为生产商和采购商约定的在市场上可以买到的浓缩液。			

（选自 GB/T 26443—2010《安全色和安全标志 安全标志的分类、性能和耐久性》，做了适当改动）

三、数学公式

在讨论了标准中的图、表之后，我们开始讨论标准中的数学公式。标准中什么情况要使用数学公式，以及数学公式如何编写，这些问题也是标准起草者需要掌握和了解的。

（一）数学公式的用法

数学公式是条文内容的又一种表述形式。当需要使用符号表示量之间的关系时，或者当标准内容涉及数学运算时，使用数学公式表达既简单又方便。

（二）编号

公式的编号是可造的，当需要指明、引用或提示时，为了方便应使用带圆括号从 1 开始的阿拉伯数字对数学公式编号，公式与编号之间用“……”连接，见示例 7-70。

【示例 7-70】

$$X^2+y^2 < Z^2 \cdots\cdots\cdots\cdots\cdots\cdots\cdots\cdots\cdots\cdots\cdots\cdots\cdots (1)$$

数学公式编号应从引言开始一直连续到附录之前，并与章、条、图和表的编号无关。不允许将数学公式进一步细分，如不应将“公式（2）”分为“公式（2a）”和“公式（2b）”等。

数学公式通常紧接着条文中相关内容编排，通常不需要在条文中特别指明。当需要指明时，应在标准中提及公式编号，如“见公式（3）”“按照公式（2）进行计算”等。

（三）表示

数学公式应以正确的数学形式表示。

数学公式通常使用量关系式表示，也就是说在量关系式与数值关系式之间应首选前者。公式中的变量应由字母符号来代表。字母符号除非已经在“符号和缩略语”中列出，否则应通过在数学公式后使用“式中：”引出对字母符号含义的解释。

【示例 7-71】

$$v=\frac{l}{t}$$

式中：

v——匀速运动质点的速度；

l——运行距离；

t——时间间隔。

特殊情况下，数学公式如果使用了数值关系式，应解释表示数值的符号，并给出单位（见示例 7-72）。

【示例 7-72】

$$v=3.6\times\frac{l}{t}$$

式中：

v——匀速运动质点的速度，单位为千米每小时（km/h）；

l——运行距离的数值，单位为米（m）；

t——时间间隔的数值，单位为秒（s）。

一个标准中同一个符号不应既表示一个物理量，又表示其对应的数值。例如，在一个标准中既使用示例 7-71 的数学公式，又使用示例 7-72 的数学公式，就意味着 l=3.6，这显然不正确。

数学公式中不应使用单位的符号，只能用量的符号来表达，并且不应使用量的名称或描述量的术语表示（见示例 7-73 和示例 7-74）。

【示例 7-73】

正确：	不正确：
$\rho=\frac{m}{v}$	密度 = 质量 / 体积

【示例 7-74】

正确：	不正确：
dim（E）=dim（F）×dim（l） 式中： E——能量； F——力； l——长度。	dim（能量）=dim（力）×dim（长度）

量的名称或多字母缩略术语，不论正体或斜体，也不论是否含有下标，都不应该用来代替量的符号（见示例 7-75）。

【示例 7-75】

正确：	不正确：
$t_i=\sqrt{\frac{S_{ME,i}}{S_{MR,i}}}$	$t_i=\sqrt{\frac{MSE_i}{MSR_i}}$
式中： t_i ——系统 i 的统计量； $S_{ME,i}$——系统 i 的残差均方； $S_{MR,i}$——系统 i 由于回归产生的均方。	式中： t_i ——系统 i 的统计量； MSE_i——系统 i 的残差均方； MSR_i——系统 i 由于回归产生的均方。

在数学公式中宜避免使用多于一个层次的上标或下标符号，例如 $D_{1,\ max}$ 优于 D_{1max}，并避免使用多于两行的表示形式（见示例 7-76）。

【示例 7-76】

在数学公式中，使用	而不使用
$\frac{\sin[(N+1)\varphi/2]\sin(N\varphi/2)}{\sin(\varphi/2)}=\cdots\cdots$	$\frac{\sin[\frac{(N+1)}{2}\varphi]\sin(\frac{N}{2}\varphi)}{\sin\frac{\varphi}{2}}=\cdots\cdots$

四、附录

与图、表、数学公式一样，附录也是条文表述的一种形式，只不过它不同于条文的

“就地变形”，而是条文内容的一种“异地安置”的表述形式。以下将介绍标准中在什么情况下需要使用附录这种表述形式、附录的性质，以及附录的编写。

请注意：在GB/T 1.1—2020中，附录不再是标准的一种要素，而是作为要素的一种表述形式。由于要素需要具有自己独立的功能，然而每个附录的功能都是通过在前言、引言或正文中对其进行指明时赋予的，也就是说附录不是一个具有独立功能的要素，它是其他要素中的条款在附录的表述形式。

（一）附录的用法

附录是用来承接和安置不便在标准正文、前言或引言中表述的内容，附录的内容源自正文、前言或引言，是对其内容的补充或附加。附录的设置一方面可以使标准的结构更加平衡；另一方面通过附录可以更好地设置条文的层次和展示条文的内容。

1. **安排附加条款**

附加条款是标准中要用到的，但却不属于标准的主要技术内容的条款。这些技术内容往往在特殊情况下才会用到。

在起草标准时，经常遇到有些内容不是所起草标准的主要技术内容，而是一些附加的但又是需要涉及的内容，也就是说，这些内容是规范性的要素，但它却是附加的，不宜安排在正文中。这种情况下，为了表明这些内容的非主体性，可以考虑将这些内容移作规范性附录。

因此，只要表述的是标准正文的附加条款，无论内容的多少，是否影响了标准结构的平衡，都需要设置一个规范性附录，将相关的内容移到附录中。

例如，GB/T 1.1—2020中9.13.2关于“标准中与专利有关的事项的说明和表述”即属于附加条款。GB/T 1.1主要规定如何起草标准化标准，而专利并不是起草标准化标准本身的事项，但如果标准化标准涉及专利，它们之间的关系又是必须处理清楚的，而处理标准化标准与专利关系的过程或结果，需要在标准形成过程中相应阶段的草案和正式文本中体现，需要规定在标准的“封面”“前言”“引言”中如何反映涉及专利的情况。因此，GB/T 1.1将这些附加条款作为规范性附录，即“附录D专利”。

2. **合理安排标准的结构**

当标准中的某些要素或章条与其他要素或章条相比篇幅较大，影响了标准结构的整体平衡时，或者当标准中的图、表或信息很长，影响了使用者关注主要技术内容时，可考虑设置附录，将相关内容移到附录中，从而使得标准的结构趋于平衡。

（1）将规范性内容作为正文的补充条款移作附录

补充条款是对标准正文中某些技术内容进一步补充或细化的条款。当标准中的某些规范性内容较多，影响了标准结构的平衡时，可以设置一个规范性附录，并采取以下两个方法调整标准的结构。

一是将篇幅较多的技术内容全部移到附录中。例如，在一个规范标准中，针对每个技术要求都需要描述相应的证实方法，其中某个方法非常复杂，导致要素“证实方法”与“技术要求”相比占据了大量篇幅，影响了标准结构的整体平衡，这种情况下通常可以将相应的证实方法全部移到附录中。又如，GB/T 1.1—2020中规定“如果涉及有关标准化项目标记的内容，应符合附录B规定”，实际上“附录B标准化项目标记”中的全部技术内容即是从该标准移植过来的。

二是在标准正文中仅保留主要技术内容，将其他补充或细化的内容移到附录中。例如，GB/T 1.1—2020的“附录C条款类型的表述使用的能愿动词或句子语气类型”即属于这类附录。在“9.1 条款”中，规定了总的要求后，进一步规定“条款类型的表述应遵守附录 C 的规定，并使用附录 C 中各表左侧栏中规定的能愿动词或句子语气类型，只有在特殊情况下由于语言的原因不能使用左侧栏中给出的能愿动词时，才可使用对应的等效表述”。可见，这里的附录 C 起到了对标准中的条款进一步补充或细化的作用。

（2）将资料性内容作为附加信息移作附录

当标准中的示例、信息说明或数据等过多，可以将其移出形成资料性附录。资料性附录通常可以给出有助于理解或使用标准的附加信息或情况说明，包括以下四个方面的内容。

第一，正确使用标准的示例、说明等。如果标准中给出的示例所占篇幅过大，那么需要设置一个资料性附录，将相应的示例移到附录中。这时的附录起到给出正确使用标准示例的作用。GB/T 1.1—2020 的“附录 A 层次编号示例”即属于这类情况。

第二，对标准中某些条款进一步解释或说明的资料性信息。如果需要对标准中的条款进行较多解释或说明，由于需要占据较多的篇幅，不宜作为标准条文中的“注”。这时需要设置一个资料性附录，将相关内容移到附录中。这时的附录起到提供资料性信息的作用。在某些标准中，在提供了一些须遵守的原则的基础上，为了便于使用者了解和使用标准，需要提供较多的资料或信息，这些内容是资料性的，但又不宜作为“注”。这时也要设置一个资料性附录，将它们移到附录中。

第三，给出与采用的国际标准化标准相比，详细技术性差异或文本结构变化等情况说明。

在修改采用国际标准化标准形成我国标准化标准时，如果在前言中需要说明的技术性差异或文本结构变化等内容较多，为了避免前言的篇幅过大，需要设置一个资料性附录，以便将相应的内容移到附录中。这时的附录起到说明与采用的国际标准化标准的详细差异情况的作用。

第四，给出已经识别出涉及专利的说明。如果在引言中需要给出有关专利的内容较多时，可以设置一个资料性附录，将其中的一些内容移作附录。

（二）附录的规范性或资料性的作用

前文多次提到“规范性附录”和“资料性附录”。附录是源自标准正文、前言或引言的，因此附录所起的规范性或资料性的作用也是源自正文、前言或引言。规范性附录给出正文的补充或附加条款；资料性附录给出有助于理解或使用标准的附加信息。

1. 在文中指明附录并明确其作用

在将正文、前言或引言的内容移到附录之处时，应通过使用适当的表述形式指明附录，同时提及该附录编号。

凡在标准中使用下列表述形式指明的附录属于规范性附录：

a）在任何标准中，要求型条款或指示型条款；

b）在指南标准中，推荐型条款；

c）在规范标准中，由“按”或“按照”指明的试验方法附录。

【示例 7-77】

……应符合附录 B 的规定；（任何标准）

……宜根据附录 A 中的……开展评价工作；（指南标准）

……按附录 C 描述的试验方法……（规范标准）

其他表述形式指明的附录都属于资料性附录。

【示例 7-78】

……相关示例见附录 D；

……附录 F 给出了进一步的信息。

可见指明附录时，除了使用上述 a）～ c）给出的表述形式，还要提及附录的编号。在编写标准的过程中，如果认为将某些内容移作附录更合适，那么就应当在原来要编写这些内容的位置用一句话指明相关附录。指明相关附录包含两层含义：一是指出原来的内容已经移到某个附录中去了；二是说明该附录所起的作用是规范性的还是资料性的。

如果标准中存在没有在正文、前言或引言中指明的附录，那么说明在应该指明附录的位置忘记提及，或者附录本身就没有存在的必要。这种情况下，应加以检查、修正，根据情况，或者在正文、前言或引言的适当位置指明附录，或者删去无关的附录。

在指明附录的同时，应对附录的作用表明态度，即通过使用上述 a）～ c）给出的表述形式明确附录是规范性的，还是资料性的。

在标准中指明附录时，应提及整个附录，不应提及附录中的具体内容。由于任何一个附录都是将文中的某些内容移过来而形成的，在原来要编写这些内容的位置指明附录时就应该提及整个附录，如“标准中与专利有关的事项的说明和表述应遵守附录 D 的规定”“层次编号见附录 A 给出的示例”。

请注意：附录的作用并不是由附录自身决定的。如前文所述，在编写标准的某些内容时，如果认为将这些内容移作一个附录更合适，才需要设置附录，所以附录的作用应与它原本在文中所起的作用相一致。也就是说，原本在文中是规范性的内容，移作附录就应编写成规范性附录；原本在正文中是资料性的内容，移作附录就只能编写成资料性附录。

2. 附录作用的标明

除了在文中指明附录时需要明确附录的规范性或资料性的作用，还需要在以下位置标明附录的作用。

（1）在附录编号下标明

附录的作用应在每个附录的编号下的圆括号中标明，如示例 7-79 所示。

【示例 7-79】

附录 A （资料性） 绩效指标——指南

（2）在目次中标明

在目次中列出附录时，附录的作用应在附录编号后的圆括号中标明，如示例 7-80 所示。

【示例 7-80】

目次

…………

…………

（三）附录的编写

具体编写附录时会涉及如何编排附录的顺序，如何对附录进行标识以及附录内容的细分等内容。

1. 附录的位置和顺序

附录应位于正文之后、参考文献之前。附录的顺序取决于其被移作附录之前所处位置（前言、引言或正文中）的前后顺序。换个角度来说，附录的顺序也就是在前言、正文或引言中指明附录时所处位置在标准中的前后顺序。

这里需要注意的是，标准中的附录，不但在前言、引言或正文中指明时会提及，还会在正文中规范性或资料性“提示”时提及。这种在标准中提示涉及的附录不应作为编写附录顺序的依据。例如，在GB/T 1.1—2020中，附录D中的内容首先是在“8.3 前言”的e）中提及“D.2中规定了尚未识别出标准的内容涉及专利时，在前言中需要给出的相关内容”，其次又在“9.13.2 专利”中指明“标准中与专利有关的事项的说明和表述应遵守附录D的规定”。附录D与其他附录的编排顺序不是按照“提示”的位置（8.3），而是按照“指明”的位置（9.13.2）编排的；因此它排在了指明条款类型表述的位置（“9.1 条款”中指明“条款类型的表述应遵守附录C的规定……”）的后面。

附录的前后顺序只取决于在标准中被指明的先后顺序，与附录的规范性或资料性的作用无关，因此附录的顺序可能会将规范性附录和资料性附录前后穿插编排。附录的前后顺序由附录编号来表示。

2. 附录的标识

每一个附录的前三行是附录的标识，它提供了识别附录的信息，见示例7-79。

（1）附录编号

附录的第一行为附录的编号，每个附录均应有附录编号。附录编号由“附录”和随后表明顺序的大写拉丁字母组成，字母从A开始，如“附录A”“附录B”“附录C”等。只有一个附录时，仍应给出附录编号“附录A”。

（2）附录的作用

附录编号之下，也就是附录的第二行应标明附录的作用，即“规范性”或“资料性”。

（3）附录标题

附录的第三行为附录标题，每个附录都应有标题，以标明附录规定或陈述的内容。

附录标题应与文中指明附录时的表述相一致。例如，文中表述为“基础国家标准见附录B”，如果附录B的标题设置为“标准文献”就不恰当，应将附录标题改为“基础国家标准”。

附录的标题应与附录的具体内容相一致。例如，附录标题为“基础国家标准”，但如果附录的内容不但包括了基础国家标准，还列出了有关行业标准、国际标准等，就是犯了“文不对题”的错误。

3. 附录的细分

（1）条、图、表和数学公式

附录可以分为条，条还可以进一步细分。每个附录中的条、图、表和数学公式的编号均应重新从1开始，应在阿拉伯数字编号之前加上表明附录顺序的大写拉丁字母，字母后跟下脚点。例如：

附录A中的条用“A.1”“A.1.1”“A.1.2”……“A.2”……表示；

附录B中的图用“图B.1”“图B.2”……表示；

附录C中的表用“表C.1”“表C.2”……表示；

附录D中的数学公式，如需编号，用“（D.1）”“（D.2）”……

附录只有一幅图或一个表也应对其编号，例如对于附录B，这时编号应为“图B.1”“表B.1”，当该附录中只有一个公式时，如果需要编号，那么应编为“（B.1）”。

（2）不允许设置的内容

在附录中不允许设置“范围”“规范性引用标准”“术语和定义”等内容。因为附录不是标准的要素，它是要素的表述形式。所以正文中的必备要素不应再重复设置成附录的条。

请注意：GB/T 1.1—2020不再将附录划分出的第一层次作为“章”，而是作为“条”。

第八章 包装尺寸标准

第一节 概述

运输包装件规格标准化就是通过包装尺寸以及与货物流通有关的一切空间尺寸的规格标准化，来提高物流效率。这里所指的空间尺寸，包括铁路货车、载重汽车、船舶、集装箱和托盘等运输设备的载货空间尺寸，以及仓库、零售商店的储存空间尺寸等。运输包装件规格标准化对国民经济，特别是国际贸易有重要意义。包装规格标准化是科学管理的组成部分，是组织现代化流通的重要手段。它可以提高包装容器的生产效率，加速货物流通，便于包装自动化、节省包装成本，改进商业经营方式。

（1）提高包装容器的生产效率。例如，瓦楞纸箱规格尺寸未制定标准前，要按用户的要求生产，给纸箱的生产造成许多困难。纸箱生产厂为适应用户要求，频繁地停机调整规格，降低了生产效率。有了通用的包装规格尺寸系列标准，用户可选择适合其要求的标准尺寸。生产厂只需按用户选定的标准规格生产，无须停机调整规格，提高了生产效率。

（2）加速货物流通。标准化的包装尺寸可以使不同类型的货物定型化，很容易汇集成一个集装箱单元，适应高层堆垛，可经济地利用运输工具与仓储空间，节省仓储与运输费用。便于储存、搬运和运输，使作业合理化、标准化，促进装卸作业机械化，可减少转运作业中单件货物笨重的人力作业，减少货物破损与丢失，保证货运安全。能简化货物计数及整理分类工作，节约劳力，减轻劳动强度，提高效率，减少开支。缩短装卸与停留时间，使工序间的衔接速度提高，加快了周转，使货物流通合理化，提高物流效率。

（3）便于包装自动化，节省包装成本。根据资料统计，由于以共同模数为基准的包装规格标准化，可使繁多的尺寸减少 95%，给包装机械制造业带来巨大的便利。便于包装自动化，同时还可简化包装作业，节省包装成本。

（4）改进商业经营方式。例如，可以简化商店的仓库管理。

运输包装规格尺寸系列化、标准化是一种社会经济活动，也是国际上共同关心的课题。目前国际标准采用 600mm×400mm 底面积为基础的一系列刚性长方形运输包装尺寸，我国标准 GB/T 4892—2021 基本与国际标准化组织制定的标准相同。

第二节　硬质直方体运输包装尺寸系列

硬质直方体运输包装尺寸系列标准（GB/T 4892—2021，ISO 3394：2012，MOD）的制定主要是基于包装货物的物流合理化和托盘联运（集装单元运输或集合包装）方式，提出了以托盘尺寸（单元尺寸）为媒介的规范尺寸。为了广泛有效地采用托盘联运方式，需要将单元尺寸（托盘尺寸）标准化，单元货物尺寸应符合 GB/T 15233—2008（ISO 3676：1983，MOD）的规定，即为 1200mm×1000mm、1100mm×1100mm，规定的单元货物尺寸是最小尺寸，其允许的最大偏差为 ±40mm。

此项标准规定了纸、木、塑、金属等各种材质包装的硬质直方体运输包装最大的平面尺寸，适用于公路、铁路和水路运输单元货物的运输包装件。非单元货物运输的运输包装件可参照采用。其中单元货物是指通过一种或多种手段将一组货物或包装件拼接在一起，使其形成一个整体单元，以便于装卸、运输、堆码和储存。

运输包装件的平面尺寸，可通过用整数去乘或去除模数尺寸 600mm ×400mm 或 550mm×366mm 而得到，由 600mm×400mm 模数尺寸计算并形成 1200mm×1000mm 的单元货物的平面尺寸如表 8-1 所示，其排列方式如图 8-1 所示；由 550mm×366mm 模数尺寸计算并形成 1100mm×1100mm 的单元货物的平面尺寸如表 8-2 所示，其排列方式如图 8-2 所示。

表 8-1　由 600mm×400mm 模数尺寸计算并形成 1200mm×1000mm 单元货物的平面尺寸

序号	平面尺寸（长 × 宽）/（mm×mm）	
1	倍数	1200×1000
2	模数	600×400
3	约数	300×400
4		200×400
5		150×400
6		120×400
7		600×200
8		300×200
9		200×200
10		150×200
11		120×200
12		600×133
13		300×133
14		200×133

续表

序号	平面尺寸（长 × 宽）/（mm×mm）	
15	约数	150×133
16		120×133
17		600×100
18		300×100
19		200×100
20		150×100
21		120×100

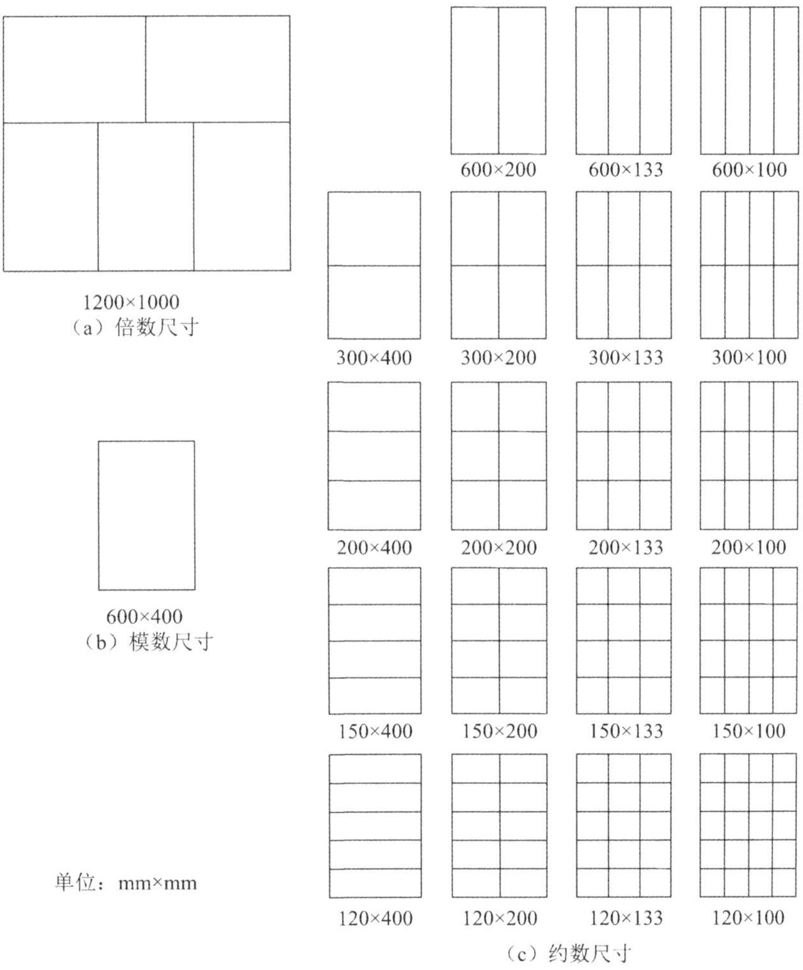

图 8-1　由 600mm×400mm 模数尺寸计算并形成 1200mm×1000mm 单元货物的平面尺寸排列

表 8-2　由 550mm×366mm 模数尺寸计算并形成 1100mm×1100mm 单元货物的平面尺寸

序号	平面尺寸（长 × 宽）/（mm×mm）	
1	倍数	1100×1100
2		1100×550
3		1100×366
4	模数	550×366
5	约数	275×366
6		183×366
7		137×366
8		110×366
9		550×183
10		275×183
11		183×183
12		137×183
13		110×183
14		550×122
15		275×122
16		183×122
17		137×122
18		110×122

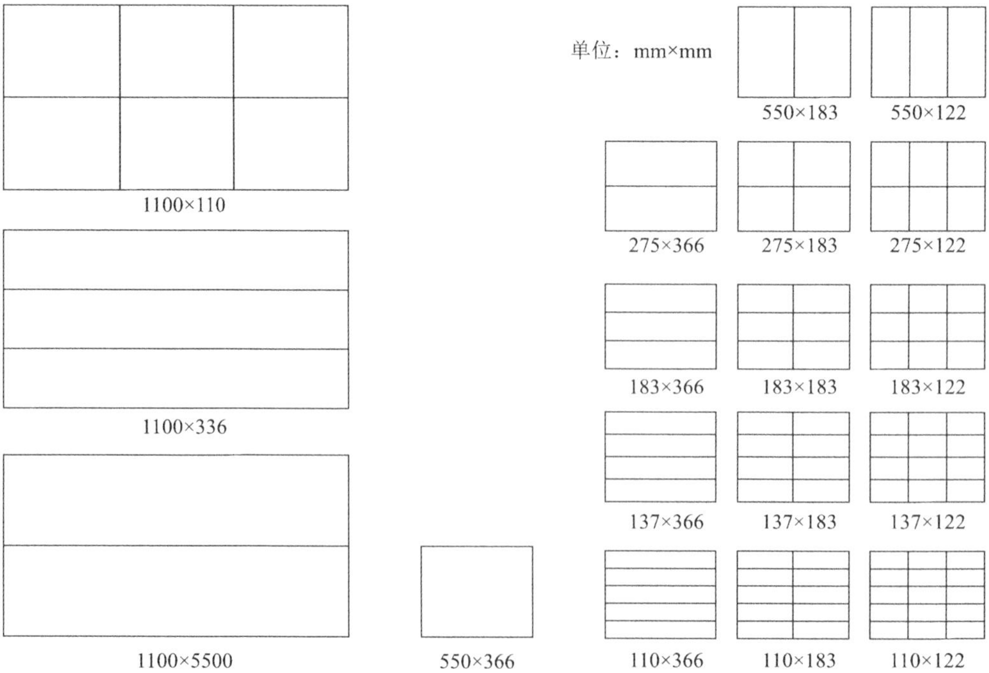

（a）倍数尺寸　（b）模数尺寸　（c）约数尺寸

图 8-2　由 550mm×366mm 模数尺寸计算并形成 1100mm×1100mm 单元货物的平面尺寸排列

等分小包装均可在大包装以 600mm×400mm 为模数的集装托盘上组合排列。包装尺寸为 400mm×200mm 的小包装在 1200mm×1000mm 上排列的实例，如图 8-3 所示。

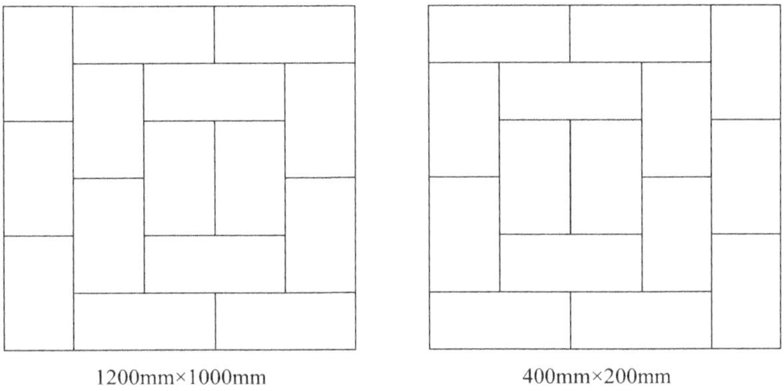

（a）第一层　（b）第二层

图 8-3　包装尺寸为 400mm×200mm 的小包装排列的示例

运输包装尺寸、单元货物尺寸和托盘尺寸是一脉相承的，将运输包装件通过一种或多种手段拼接在一起，形成单元货物尺寸，将单元货物合理地放在托盘上，最大限度地利用托盘面积，可以实现托盘联运，此过程可提高运输效率、降低货物的破损率、降低运输成本。

以上为由模数尺寸计算并形成的单元货物的平面尺寸，表 8-1 和表 8-2 是一种计算方法的引导，在实际应用中，若托盘尺寸为 1200mm×1000mm，包装尺寸为 240mm×200mm，则这种包装件可以按照图 8-4 所示的方式进行排列以充分地利用托盘的面积，而包装尺寸 240mm×200mm 也是标准尺寸。若对包装件进行排列放于托盘后，包装件占用面积能达到托盘面积的 80% 以上的，此包装件尺寸也可视为标准尺寸。

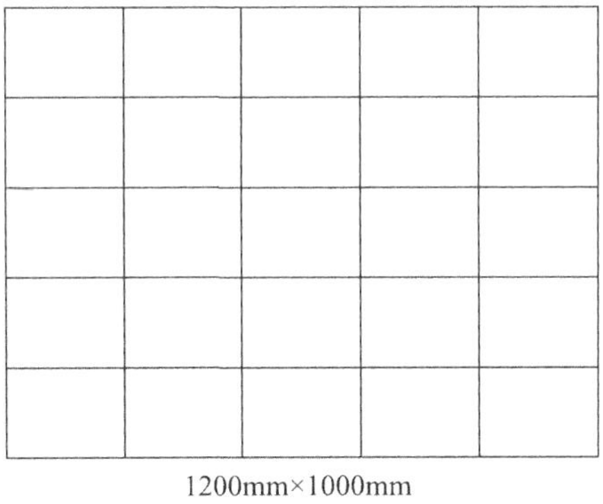

图 8-4　包装尺寸为 240mm×200mm 的小包装排列的示例

随堂随练

1. 将 120mm×133mm 的小包装件放在托盘尺寸为 1200mm×1000mm 上集合包装时，堆码二层，集装多少件时才能有效地利用空间，单元货物的尺寸是多少？

2. 包装件尺寸为 275mm×183mm 时，用什么规格的托盘最合适，单层件数为多少？

如果二层堆码，采用什么堆码方式，请画出堆码图谱。

3. 单元货物尺寸为什么允许最大偏差为正偏差？

4. 列出以 740mm×470mm 为模数，放在 1210mm×1210mm 托盘上的单元货物的平面尺寸表和堆码图谱。

第三节 圆柱体运输包装尺寸系列

《圆柱体运输包装尺寸系列》（GB/T 13201—1997）规定了钢、纸、塑料等各种材质圆柱体运输包装的最大外轮廓直径，适用于圆柱体运输包装。

圆柱体运输包装尺寸系列如表 8-3 所示，圆柱体运输包装尺寸系列的包装单元排列示例图谱如图 8-5 所示，圆柱体运输包装最大外轮廓直径的极限偏差为 ±4%。

表 8-3 圆柱体运输包装尺寸系列

序号	最大外轮廓直径 /mm	系列代号	单层件数	包装单元排列实例图谱代号
1	667	C	2	C01
2	650	A	2	A01
3	570	C	4	C02
4	552	A	3	A02
5	514	A	4	A03
6	472	C	5	C03
7	458	A	5	A04
8	427	C	6	C04
9	380	C	9	C05
10	374	A	8	A05
11	352	A	9	A06
12	307	A	12	A07
13	285	C	16	C06
14	270	A	16	A08
15	219	A	25	A09
16	200	A	30	A10
17	190	C	36	C07

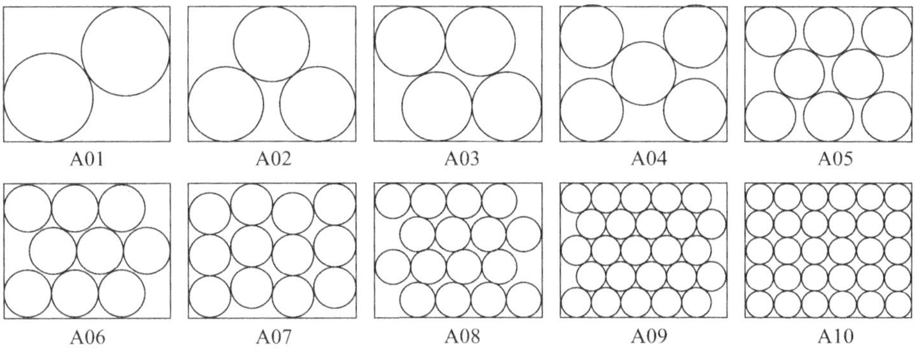

（a）1200mm×1000mm

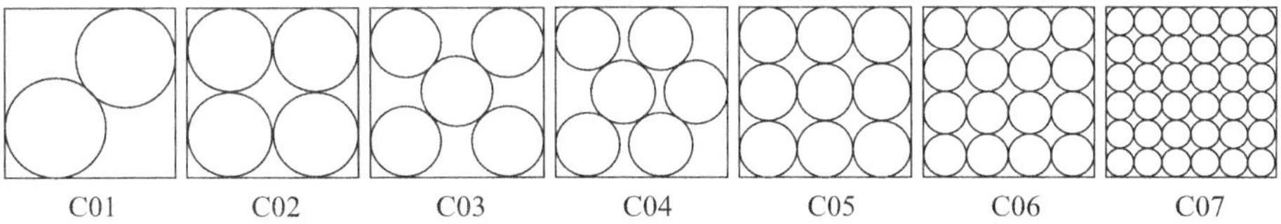

（b）1140mm×1400mm

图 8-5　包装单元排列示例图谱

例如，某圆柱体运输包装尺寸为 380mm，应采用多大的托盘集装尺寸？它的包装单元排列示例图谱是怎样的？单层件数是多少？

查表 8-3 得知最大外轮廓直径 380mm，其所用托盘系列号为 C，单层件数为 9，包装单元排列示例图谱，见图 8-5 中的代号为 C05 的图谱。

随堂随练

某圆柱体运输包装尺寸为 427mm，应采用多大的托盘集装的尺寸？它的包装单元排列示例图谱是怎样的？单层件数是多少？

第四节　袋类运输包装尺寸系列

《袋类运输包装尺寸系列》（GB/T 13757—1992）规定了纸、麻、布和塑编等材质的袋类运输包装满装平卧时的底平面最大外廓尺寸，适用于单元货物的袋类运输包装，其满装尺寸为 20 种：1200mm×500mm、1200mm×400mm、1140mm×570mm、1140mm×380mm、1000mm×600mm、1000mm×400mm、800mm×600mm、800mm×400mm、790mm×350mm、760mm×380mm、720mm×420mm、698mm×442mm、690mm×450mm、660mm×480mm、614mm×526mm、600mm×500mm、600mm×400mm、570mm×570mm、570mm×380mm、500mm×400mm，尺寸极限偏差为 ±5%。袋类运输包装扁平尺寸转换为满装尺寸的过程受多种因素影响，如内装物种类、装填方法、缝口形式以及装填后的堆码方法等。一般情况下可按材质经换算公式计算而得。

1. 纸袋

由满装尺寸换算扁平尺寸：$a = (A + 0.0016c^2 + 67.6) / 0.973$

$b = (B + 0.00094c^2 + 28.2) / 0.913 - c$

由扁平尺寸换算满装尺寸：$A = 0.973a - 0.0016c^2 - 67.6$

$B = 0.913(c + b) - 0.00094c^2 - 28.2$

式中：A、B——满装尺寸的长、宽，mm；

a、b——扁平尺寸的长、宽，mm；

c——折边宽，mm。

注：以下换算公式符号意义相同。

2. 麻袋

由满装尺寸换算扁平尺寸：$a = 315.6978 + 0.3216A + 0.7600B$

$b = 95.3102 + 0.3647A + 0.4763B$

由扁平尺寸换算满装尺寸：$A = -195.7950 + 0.0061a + 1.5691b$

$B = -48.7076 + 0.1060a + 0.7242b$

3. 布袋

由满装尺寸换算扁平尺寸：$a = 748.9262 + 0.3356A - 0.3859B$

$b = 287.0251 + 0.4432A - 0.4706B$

由扁平尺寸换算满装尺寸：$A = 635.8892 - 0.9500a + 2.200b$

$B = 691.8888 - 0.2167a - 0.200b$

4. 塑料纺织袋

由满装尺寸换算扁平尺寸：$a = -412.2480 + 1.6590A + 0.1031B$

$b = -157.8624 + 0.3579A + 0.9873B$

由扁平尺寸换算满装尺寸：$A = 368.0329 + 0.4982a - 0.1040b$

$B = 171.5420 + 0.2237a - 0.8477b$

例如，一种用于单元货物的纸袋类运输包装，其满装尺寸为1200mm×500mm，折边宽为10mm，其扁平尺寸是多少？用什么规格的托盘最合适？

因为满装尺寸应与所选用托盘规格相匹配才能最大限度地利用托盘空间，已知纸袋满装尺寸为1200mm×500mm，因此，选择1200mm×1000mm的规格托盘，其扁平尺寸根据纸袋由满装尺寸换算扁平尺寸公式计算而得 a = 1303mm，b =533mm。

知识链接

GB/T 15233—2008包装单元货物尺寸

单元货物是通过一种或多种手段将一组货物或包装件拼装在一起，使其形成一个整体单元，以便于装卸、运输、堆码和储存。单元货物的最小平面尺寸见表8-4。

表 8-4　单元货物的最小平面尺寸

长 × 宽	长、宽最大偏差
1200mm×1000mm	±40 mm
1100mm×1100mm	

随堂随练

1. 某圆柱体运输包装尺寸为 427mm，应采用多大的托盘集装尺寸？它的包装单元排列实例图谱是怎样的？单层件数是多少？

2. 一种用于单元货物的纸袋类运输包装，其满装尺寸为 614mm×526mm，折边宽为 10mm，问其扁平尺寸是多少？用什么规格的托盘最合适？

第九章 包装标志标准

商品运输包装标志是指在运输包装外部制作的特定记号或说明。货物流动要经过多环节、多层次的运输和中转，要完成各种交接，这就需要依靠标志来识别货物。包装货物通常为密闭容器，经手人很难了解内装物的种类，更何况内装产品性质不同、形态不一、轻重有别、体积各异，保护要求就不一样，这就需要通过标志来了解内装产品，以便正确有效地进行装卸、运输、储存等。运输包装标志主要是赋予运输包装件以传达功能，识别货物、实现货物的收发管理，明示物流中应采用的防护措施，识别危险货物，暗示应采用的防护措施，以保证物流安全。

第一节 危险货物包装标志

《危险货物包装标志》（GB 190—2009）是用来标示“化学危险品”的，为了能引起人们的特别警惕，这类标志采用特殊的彩色或黑白菱形图示。危险货物包装标志必须指出危险货物的类别及危险等级。标准规定了危险货物包装图示标志的分类图形、尺寸、颜色及使用方法等，仅适用于危险货物的运输包装。标志分为标记和标签，标记 4 个，标签 26 个，其图形分别标示了 9 类危险货物的主要特性，如表 9-1 和表 9-2 所示。

表 9-1 标记

序号	标记名称	标记图形
1	危害环境物质和物品标记	 （符号：黑色，底色：白色）

续表

<table>
<tr><th>序号</th><th>标记名称</th><th>标记图形</th></tr>
<tr><td>2</td><td>方向标记</td><td>
（符号：黑色或正红色，底色：白色）

（符号：黑色或正红色，底色：白色）</td></tr>
<tr><td>3</td><td>高温运输标记</td><td>
（符号：正红色，底色：白色）</td></tr>
</table>

表 9-2　标签

<table>
<tr><th>序号</th><th>标签名称</th><th>标签图形</th><th>对应的危险货物类项号</th></tr>
<tr><td rowspan="3">1</td><td rowspan="3">爆炸性物质或物品</td><td>
（符号：黑色，底色：橙红色）</td><td>1.1
1.2
1.3</td></tr>
<tr><td>
（符号：黑色，底色：橙红色）</td><td>1.4</td></tr>
<tr><td>
（符号：黑色，底色：橙红色）</td><td>1.5</td></tr>
</table>

续表

序号	标签名称	标签图形	对应的危险货物类项号
1	爆炸性物质或物品	 （符号：黑色，底色：橙红色）	1.6
2	易燃气体	 （符号：黑色，底色：正红色）	2. 1
		 （符号：白色，底色：正红色）	
	非易燃无毒气体	 （符号：黑色，底色：绿色）	2.2
		 （符号：白色，底色：绿色）	
	毒性气体	 （符号：黑色，底色：白色）	2.3
3	易燃气体	 （符号：黑色，底色：正红色）	3

续表

序号	标签名称	标签图形	对应的危险货物类项号
3	易燃气体	 （符号：黑色，底色：正红色）	3
4	易燃固体	 （符号：黑色，底色：白色红条）	4. 1
	易于自燃的物质	 （符号：黑色，底色：上白下红）	4.2
	遇水放出易燃气体的物质	 （符号：黑色，底色：蓝色）	4.3
		 （符号：白色，底色：蓝色）	
5	氧化性物质	 （符号：黑色，底色：柠檬黄色）	5.1
	有机过氧化物	 （符号：黑色，底色：红色和柠檬黄色）	5.2

续表

序号	标签名称	标签图形	对应的危险货物类项号
5	有机过氧化物	 （符号：白色，底色：红色和柠檬黄色）	5.2
6	毒性物质	 （符号：黑色，底色：白色）	6. 1
	感染性物质	 （符号：黑色，底色：白色）	6.2
7	一级放射性物质	 （符号：黑色，底色：白色，附一条红色条） 黑色文字，在标签下半部分写上：“放射性” “内装物——” “放射性强度——” 在“放射性”字样之后应有一条红竖条	7A
	二级放射性物质	 （符号：黑色，底色：上黄下白，附两条红色条）黑色文字，在标签下半部分写上：“放射性” “内装物——” “放射性强度——” 在一个黑边框格内写上：“运输指数” 在“放射性”字样之后应有两条红竖条	7B

续表

序号	标签名称	标签图形	对应的危险货物类项号
7	三级放射性物质	 （符号：黑色，底色：上黄下白，附三条红色条） 黑色文字，在标签下半部分写上： “放射性” “内装物——” “放射性强度——” 在一个黑边框格内写上：“运输指数”在“放射性”字样之后应有三条红竖条	7C
8	性物质	 （符号：黑色，底色：上白下黑）	8
9	杂项危险物品和物质	 （符号：黑色，底色：白色）	9

标志的尺寸一般分为 4 种，如表 9-3 所示。

表 9-3　标志的尺寸

尺寸号别	长 /mm	宽 /mm
1	50	50
2	100	100
3	150	150
4	250	250

注：如遇特大或特小的运输包装件，标志的尺寸可按规定适当扩大或缩小。

储运的各种危险货物性质的区分及其应标注的标志，应按 GB 6944、GB 12268 及有关国家运输主管部门相关规定选取，出口货物的标志应按我国执行的有关国际公约（规则）办理。

随堂随练

1. 举 3 个实例介绍危险货物包装标志使用情况。
2. 检索危险货物目录。
3. 危险货物包装标志使用时应注意什么？

第二节　包装储运图示标志

《包装储运图示标志》（GB/T 191—2008）是根据产品的某些特性，例如怕湿、怕震、怕热、怕冻等而提出的搬运、储存、保管以及运输安全的注意事项，目的是在货物运输、装卸和储存过程中，引起作业人员的注意，使他们按图示标志的要求进行操作。标准规定了包装储运图示标志的名称、图形符号、尺寸、颜色及应用方法，适用于各种货物的运输包装。

一、标志的名称及图形符号

标志由图形符号、名称及外框线组成，共 17 种，如表 9-4 所示。

表 9-4　标志名称及图形

序号	标志名称	图形符号	标志	含义	说明及示例
1	易碎物品			表明运输包装件内装易碎物品，搬运时应小心轻放	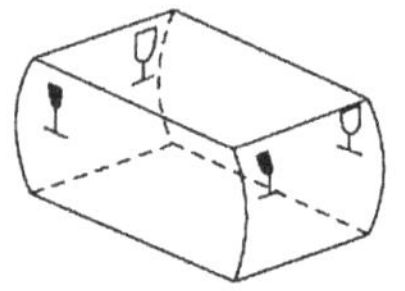
2	禁用手钩			表明搬运运输包装件时禁用手钩	
3	向上		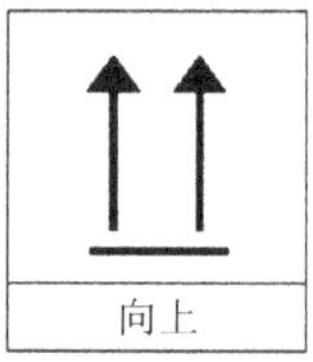	表明该运输包装件在运输时应竖直向上	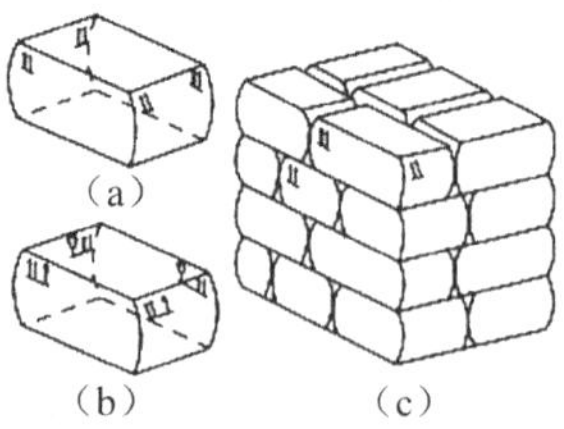

续表

序号	标志名称	图形符号	标志	含义	说明及示例
4	怕晒		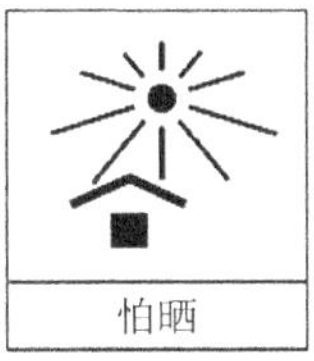	表明该运输包装件不能直接照晒	
5	怕辐射			表明该物品一旦受辐射会变质或损坏	
6	怕雨			表明该运输包装件怕淋雨	
7	重心	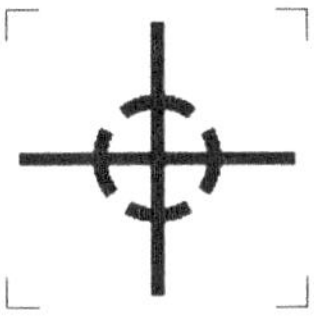		表明该包装件的重心位置，便于起吊	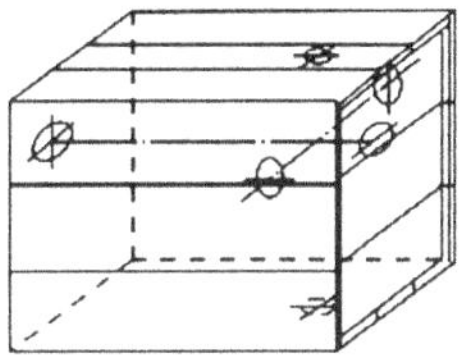 该标志应标在实际位置上
8	禁止翻滚			表明搬运时不能翻滚该运输包装件	
9	此面禁用手推车			表明搬运货物时此面禁止放在手推车上	
10	禁用叉车			表明不能用升降叉车搬运的包装件	
11	由此夹起	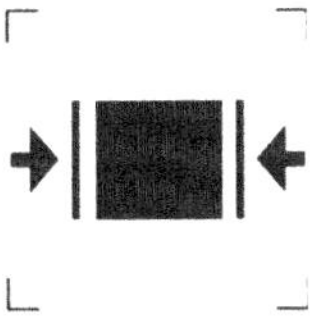		表明搬运货物时可用夹持的面	

续表

序号	标志名称	图形符号	标志	含义	说明及示例
12	此处不能卡夹			表明搬运货物时不能用夹持的面	
13	堆码质量极限	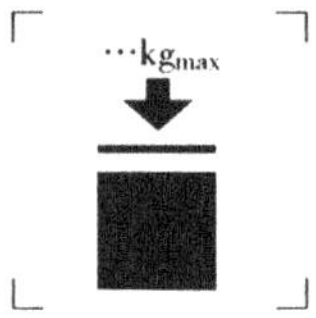		表明该运输包装件所能承受的最大质量极限	
14	堆码层数极限	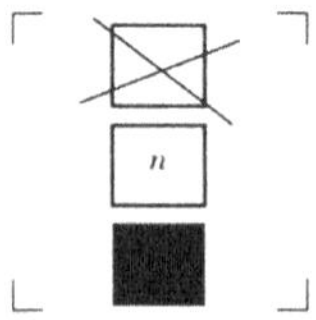	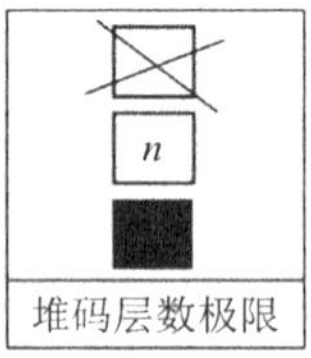	表明可堆码相同运输包装件的最大层数	包含该包装件，N 表示从底层到顶层的总层数
15	禁止堆码	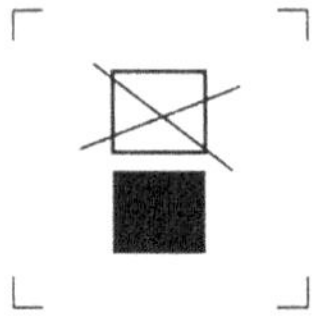	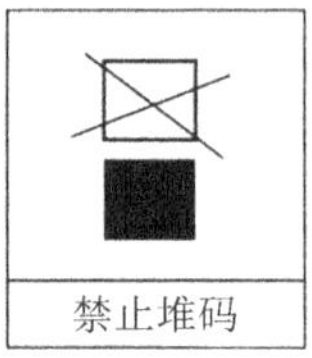	表明该包装件只能单层放置	
16	由此吊起	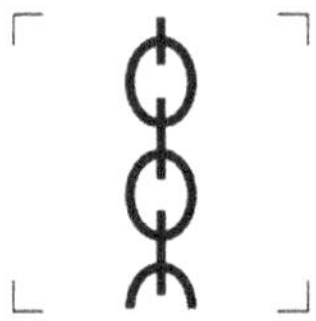	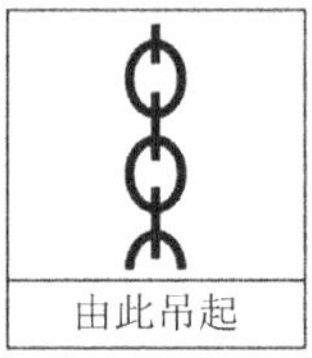	表明起吊货物时挂绳索的位置	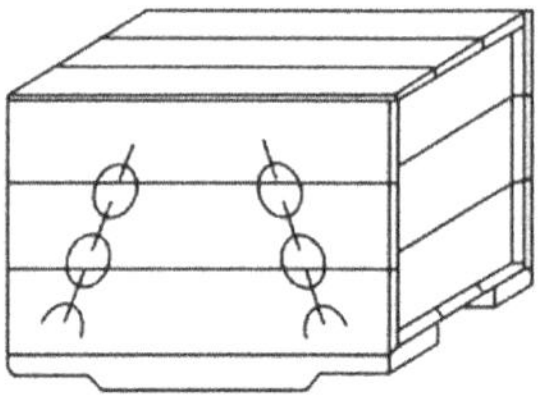 应标在实际起吊位置上
17	温度极限		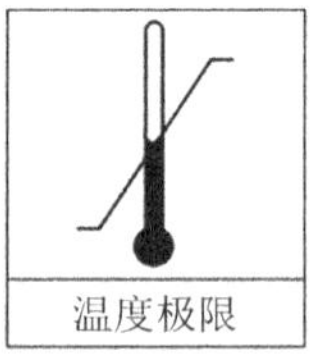	表明该运输包装件应该保持的温度范围	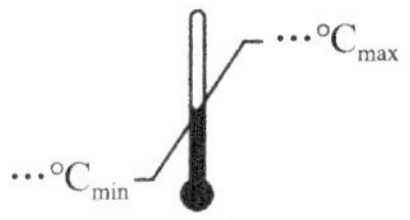 (a) 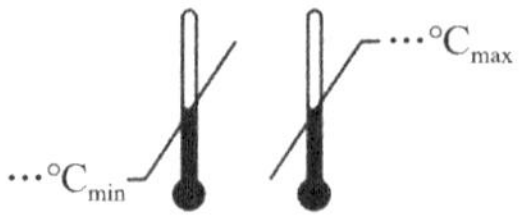 (b)

二、标志的尺寸

标志外框为长方形，其中图形符号外框为正方形，尺寸一般分为 4 种，如表 9-5 所示。如果包装尺寸过大或过小，可等比例放大或缩小。

表 9-5　图形符号及标志外框尺寸

序号	图形符号外框尺寸 /（mm×mm）	标志外框尺寸 /（mm×mm）
1	50×50	50×70
2	100×100	100×140
3	150×150	150×210
4	200×200	200×280

三、标志的颜色

标志的颜色一般为黑色。

如果包装的颜色使标志显得不清晰，则应在印刷面上用适当的对比色。黑色标志最好以白色作为标志的底色。必要时，标志也可使用其他颜色，除非另有规定，一般应避免采用红色、橙色或黄色，以避免与危险标志相混淆。

四、标志的应用方法

标志的使用可采用直接印刷、粘贴、拴挂、钉附及喷涂等方法。印刷标志时，外框线及标志名称都要印上，出口货物可省略中文标志名称和外框线；喷涂时，外框线及标志名称可以省略。

一个包装件上使用相同标志的数目，应根据包装件尺寸和形状确定。标志应标注在显著位置上，下列标志的使用应按以下规定：

（1）标志 1“易碎物品”应标在包装件所有的端面和侧面的左上角处（见表 9-4 标志 1 的说明及示例）；

（2）标志 3“向上”应标在与标志 1 相同的位置［见表 9-4 中标志 3 示例（a）］；当标志 1 和标志 3 同时使用时，标志 3 应更接近包装箱角［见表 9-4 标志 3 示例（b）］；

（3）标志 7“重心”应尽可能标在包装件所有 6 个面的重心位置上，否则至少也应标在包装件 2 个侧面和 2 个端面上（见表 9-4 中标志 7 的说明及示例）；

（4）标志 11“由此夹起”只能用于可夹持的包装件上，标注位置应为可夹持位置的两个相对面上，以确保作业时标志在作业人员的视线范围内；

（5）标志 16“由此吊起”至少应标注在包装件的两个相对面上（见表 9-4 中标志 16 的说明及示例）。

随堂随练

1. 举例说明包装储运图示标志的使用及在使用时应注意什么？
2. 说明包装储运图示标志的作用。

第三节 运输包装收发货标志

收发货标志是外包装件上的商品分类图示标志及其他标志和文字说明排列格式的总称。《运输包装收发货标志》（GB/T 6388—1986）为在物流过程中辨认货物而采用的。它对物流管理中收发货、入库以及装车配船等环节起着特别重要的作用。它也是在发货单据、运输保险文件以及贸易合同中有关标志事项的基本部分。

表 9-6 给出了 14 个项目的收发货标志的内容，其中分类标志是必需的，其他各项则合理选用。外贸出口商品根据国外客户要求，以中外文对照，印制相应的标志和附加标志。国内销售的商品包装上不填英文项目；表 9-7 给出了分类图示标志尺寸；图 9-1 是十二大类商品图示标志，收发货标志内容字体规定，中文都用仿宋体字，代号用汉语拼音大写字母，数字用阿拉伯数字，英文用大写的拉丁文字母。

表 9-6 收发货标志

序号	项目			含义
	代号	中文	英文	
1	FL	商品分类和图示标志	CLASSIFICATION MARKS	表明商品类别的特定符号
2	GH	供货号	CONTRACT No.	供应该批货物的供货清单号码（出口商品用合同号码）
3	HH	货号	ART No.	商品顺序编号，以便出入库、收发货登记和核定商品价格
4	PG	品名规格	SPECIFICATIONS	商品名称或代号，标“单一商品的规格、型号、尺寸、花色”等
5	SL	数量	QUANTIFY	包装容器内含商品的数量
6	ZL	（毛重）重量 （净重）	CROSS WT. NET WT.	包装件的重量（kg），包括毛重和净重
7	CQ	生产日期	DATE OF PRODUCTION	产品生产的年月日
8	CC	生产工厂	MANUFACTURER	生产该产品的工厂名称
9	TJ	体积	VOLUME	包装件的外径尺寸，长 × 宽 × 高，体积（m^3）
10	XQ	有效期限	TERM OF VALIDITY	商品有效期至 × 年 × 月
11	SH	收货地点和单位	PLACE OF DESTINATION AND CONSIGNEE	货物到达港和某单位（人）收（可用贴标签和涂写）
12	FH	发货单位	CONSIGNOR	发货单位（人）
13	YH	运输号码	SHIPPING No.	运输单号码
14	JS	发运件数	SHIPPING PIOCES	发运的件数

表 9-7　商品分类图示标志尺寸　　单位：mm

包装件高度（袋按长度）	分类图案尺寸	图形具体参数		备注
		外框线宽	内框线宽	
500 及以下	50×50	1	2	平视距离 5m，包装标志清晰可见
500 ～ 1000	80×80	1	2	
1000 以上	100×100	1	2	平视距离 10m，包装标志清晰可见

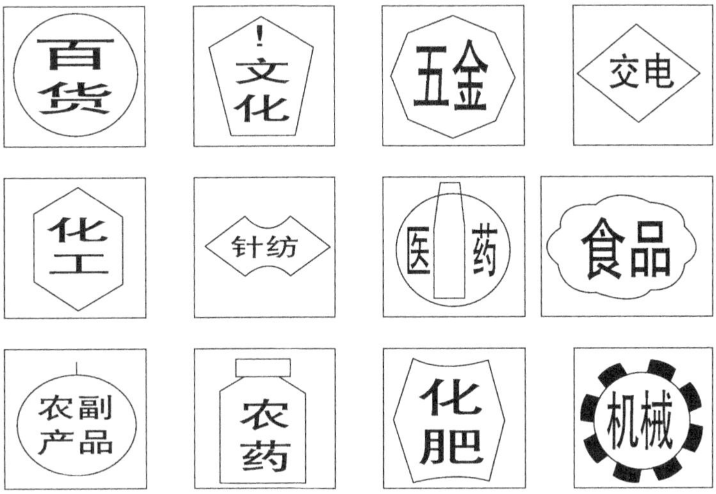

图 9-1　十二大类商品图示标志

如表 9-8 所示为收发货标志的颜色规定，具体如下。

表 9-8　收发货标志的颜色规定

商品类别	颜色	商品类别	颜色
百货类	红色	医药类	红色
文化用品类	红色	食品类	绿色
五金类	黑色	农副产品类	绿色
交电类	黑色	农药	黑色
化工类	黑色	化肥	黑色
针纺类	绿色	机械	黑色

（1）纸箱、纸袋、塑料袋、钙塑箱，根据商品类别按表 9-8 规定的颜色用单色印刷。

（2）麻袋、布袋用绿色或黑色印刷，木箱、木桶不分类别，一律用黑色印刷，铁桶用黑、红、绿、蓝底印白字，灰底印黑字，表内未包括的其他商品，包装标志的颜色按其属性归类。

（3）运输包装收发货标志，按照包装容器不同，可以采用印刷、刷写、粘贴、拴挂等方式。

印刷适用于纸箱、纸袋、钙塑箱、塑料袋。在包装容器制造过程中，将需要的项目按标志颜色的规定，印刷在包装容器上，有些不固定的文字和数字在商品出厂及发运时填写。刷写适用于木箱、桶、麻袋、布袋、塑料编织袋。利用印模、镂模，按标志颜色规定涂写在包装容器上，要求醒目、牢固。

（4）对于不固定的标志，如在收货单位和到达站需要临时确定的情况下，先将需要的项目印刷在 $60g/m^2$ 以上的白纸或牛皮纸上，然后粘贴在包装件有关栏目内。

（5）对于不便印刷、刷写的运输包装件如筐、篓、捆扎件，将需要的项目印刷在牛皮纸或布、塑料薄膜、金属片上，拴挂在包装件上（不得用于出口商品包装）。

运输包装件收发货标志位置，应按 GB/T 3538—1983《运输包装件各部位的标示方法》标示部位，在不同包装容器上，有下面各项规定。

（1）六面体包装件的分类图示标志位置，放在包装件五、六两面的左上角，收发货标志的其他各项，如图 9-2 ～图 9-5 所示。

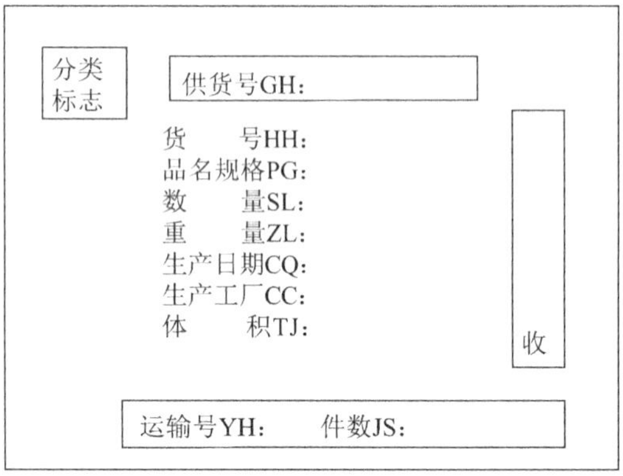

图 9-2　纸箱五、六两面收发货标志的标示位置

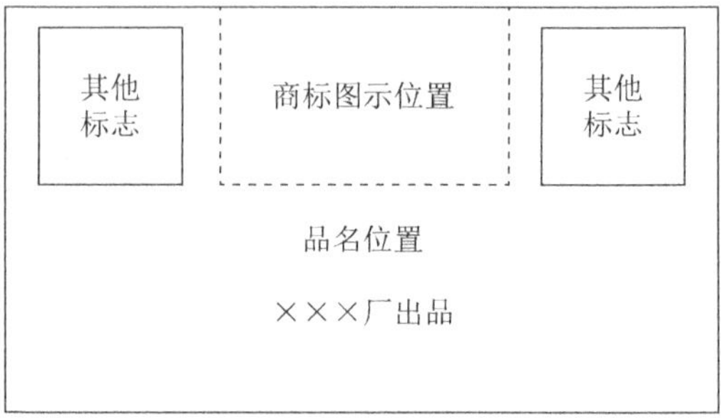

图 9-3　纸箱二、四两面收发货标志的标示位置

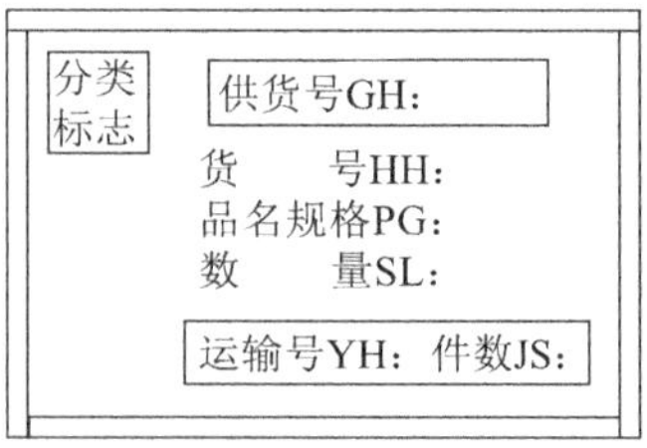

图 9-4　木箱五、六两面收发货标志的标示位置

图 9-5　木箱二、四两面收发货标志的标示位置

（2）袋类包装件的分类图示标志放在两大面的左上角，收发货标志的其他各项，如图 9-6 所示。

（3）桶类包装的分类图示标志放在左上方，收发货标志的其他各项，如图 9-7 所示。

（4）筐、篓捆扎件等拴挂式收发货标志，应拴挂在包装件的两端，草包、麻袋拴在包装件的两上角，如图 9-8 所示。

（5）粘贴标应贴在包装件的五、六两面的有关栏目内。

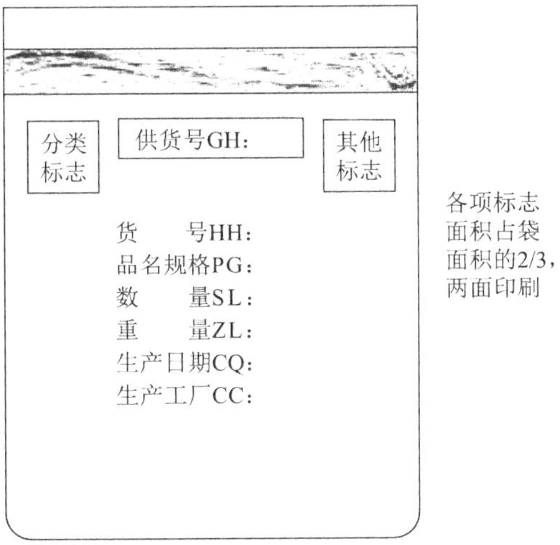

图 9-6　袋类包装件收发货标志的标示位置

图 9-7　桶类包装件收发货标志的标示位置

例如，248mL 瓶装某品牌奶的外包装采用的单瓦楞纸箱包装，问包装件的外包装上应设计什么标志？

一是包装储运图示标志：防雨标志、向上标志、小心轻放标志。二是运输包装收发货标志。

具体包括：

品名：低脂低糖发酵型乳酸菌奶饮品

产品标准号：Q/MYTZN 003—2002

规格：248mL×24 瓶

毛重：6.93kg

净重：6.13kg

体积：（33.2×22.1×16）cm^3

生产日期（批号）：见瓶底

保质期：常温，180 天

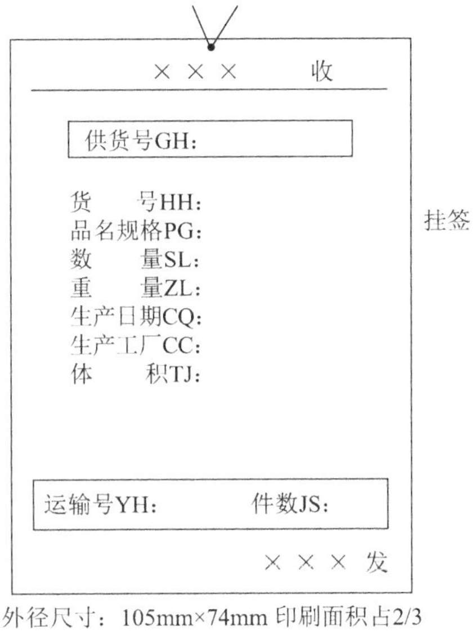

图 9-8　挂签收发货标志的标示位置

随堂随练

1. 请举 3 个实例说明运输包装收发货标志。
2. 使用运输包装收发货标志时应注意什么？

第四节　塑料包装制品的标志

《塑料制品的标志》（GB/T 16288—2008）在修改采用 ISO 11469：2000 时做了内容扩

充和编辑性修改，并在所涉及条款的页边空白处用垂直单线标识。

本标准规定了塑料制品的标志及其尺寸、颜色、数量和设置的位置。

一、塑料制品的标志

塑料制品的标志由标识，和 / 或代号和 / 或图形和 / 或功能性说明和 / 或补充说明等部分构成。塑料制品的标志如图 9-9 所示。

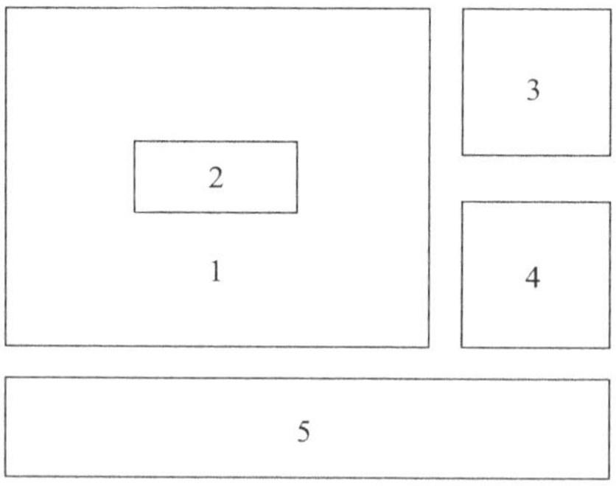

图 9-9　塑料制品标志

1—图形符号；2—代号；3—功能性说明；4—补充说明；5—标识

表 9-9

序号	物品示例	图示
1	可重复使用的高密度聚乙烯制饮用水壶	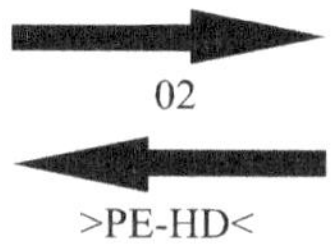
2	含有 15% 的质量分数矿物粉和 5% 的质量分数玻璃纤维的聚乳酸生物分解塑料餐盒	
3	用聚丙烯制作的针筒	
4	在生产一次性中密度聚乙烯杯子时产生的边角料，这些边角料在没有任何污染情况下被再加工成一次性聚乙烯杯	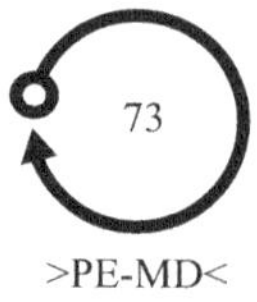
5	用回收的高密度聚乙烯塑料再加工制作的塑料盒	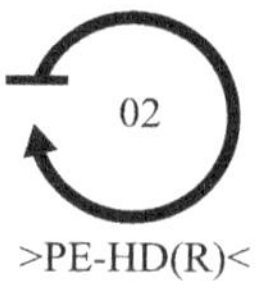

二、标志图形、名称

塑料制品标志的图形和名称共 5 类，分别如表 9-10 所示。

表 9-10　标志图形和名称

序号	图形	名称	序号	图形	名称
1	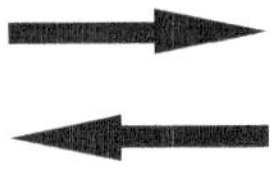	可重复使用	2		可回收再生利用
3		不可回收再生利用塑料	4		再生塑料
5	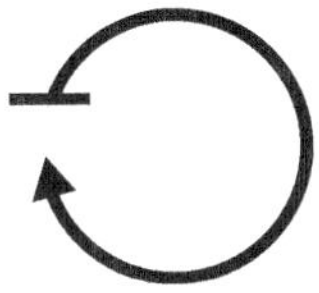	回收再加工利用塑料			

三、标识体系

（1）单一聚合物或共聚物制得的塑料制品标识应使用符号“ ＞”和“＜”将缩写语或代号括在中间。

示例 9-1　（丙烯酸 / 丁二烯 / 苯乙烯）共聚物，表示为：＞ ABS ＜。

（2）聚合物混合物或合金的制品，应按照各种主要组成的质量比例大小，用合适的术语缩写来表示聚合物的成分，聚合物术语缩写之间用“+”隔开，从大到小依次排列，并按（1）进行标识。

示例 9-2　聚碳酸酯和（丙烯酸 / 丁二烯 / 苯乙烯）共聚物的合金，聚碳酸酯为主要聚合物，（丙烯酸 / 丁二烯 / 苯乙烯）共聚物被分散在其里面，表示为：＞ PC+ABS ＜。

（3）含单一填料或增强材料的塑料制品，填料应与塑料聚合物一起标识，塑料聚合物缩写术语后加连字符，然后标上按 GB/T 1844. 2—2008 规定的助剂缩写术语或符号，并按（1）的规定进行标识。

示例 9-3　添加 30% 质量分数矿物粉（MD）的聚丙烯，表示为：＞ PP-MD30 ＜。

对含多个填料或多个增强剂或两者均含有的合成物，应描述助剂的含量占比，并用圆括弧将其括在中间。

示例 9-4　含 15% 质量分数矿物粉和 25% 质量分数玻璃纤维（GF）聚酰胺 66，表示为：＞ PA66 -（GF25+MD15）＜或＞＜ 66 -（MD+GF）40 ＜ 。

（4）含增塑剂的塑料制品，聚合物缩写术语后加上连字符、符号“P”及增塑剂缩写术语（用圆括弧括起来），并按“（1）”的规定进行标识。增塑剂术语按 GB/T 1844. 3—1995 规定。

示例 9-5 含增塑剂邻苯二甲酸二丁酯（DBP）的 PVC，表示为：＞ PVC-P（DBP）＜ 。

（5）含阻燃剂的塑料制品，聚合物缩写术语后加上连字符、“FR”及阻燃剂代码数字（用圆括弧括起来），并按“（1）”的规定进行标识。阻燃剂代码数字按 ISO 1043—4：1998 规定。

示例 9-6 含 15% 质量分数矿物粉和 25% 质量分数玻璃纤维，另外添加阻燃剂红磷（代号数字 52）的聚酰胺 66，表示为：＞ PA66-（GF25＋MD15）FR（52）＜＜＞ PA66－（GF＋MD）40FR（52）＜。

（6）含难以区分的两种或两种以上组分的制品，有些材料是不可见的，首先应按“（1）”规定标出主要可见材料，其次标上其他材料的单独标识，这些材料之间用逗号隔开。质量分数占主要的成分应标记下画线。

示例 9-7 三组分的制品，可见的是涂覆在聚氨酯上面的聚乙烯薄层，聚氨酯包裹着质量分数占主要的（丙烯酸 / 丁二烯 / 苯乙烯）共聚物，表示为：＞ PVC，PUR，ABS ＜。

（7）含回收再加工利用塑料的制品，回收再加工利用塑料应与塑料一起标识，塑料缩略术语后加连字符，然后按回收再加工利用塑料的缩略术语，回收再加工利用塑料的缩略术语加括弧，括弧内注上 R，并按“（1）”的规定进行标识。

示例 9-8 添加经回收再利用的聚丙烯（质量分数为 30%）的聚丙烯制品，表示为：＞ PP-PP（R）30 ＜ 。

对含多种回收再加工利用塑料的制品，应描述回收再加工利用塑料的百分含量，并加括弧。

示例 9-9 含 15% 质量分数回收 PP 和 25% 质量分数回收 PE 的 PE 制品，表示为：＞PE-［（PE（R）25＋PP（R）15］＜。

四、标志的尺寸和颜色

标志的尺寸按照 GB/T 16903. 1—2008 的规定设计，也可以根据实际需要，按相应的比例缩小或放大。标志的颜色一般为黑色，也可以用其他醒目的颜色，要求不易褪色或脱落。模塑制品标识的颜色可以与制品的颜色相同。

五、标志的制作、数量及设置的位置

可以采用模塑、印刷或喷涂等方法，但应不损害塑料制品的性能。每一件制品一般为一个，如有必要，应予增加。标志设置的位置应按照产品标准的规定。一般应位于塑料制品的明显处。对本身不便或无法标识的塑料制品，可在其外包装上进行标识。

随堂随练

1. 举例说明塑料制品标志的应用。
2. 塑料制品标志应用时应注意什么？

第五节　包装回收标志

《包装回收标志标准》（GB/T 18455—2022）是根据包装回收复用和再生利用要求的需要进行制定的，标志图形与国际通用标志一致。我国包装标志要求尽可能与国际要求等同，以尽快适应国际贸易、技术和经济交流的需要。

本标准规定了可回收利用的包装容器和包装组分的材料识别标志及其标示要求。本标准适用于可回收利用的纸、塑料、铝和铁等包装容器或包装组分。

一、常用包装回收标志

常用包装材料的回收标志及其说明见表 9-11。

表 9-11　常用包装材料的回收标志

材料名称	回收标志	说明	材料名称	回收标志	说明
纸		适用于纸盒、纸箱和纸浆模塑等制品，在标志下方可标注“纸”	塑料		该示例图仅为基本图形
铝	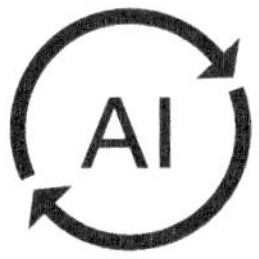	在标志下方可标注“铝”	铁	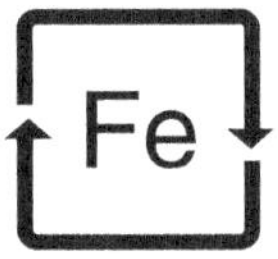	在标志下方可标注“铁”

二、塑料包装回收标志

一般塑料包装回收标志按 GB/T 16288—2022 附录 A 标示代号和缩略语。表 9-12 给出了常用塑料代号和缩略语。如图 9-10 所示为高密度聚乙烯包装回收标志的标示示例。

表 9-12　常用塑料代号和缩略语

材料术语	聚对苯二甲酸乙二醇酯	高密度聚乙烯	聚氯乙烯	低密度聚乙烯	聚丙烯	聚苯乙烯
代号	01	02	03	04	05	06
缩略语	PET	PE-HD	PVC	PE-LD	PP	PS

当用于包装的可生物降解塑料不包括在 GB/T 16288—2022 附录 A 之内，其回收标志如图 9-11 所示。可生物降解塑料标志中的代号“00 ”表示“可生物降解”，缩略语××××的表示方法见 GB/T 1844.1。当需要表达材料的生物降解技术条件时，可以在标志的下方或左右两侧标注简要的文字说明。

图 9-10 高密度聚乙烯包装回收标志的标示示例

图 9-11 可生物降解塑料包装回收标志的标示示例

三、复合包装材料的包装回收标志

复合包装材料的包装回收标志按表 9-12 给出的包装回收标志标示主要材料。主要材料是指能量回收中有效热量值最高的一种材料。

随堂随练

1. 包装回收标志的作用。
2. 使用包装回收标志时应注意什么？

第六节 国际贸易用标准化运输标志

《国际贸易用标准化运输标志》（GB/T 18131—2010）等效采用联合国欧洲经济委员会第 15 号推荐标准《简化的运输标志》1992 年 5 月版。

联合国欧洲经济委员会第 15 号推荐标准原文包括：序、推荐标准、背景、范围、应用领域、标准的运输标志、不同运输方式运输标志的简化、运输标志的制作方法和附录。国际贸易程序简化工作组向各国政府、国际组织以及从事国际货物运输和单证处理的各方做以下推荐。

（1）采用由收货人名称缩写、参考号、目的地和包装件号组成的标准运输标志。

（2）应中止对包装物上附加信息（如原产地国、进口许可证编号、跟单信用证编号）的要求，尤其是官方要求；当确实需要此类信息时，应与包装物上的运输标志明确区分，并不得作为运输标示的一部分而抄录到单证上。

（3）提倡以千克为单位在包装物上标注毛重，不要用其他计量单位。

（4）货物搬运规程采用 ISO 标准，并对危险警示采用联合国标准。

（5）采用本标准规定的物理标记方法、惯例和规则。

标准规定了国际贸易中标记货物和相关单证上的标准运输标志的标识方法及制作方法。既适用于国际贸易中的各种运输方式，也适用于各种相关单证的缮制及电子数据交换。

一、标准运输标志

运输标志的作用是标识货物，使其在运输中迅捷、顺畅和安全地运达最终目的地，避免出现延误或混乱，并有助于对照单证核查货物。如果标志太多，以致包装物表面的长度都无法容纳，容易造成把包装物上的运输标志当成了单证，就会引起不必要的成本、错误、混乱和装运延误。

标准运输标志由收货人名称、参考号、目的地、包装件号4个元素按下面示例中给出的顺序组成，每个元素占一行，每行不应超过17个字符，并且这些运输标志都应在包装物和相关单证上标出。

例如：

（1）收货人名称的首字母缩写或简称　ABC；

（2）参考号　123；

（3）目的地　MUMBAI；

（4）包装件号　1/25。

凡认为对于装卸货物没有必要的4个元素中的任何一个都可予以省略，具体解释如下。

（1）收货人名称的首字母缩写或简称。根据《国际铁路货物运输公约（CIM）》对铁路运输的规定，全部包装物均需使用地址全称，另外该公约还适用于公路运输，因此除铁路和公路运输的习惯性做法外，其他各种运输方式均不用在包装物上给出名称/地址的全称。

（2）参考号应该简单明了，以避免转抄错误。应仅使用所有参考号中最重要的那一个，例如，在买方和卖方间商定的合同号或发票号，应避免像“Order No.”（订单号）这样的信息，及其所附年份和日期这样的信息数字。

（3）表明货物最终目的地港口或地点（卸货港、交货地点、续运承运人交货地点）的名称。在中转的情况下，还可在“VIA（经由）”之后表明进行货物中转的港口或地点名称，如“MUMBAI VIA COLOMBO ”（经科伦坡中转至孟买）在多式联运情况下，只需表明货物的最终目的地点，便于运输经营人选择更合适的运输路线（如经阿德莱德而不是悉尼进行中转），从而避免在中转地中断运输［如货物上标有“CANBERRA VIA SYDNEY ”（经悉尼中转至堪培拉）的货物就有在悉尼被扣下清关的可能］。

（4）标明包装物连续编号及已知的总件数，如“ 1/25　2/25　25/25”，表示包装物的总件数为25件，每件包装物的编号从1到25。不要使用如“P/NO ”（件号/总件数）等字样进行标注。

二、标准运输标志的制作规则

标准运输标志最多不应超过10行，每行不应超过17个字符。标准运输标志应使用下列字符：大写英文字母A～Z、空格、连字符、斜线、数字（0～9）、句号、圆括号、逗号、加号、单引号、冒号、等号、问号。

标准运输标志不允许使用几何图形或其他图案，如菱形、三角形、正方形等。不应使用颜色编码作为运输标志。

当需要两种及两种以上文字标识运输标志时，如汉语、俄语、阿拉伯语等，则至少应有一个运输标志要使用罗马字母，而其他语言的运输标志用括号标在一旁或标在包装的另一面，单证上的运输标志应使用罗马字母。表9-13为单证上填写标准运输标志示例。

表 9-13　单证上填写标准运输标志示例

Transport details; Terms of delivery 运输事项；交货条款				
Shipping marks; Container No. 运输标志；集装箱号	Number & kind of packages; Goods description 件数、包装类型；货物名称	Commodity No. 商品编码	Gross weight 毛重	Cube 体积
ABC XXXXXXXXXXXXXX1234XXXXXXXXXXXXXX MUMBAI XXXXXXXXXXXXXX 1/25 XXXXXXXXXXXXXX			Net quantity 艘量	Value 价值

注 1：为适应现场填写运输标志的要求，毡制粗头笔（标签笔、马克笔、毡尖笔）要配以防水和耐久的油墨，书写的运输标志要醒目、清晰，并以大写字母给出。

注 2：可以考虑使用荧光色。红色仅用于危险品。可以根据底色选用荧光色、水银色汞气或钠光色，有些色彩可与背景融合。

三、标准运输标志的标示方法

在单证上的标示方法，标准运输标志应按 GB/T 14392—2009 中的规定填写在单证中的“运输标志”项下的指定位置。运输标志栏内只能是标准运输标志，不能增加任何附加信息。

在货物上制作标准运输标志的三个要素是标志要大、醒目、简练。在各种包装物上制作或捆扎标志时还应注意以下内容。

（1）应在外包装或托盘货物两面的中央标示标准运输标志。特殊运输方式的运输标志应按相应要求执行。传统海运的散件杂货的运输标志应标示在货物的顶部。

（2）运输标志的字符高度应为 50mm，必要时字符可按包装物的比例变化。

（3）运输标志宜使用抗水、抗潮、耐摩擦的黑色墨水印制，也可根据底色选用对比明显的颜色，可以考虑使用荧光色。

（4）各种包装袋应使用液体染料在袋子的两侧印制运输标志。对使用易渗透染色的包装应在包装前将标志印好。

（5）桶装货物应在桶的顶端和侧面均印上运输标志。

（6）用木框或藤条保护的装腐蚀性物品的瓶、罐，将运输标志印在带胶的标签上，贴在瓶、罐的两侧。

（7）包装物上的运输标志不应印在被各种带索、箍圈遮盖的部位。

（8）裸装货物，如铁制品，可用金属标签做运输标志，然后用金属丝系在货物上，捆扎的运输标志应扎在货物的两侧。

四、标准运输标志的使用说明

海运和空运时的标准运输标志示例，分别如图 9-12 和图 9-13 所示。

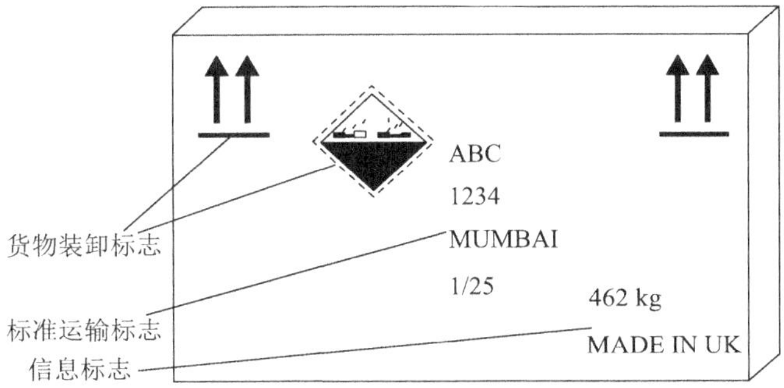

图 9-12　海运时的标准运输标志示例

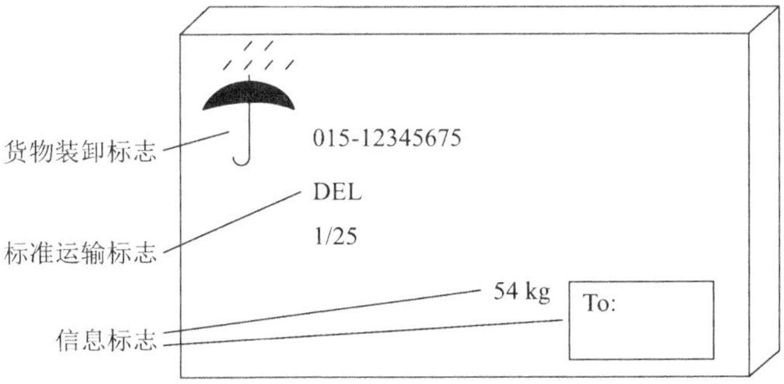

图 9-13　空运时的标准运输标志示例

随堂随练

1. 请举 3 个实例说明国际贸易用标准化运输标志的应用。
2. 使用国际贸易用标准化运用标志时应注意什么？

第十章　绿色印刷标准

绿色印刷标准是开展绿色印刷、评价绿色印刷成果的技术依据。绿色印刷标准由生态环境部和国家新闻出版署共同组织制定，生态环境部以国家环境保护标准的形式发布。

绿色印刷标准对印前、印中和印后过程的资源节约、能耗降低、“三废”排放、回收利用等方面以及使用的原辅材料提出相关要求，特别是针对印刷产品中的重金属和挥发性有机化合物等危害人体健康的有毒有害物质提出了控制要求。

第一节　平版印刷环境标志产品技术要求

一、标准名称与范围

1. 标准名称

按照印刷工艺印刷可分为平版印刷、凸版印刷、凹版印刷、孔版印刷、组合印刷、数字印刷。在政府采购中涉及的各类文印、中小学课本、少幼读物以及大量包装装潢纸质品均采用平版印刷。因此，优先选定平版印刷制定相关环境标志标准，标准名称为《环境标志产品技术要求　印刷　第一部分：平版印刷》（HJ 2503—2011）。

2. 适用范围

标准的适用范围包括平版印刷方式及其印刷的产品。平版印刷方式又分为单张平版印刷和轮转平版印刷。印刷产品主要包括卡书、精装书、胶订书、礼盒、纸袋、贺卡、杂志、报纸等。本标准主要印刷产品为政府文印、中小学教科书、少幼读物和纸质包装等产品。杂志、报纸等产品由于所用的纸张和印刷设备较为特殊，在标准中不能完全覆盖，但相关企业和产品可以参考实施。

二、标准主要技术内容

此标准技术内容分为两大部分，第一部分为强制性要求，其中包括油墨、纸张亮

（白）度、上光油、胶黏剂、喷粉等原辅材料的环境要求以及印刷产品的环境要求，印刷产品的环境要求主要包括锑（Sb）、砷（As）、钡（Ba）、铅（Pb）、镉（Cd）、铬（Cr）、汞（Hg）和硒（Se）八大元素和挥发性有机化合物进行要求；第二部分为环境选择性要求，主要涉及原辅材料和生产过程的环境要求。原辅材料的要求主要涉及可持续森林认证的纸张、纸张的荧光增白剂要求、水基上光油的环境要求、无醇润版液等7项要求。生产过程的环境要求根据印前、印中和印后三个过程针对资源节约、能耗降低、回收利用三个方面实施考核。使用达到标准要求的原辅材料，经过实施认证的印刷环节，最终完成的印刷产品均能够达到标准规定的环境要求。而标准以最终印刷产品的环境行为检测为最终判断。

（一）技术内容中对印刷原辅料的要求

1. 对邻苯二甲酸酯类物质的限制要求

所有化学品，只要与人类生产或生活相关，或多或少对人类健康安全存在潜在危害。就增塑剂而言，几十年的数据证明，虽然存在这样那样的安全问题，但是其在全球的用量仍然呈逐步上升趋势。

邻苯二甲酸酯 / 化合物（Phthalate Esters，PEs）是一类脂溶性人工合成有机化合物，对人体健康有不同程度的危害，是全球性的环境污染物，广泛存在于空气、水体、土壤及生物体内。该类化合物与我们的日常生活密切相关，可通过饮水、进食、皮肤接触（化妆品）和呼吸进入人体，在对啮齿类动物的研究中发现PEs具有致癌、致畸、致突变的作用。根据目前的资料，DOP、DBP对人体具有一定毒性，而其他邻苯二甲酸酯 / 物质毒性较小因此不在控制范围，如果其他的物质研究毒性较大时将被控制。

邻苯二甲酸酯在欧盟相关指令和标准及美国消费品法规中进行了管制，主要法规指令和标准包括《BSEN 14372：2004》、2005/84/EC、《消费品安全改进法案HR. 4040》和California AB1108。表10-1是国际上重要的法规指令中的邻苯二甲酸酯限值比较对照表。

表10-1　国际上重要的标准 / 指令的邻苯二甲酸酯限值（质量分数）

标准	DBP	BBP	DEHP	DNOP	DINP	DINP
BS EN 14372：2004	6种增塑剂总量应小于或等于0.1%					
2005/84/EC	DBP + BBP + DEHP的总量0.1%			DNOP + DINP + DIDP的总量0.1%		
H. R. 4040	0.1%	0.1%	0.1%	0.1%	0.1%	0.1%
California（AB1108，2007）	0.1%	0.1%	0.1%	0.1%	0.1%	0.1%

考虑到印刷企业不直接使用邻苯二甲酸酯，属于被动接受方，因此不考虑对企业进行原辅料中邻苯二甲酸酯含量控制，通过企业对原材料供应商的控制要求加以实现。根据对印刷所用主要原辅材料的分析，其中涉及邻苯二甲酸酯的材料包括油墨、上光油、橡皮布、胶黏剂。因此本标准对这四类材料提出限制要求。

2. 纸张亮（白）度的要求

纸张亮（白）度的降低可减少纸浆的漂白剂用量和漂白次数，减少增白剂等化学品的使用，也就是减少了污染物的排放。同时，纸张过白对人体健康也有不良影响。

国内现有的纸张亮（白）度要求主要涉及三个标准。

（1）《印刷技术 网目调分色片、样张和印刷成品的加工过程控制 第2部分：胶印》（GB/T 17934.2—2021）的要求。亮（白）度的规定如表10-2所示。

（2）《中小学教科书用纸、印制质量要求和检验方法》（GB/T 18359—2009）的要求。亮（白）度的规定如表10-3所示。

表10-2 典型纸张亮（白）度要求

类别	亮（白）度/%
有光涂料纸，无机械木浆	85
亚光涂料纸，无机械木浆	83
涂料纸	70
无涂料纸，白色	85
无涂料纸，微黄色	85

表10-3 中小学教科书纸张亮（白）度要求

类别	亮（白）度/%
A等	78.0～85.0
B等	72.0～80.0
C等	70.0～75.0

（3）《纸和纸板亮度（白度）最高限量》（GB/T 24999—2018）的要求。亮（白）度的规定如表10-4所示。

表10-4 纸和纸板亮度（白度）要求

类别	亮（白）度/%	类别	亮（白）度/%
纸	55	马桶垫纸	88
复印纸	95	卫生纸	
胶版印刷纸	90	擦手纸	
胶印书刊纸	85	食品包装纸和纸板	85
书写纸		喷墨打印纸	95
涂布纸和纸板	93	热敏纸	90
纸巾纸 厨房纸巾	90	—	—

由于亮（白）度的规定对于目前的印刷产品质量有较大影响，本标准不对此进行加严。

3. **平版印刷油墨的要求**

平版印刷（胶印）油墨是印刷和印刷产品中重要的环境污染源。油墨不但在印刷过程中污染环境，危害人身健康，在印刷产品上的有机残留物还会继续污染环境，而且这些有机残留物及所含有的铅、汞、砷、铬等重金属有害物质还会继续危害印刷品使用者的身体健康。为此本标准要求所有印刷环境标志产品的油墨必须达到《环境标志产品技术要求胶印油墨》（HJ/T 370—2007）标准的要求。

4. **对于上光油的要求**

目前市场上的上光油主要有以下三种。

（1）UV光油：UV上光油主要由齐聚物、活性稀释剂、光引发剂及其他助剂组成。

（2）水性上光油：水性上光油是由45%的合成树脂和55%的水组成。

（3）溶剂型上光油：含 50% 的溶剂，如甲苯、乙酯、丁酯。

理想的上光油具有无色、无味、光泽感强、干燥迅速、耐化学药品等特性。溶剂型上光油属于危险品，在生产、使用过程受到极大限制，其中大量的溶剂挥发对于环境造成极大危害，而且部分溶剂为甲苯、乙苯等苯类溶剂，因此本标准禁止在环境标志印刷品使用溶剂型上光油。

5. 喷粉的要求

喷粉是现代高速多色胶印工艺中必不可少的工序，其主要作用是防止印刷品背面黏脏，提高印刷质量和效率。喷粉以矿物粉和植物粉为原料，经现代科学精炼而成，粉呈球状、晶莹透明、表面光洁（粒度 10 ～ 25 μm）。微粒子表面经特殊处理，具有优良的分散性和流动性，防止反印、不硬化、堵塞，既充分发挥防黏脏、防静电作用，也毫不影响印刷效果和胶片的透明度，更兼具卓越的抗水性，不随温度和湿度而发生板结成块现象；改善油墨的四项主要技术指标（干燥性能、转移性能、干燥速度、印后适性）为前提，来提高印刷品质量，确保印后工艺顺利进行。为保障喷粉技术的可持续发展，本标准要求只能使用植物型喷粉。

6. 润湿液的要求

印刷的实质是油墨向纸张或其他承印物上的转移，胶印由于有润湿液的参加，使油墨的转移变得复杂化。表面上看起来，印版的水膜比墨膜薄，但实际上，润湿液会随着温度的升高而蒸发，并和油墨发生轻微的乳化，随同油墨一起转移到纸张的表面。在压印过程中，润湿液还会通过橡皮布 / 附到纸张上，因此，胶印过程中，水量的消耗远远大于墨量的消耗，水量的控制比墨量的控制困难得多。传统的润湿液为含醇类产品，目前所用的醇类一般为甲醇、乙醇、异丙醇、丙醇、丁醇、异戊醇等。

甲醇被大众所熟知，是因为其毒性。甲醇摄入量超过 4g 就会出现中毒反应，误服超过 10g 就能造成双目失明，饮入量过大会造成死亡，致死量为 30mL 以上。甲醇在体内不易排出，会发生蓄积，在体内氧化生成甲醛和甲酸也都有毒性。因此，本标准禁止使用含甲醇的润湿液。

7. 覆膜胶黏剂的要求

覆膜胶黏剂是印刷产品在进行纸塑复合所需要使用的胶黏剂。通过纸塑复合技术可以提高产品的保存时间。目前国内主要使用两大类胶黏剂：溶剂型胶黏剂和水性胶黏剂。其中溶剂型胶黏剂主要使用苯类溶剂，毒性大危害性强，因此，本标准禁止在覆膜中使用溶剂型覆膜胶黏剂。

（二）印刷产品的限制要求

表 10-5 是印刷产品中有害物质限值。

表 10-5　印刷产品中有害物质限值

序号	项目	单位	限值
1	锑（Sb）	mg/kg	60
2	砷（As）	mg/kg	25
3	钡（Ba）	mg/kg	1000
4	铅（Pb）	mg/kg	90

续表

序号	项目	单位	限值
5	镉（Cd）	mg/kg	75
6	铬（Cr）	mg/kg	60
7	汞（Hg）	mg/kg	60
8	硒（Se）	mg/kg	500
9	苯	mg/m^2	0. 01
10	乙醇	mg/m^2	50.0
11	异丙醇	mg/m^2	5.0
12	丙酮	mg/m^2	1.0
13	丁酮	mg/m^2	0.5
14	乙酸乙酯	mg/m^2	10.0
15	乙酸异丙酯	mg/m^2	5.0
16	正丁醇	mg/m^2	2.5
17	丙二醇甲醚	mg/m^2	60.0
18	乙酸正丙酯	mg/m^2	50.0
19	4- 甲基 -2- 戊酮	mg/m^2	1.0
20	甲苯	mg/m^2	0.5
21	乙酸正丁酯	mg/m^2	5.0
22	乙苯	mg/m^2	0. 25
23	二甲苯	mg/m^2	0. 25
24	环己酮	mg/m^2	1.0

1. **可溶性元素的要求**

目前国内尚未针对印刷品制定有关可溶性元素的要求。但在国内，部分平版印刷品参考了 RGHAS 的要求实施有害物控制。标准编制组根据平版印刷品的特点和涉及的产品，参考 GB 6675—2014 对印刷品中 8 种可溶性元素 Sb、As、Ba、Pb、Cd、Cr^{3+}、Hg 和 Se 提出限制要求。表 10-6 是可参考的国内外标准的可溶性元素限值比较对照表。

表 10-6 关于可溶性元素的国内外标准限值比较

标准	锑 Sb	砷 As	钡 Ba	铅 Pb	镉 Cd	三价铬 Cr^{3+}	汞（无机）Hg	硒 Se
EN71-3	60	25	1000	90	75	60	60	500
BS EN 14372：2004	15	10	100	25	20	10	10	100
ASTM F 963	60	25	1000	90	75	60	60	500
Canada Hazardous Products Act， R. S. C. H-3	1000	1000	1000	—	1000	—	—	1000
GB 6675—2003	60	25	1000	90	75	60	60	500

续表

标准	锑 Sb	砷 As	钡 Ba	铅 Pb	镉 Cd	三价铬 Cr^{3+}	汞（无机）Hg	硒 Se
ISO 8124 - 3：1997	60	25	1000	90	75	60	60	500
QSOP 0006—3000 表面涂层	60	25	500	90	75	60	—	300
HJ 2503—2011	60	25	500	90	75	60	60	500

由于此项要求是根据儿童的特点制定，其指标可以保证使用者的安全性。

2. 挥发性有机化合物的要求

印刷品的味道对人体健康的影响一直属于人们关注的焦点，其中，主要影响因素来源于一些具有刺激性气味的化合物。这些化合物主要来源于油墨、覆膜胶、上光油等印刷过程所使用的化学品。由于部分化合物含有毒有害物质，如苯、乙醇、异丙醇、丙酮、丁酮、乙酸乙酯、乙酸异丙酯、正丁醇、丙二醇甲酯等，因此有必要对此进行控制。

印刷品的挥发性有机化合物的限制要求目前国外仅有玩具产品中进行了规定，根据调研发现，其中所规定的测试方法较为复杂，而且其只针对简单产品进行检测，因此不适于在装订书籍和精装书籍上进行测试。印刷品尤其是书籍的挥发物限制要求的标准国外和国内均未制定，目前可借鉴的标准是《卷烟条与盒包装纸中挥发性有机化合物的限量》（YC 263—2008），该标准范围是盒装卷烟包装成条的专用纸和卷烟包装成盒的专用纸，此类产品属于平版印刷品中的包装装潢类产品，因此该标准可以借鉴用于制定平版印刷产品的挥发性有机化合物的限制要求。

该标准对挥发性有机化合物的限制如表 10-7 所示。

表 10-7 YC 263—2008 标准对挥发性有机化合物的限制要求

项目	单位	限值	项目	单位	限值
苯	mg/m^2	0.01	丙二醇甲醚	mg/m^2	60.0
乙醇	mg/m^2	50.0	乙酸正丙酯	mg/m^2	50.0
异丙醇	m/m^2	5.0	4- 甲基 -2- 戊酮	mg/m^2	1.0
丙酮	$m//m^2$	1.0	甲苯	mg/m^2	0.5
丁酮	m/m^2	0.5	乙酸正丁酯	mg/m^2	5.0
乙酸乙酯	mg/m^2	10.0	乙苯	mg/m^2	0.25
乙酸异丙酯	mg/m^2	5.0	二甲苯	mg/m^2	0.25
正丁醇	mg/m^2	2.5	环己酮	mg/m^2	1.0

（三）印刷用原辅料的环境行为评价要求

印刷宜采用表 10-8 所要求的原辅材料，其综合评价得分应超过 60。

表 10-8　印刷产品所用原辅材料要求

原辅料	要求	分值分配	总分值
承印物	使用通过可持续森林认证的纸张	25	25
	使用再生纸浆占 30% 以上的纸张	25	
	使用本色的纸张	25	
印版	使用免处理的 CTP 印版	5	5
橡皮布	大幅面印刷机换下的橡皮布可在单色机上使用	10	10
	大幅面印刷机换下的橡皮布可在小幅面机上使用	10	
润湿液	使用无醇润湿液	10	20
	使用醇类添加量小于 5% 的润湿液	10	
印版、橡皮布清洗材料	使用专用抹布清洗橡皮布	7	7
热熔胶	使用聚氨酯（PUR）型热熔胶	8	8
	EVA 热熔胶符合 HJ/T 220 的要求	5	
印后表面处理	使用预涂膜	25	25
	水基覆膜胶有害物符合 HJ/T 220 中包装用水基胶的要求	10	
	水基上光油有害物符合 HJ/T 370 中技术内容 5.4 的要求	15	

1. **承印物的要求**

（1）可持续森林认证要求。森林认证分为两类，即森林经营认证和产销监管链认证（Chain of Custody，COC）。

森林经营认证（Forest Management Certification，FMC）是对森林经营单位进行的认证，是由独立的认证机构根据认证原则和标准（包括森林调查、经营规划、营林、采伐、森林基础设施以及有关的环境、经济和社会方面）对森林经营单位进行审核，如果其森林经营活动满足认证标准要求，便可以颁发证书并允许其使用认证标志，证明其生产的木材来自可持续经营的森林或良好经营的森林。简单地说，森林经营认证是对森林的认证。

产销监管链认证（COC）则是对加工和销售林产品的商贸机构进行认证，是跟踪林产品加工的原料来源及产品的存储、运输和销售的整个过程，即从森林到消费者的整个过程。林产品认证的整个过程，即从森林到最终消费者，通过 COC 认证的产品可以贴上认证标志，告诉消费者生产该产品所使用的是来自通过认证森林的木材。简单地说，产销监管链认证是对森林产品的认证，确保所有认证的产品，其主要原料均直接或间接来自经营良好的森林，也就是获得森林经营认证的森林。

为了保证森林资源的有效和可持续使用，本标准鼓励印刷企业采购可持续森林认证的纸张用于印刷。

（2）再生纸的要求。由于中国造纸纤维资源相对缺乏，供给能力已不能满足产能扩张需要，纤维原料成为制约中国纸业发展的瓶颈。中国造纸原料属三足鼎立态势，据中国造纸协会测算，目前木浆使用量比重占原料总量的 23%，非木浆比重占 15%，废纸浆比重占 62%。近年来木浆与废纸浆比重不断增加，非木浆原料所占比重不断下降。仅在 2009 年，木浆比重比上年提高了 1%，废纸浆比重提高了 2%，而非木浆原料所占比重下降了 3%。

在国外，环保组织也关注再生纸的推广，在 FSC - RECYCLED 中要求对纸原料至少 85% 使用消费后回收材料，最多 15% 可使用造纸企业边角废料。

为了保证森林资源的有效和可持续使用，本标准鼓励印刷企业采购再生纸张用于印刷。

（3）本色纸张的要求。本色纸以本色浆为主要原料，本色浆属于全无氯浆，不含荧光增白剂，不含人类一级致癌物——二噁英（二噁英是一种含氯化合物的总称，国际癌症研究中心已经将其列为人类一级致癌物，有“世界之毒”之称），保持植物纤维 100% 的天然本色，是新一代对环境无污染，对人体无危害，原浆、原色的健康环保型造纸制浆技术，即使少年儿童在蘸取少量唾液翻阅书籍时也不会对身体产生危害。

本色纸所特有的细小纤维，使纸张更加柔韧，是环保、健康的真正体现。这类纸由于不使用荧光增白剂，白度在 70 ～ 74 度，可保护视力，因此在教材及学生作业本已有较多应用，也由此扭转了人们对纸张“越白越好”的看法。另外，本色纸张中部分产品的纸浆为非木浆，对于木材资源的保护有较大的支撑作用，而生产过程不使用漂染试剂（特 别是氯气），大大降低了环境负荷。因此，本标准鼓励企业使用本色纸张。

2. 润湿液的要求

在胶印中，目前使用的都是低表面活性润湿液。在润湿液中，加入表面活性物质或表面活性剂，便配制成了低表面张力的润湿液，在胶印机上广泛使用的有酒精润湿液和非离子表面活性剂润湿液。

酒精润湿液一般是在普通润湿液中加入醇配制而成。醇是一种表面活性物质，可以降低溶液表面的张力，另外，醇浓度的最佳范围为 8% ～ 25%，醇改变了润湿液在印版上的 铺展性能，使润湿液的用量大大减少，因此，也减少了印张黏水以及油墨严重乳化的可能性。

非离子表面活性剂润湿液是市场上销售的各类润湿粉剂。使用时，只要把粉末状的润湿剂，用一定量的水溶解，就可以加入水斗中用于印刷。非离子表面活性剂润湿液，比酒精润湿液的成本低、无毒性、不挥发，不需要在胶印机配置专用的润湿系统，传统的摆动式传水装置就可使用。

减少润湿液中的醇类物质使用量是各国环境保护工作的重要攻关课题，在日本环境标志标准中也明确提出了降低醇类物质的使用量，参考日本环境标志标准，我国规定 5% 的限制。现阶段在少幼读物和办公文印材料中使用满版印刷的方式较少，醇含量可以满足小于 5% 的要求。但是在满版印刷产品如画报等时，醇含量较低会影响到产品质量，在目前的技术条件下需要通过技术改造和设备的重新调试才能满足要求。因此在现阶段仅要求达到 5% 的限制。目前国内通用印刷设备均安装了醇自动添加装置，其中标准添加控制在 10% ～ 15%，因此在此醇的限制条件下，还需要印刷设备供应商进行相应配合。

3. 橡皮布的要求

橡皮布是平版印刷重要的原辅材料，油墨通过橡皮布由印版转印到纸张，因此，所有平版印刷均需要使用橡皮布。但是橡皮布在使用过程中由于高速运转会有磨损，磨损后即需要更换。由于部分企业不太注重资源的回收利用，经常出现整块丢弃的现象。因此在标准中规定大幅面印刷机换下的橡皮布可在单色机上或小幅面机上使用。

4. 使用专用抹布清洗橡皮布的要求

胶印机自动清洗橡皮布装置专用的擦布是由细密纤维（PET45%）和纸浆（55% ）构成的一种卷筒式无纺布。其中含有清洗剂成分，清洗橡皮布时无须使用清洗剂，避免清洗剂中的 VOCs 排放和原来使用后废弃物（危废）的排放。

5. 使用聚氨酯（PUR）型热熔胶

使用 PUR 型热熔胶，从环保的要求上有个两方面的优势。

（1）用量少，装订同样数量的书刊，使用的 PUR 胶水的量只是 EVA 用量的 1/3。

（2）节能，使用 EVA 胶的温度为 170℃，使用 PUR 胶的温度为 120℃，在两者加热上胶装置上的功率分别为 25. 5kW 和 7kW，所以采用 PUR 更节能。

6. 封面装帧处理要求

一部书稿在印刷之前，均需对书的形态、用料和制作等方面进行艺术和工艺设计。目前，对于印刷品的封面装帧处理一般分为两大类：覆膜或者上光。两种方式在书籍、包装装潢产品的印后中大量使用。最终影响产品的 VOCs 也主要来源于此。

根据平版印刷调研，上光分为溶剂型上光、水性上光和光固化上光。其中，溶剂型上光会有大量溶剂散发，对于环境污染较大，而在印刷企业上光工艺工位上光中使用紫外上光和水性上光与传统溶剂型上光相比污染物排放小，因此本标准支持使用。覆膜分为即涂膜和预涂膜。其中即涂膜分为溶剂型即涂膜和水性即涂膜，本标准已经禁止使用溶剂型即涂膜，水性即涂膜无挥发性有机化合物的产生，因此本标准支持使用水性即涂膜；预涂膜由于在印后过程无挥发性有机化合物的排放，更具有环保性，因此，本标准支持使用预涂膜。

（四）对平版印刷产品生产过程中环境保护的要求

标准对印前、单张纸和卷筒纸平印以及印后加工各工序环境保护所涉及的资源节约、节能和回收再利用提出要求，这些指标是通过标准编写组深入企业调研和有关参编企业实际核算制定出的。其中涉及电耗、水耗、印刷纸张利用率、废弃物产生和回收率等。这些指标涉及各工序的生产工艺过程和使用的原辅材料及其消耗、废弃物回收、危废处理等项目，通过这些控制指标来考核企业贯彻节能减排的情况。例如，使用免处理的 CTP 印版。平版印刷用免处理 CTP 版材是指版材在直接制版设备上曝光成像后，无须取消显影过程，即可上机印刷，并且不产生任何形式的液体或固体废料。但有些 CTP 版材曝光成像后，虽然不需化学显影处理，而需要个别的非化学处理工序。免去了版材显影、定影、清洗化学药品处理，避免了烧蚀废屑、显影、定影、清洗废液（危废）的排放。

随堂随练

1. 平版印刷环境标志标准产品技术要求制定的目的是什么？
2. 平版印刷环境标志标准产品技术要求的强制性要求有哪些？

第二节 商业票据印刷环境标志产品技术要求

经过多年的发展，商业票据轮转印刷已形成一定规模，目前以商业票据轮转印刷设备为主体和其他设备配套已经形成了商业票据印刷特有领域，采用胶印、凸印、柔性印、号码印刷等多种印刷滚筒在同一个印刷机组上互换的方法广泛地运用于商业票据印刷。

随着商业票据印刷行业的设备革新、技术创新和原辅材料更新，不利于环境的因素也由此产生，如危险废弃物的处置问题、多种原辅材料使用的环保问题等，都需要合理的措施和有效的控制。

一、标准名称与范围

（一）标准名称

本标准名称为“环境标志产品技术要求　印刷　第二部分：商业票据印刷”（HJ 2530—2012）。商业票据印刷不同于平版印刷，它是采用窄幅面多机组联合卷筒纸印刷设备，在一机上实现多种印刷方式，其中所涉及的印刷方式包括平版、柔版、网版印刷和无版印刷等。由于我国凹版印刷的特殊性和国家管理的要求，因此凹版印刷不包括商业票据印刷。

在政府采购中所涉及的财政、税务等各类票据以及海关、银行、电信、保险、邮政、物流大量单据均采用商业票据印刷方式，而目前商业票据印刷业中一些有代表性的企业调整产业结构进入直邮、RFID 电子标签领域，这些企业的技术创新、产品的延伸和发展都基于商业票据印刷。由于 RFID 电子标签领域以及相近磁卡印刷涉及的材质复杂，环境行为的研究需要较长的时间，因此在本标准不涉及。

（二）适用范围

印刷方式为窄幅面多机组的卷筒纸印刷机以平版印刷为主体，与柔性版、凸版、网版、可变数据或喷墨印刷任意组合的多种印刷。随着防伪技术要求的提升，商业票据印刷越来越广泛地运用在政府采购中涉及财政、税务等各类票据以及海关、银行、电信、保险、邮政、物流大量单据产品印刷。

二、标准主要技术内容

商业票据印刷与平版印刷存在一定差异，也存在相似性。商业票据印刷与平版印刷相似的地方是存在印前、印中和印后三个过程，同时平版印刷的制版、印中在商业票据中也存在。两者之间的差异包括：印前、印中是商业票据印刷重要环节，而印后仅涉及裁切、封边、包装等简单工序，环境污染较小；同时由于最终产品为票据、票证，因此承印物主要为胶版纸、无碳复写纸和票据专用纸。

商业票据印刷基本流程和主要环境污染如图 10-1 所示。

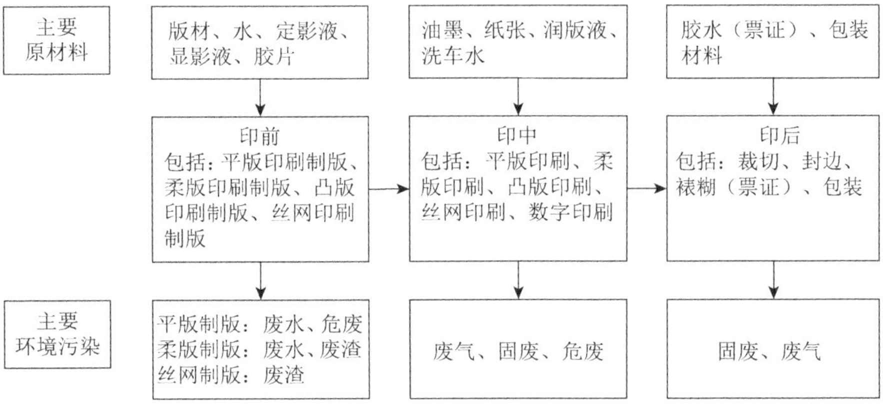

图 10-1　商业票据印刷基本流程和主要环境污染示意

（一）技术内容中对印刷原辅料的要求

1. 油墨的要求

商业票据印刷油墨主要涉及平版印刷油墨（包括UV墨和常规四色墨）、柔版印刷油墨、数码印刷所用的喷墨墨水等。这些油墨属于印刷和印刷产品中重要的环境污染源，不但在印刷过程中污染环境，而且这些油墨中的残留物含有少量的颜料，对于印刷品使用者的身体健康造成一定程度的影响。因此，有必要对其进行控制。

目前环境标志已颁布了胶印油墨、凹印和柔印油墨以及喷墨墨水三项环境标志标准。分别对其中的有害物、植物油的使用量、VOC含量等环境指标进行了规定，因此本标准在实施过程中要求，所使用的胶印油墨、柔印油墨和喷墨墨水均应达到环境标志标准要求，而UV油墨也参照胶印油墨实施控制，2012年胶印油墨标准修订增加了平版紫外光固化油墨的限制要求。

（1）重金属

油墨的颜料中可能带入重金属，包括锑（Sb）、镉（Cd）、铬（Cr）、铅（Pb）、汞（Hg）等，其中主要是铅（Pb）、镉（Cd）、汞（Hg）、六价铬（Cr^{6+}）4种。另外，由杂质或防腐剂带入的有害元素还有砷（As）和硒（Se）。由于重金属危害人体和野生物，胎儿和婴儿受到的影响尤甚，它们会导致产婴畸形，影响婴儿的身体和智力发育，破坏免疫系统，导致癌症，因此受到了普遍的关注。硒和砷是人体必须的微量元素，但含量过高则会引起中毒，甚至死亡。本标准按照欧盟安全标准EN71—3：1993，EN71—7：1997和美国的ASTMF963—96a中对油墨中有害元素含量的规定而制定。本标准规定不得人为添加以上7种元素，并对其中的铅、镉、汞、六价铬4种重金属进行总量控制和分别的定量控制。

（2）乙二醇4类溶剂的限制要求

乙二醇4类溶剂在体内经代谢后会形成剧毒的化合物，对人体的血液循环系统和神经系统造成永久性的损害，长期接触高浓度的乙二醇4类溶剂会致癌。另外，乙二醇4类溶剂会对女性的生殖系统造成永久性的损害，造成女性不育。因此在近年颁布的各国标准中，均已明确规定禁用。

（3）邻苯二甲酸酯类的限制要求

邻苯二甲酸酯类增塑剂是挥发性油漆、油墨中用量最大、用途最为广泛的增塑剂，过去相当一段时间内认为其对人体没有毒害。但根据最新的研究表明，此类增塑剂会干扰人类内分泌特别是生殖功能，同时会对儿童的发育产生不良影响。因此在近年颁布的各国标准中，均已明确规定禁用此类增塑剂。

2. 润湿液的要求

商业票据印刷是以平版印刷为主体，润湿液中含醇有机物的控制是重要的环节。根据商业票据印刷的产品特点，单色印刷表格等相关产品不需要使用含醇润湿液，而在四色以上的产品印刷过程中可能会使用含醇润湿液，因此在标准中需要对含醇润湿液进行控制。平版印刷环境标志标准规定禁止使用含有甲醇的润湿液。

同时由于商业票据印刷对于印制质量的要求不需要达到高档画册等印刷品质量要求，因此，在本标准中要求将醇类添加量控制在5%以内。通过实施此项要求强化企业环保控制，不得使用价格低的工业乙醇作为润湿液，减少挥发性有机化合物对环境的影响。

3. 胶黏剂的要求

商业票据印刷在后期加工中可能使用少量的胶黏剂，目前国内使用的胶黏剂主要分为两大类：溶剂型和水性。票据票证粘贴使用水性胶黏剂即可满足要求，因此，本标准禁止在印后加工中使用溶剂型胶黏剂。

4. 清洗剂的要求

商业票据印刷过程会使用洗车水对印刷设备进行清洁，目前国内主要使用两大类：溶剂型和水性。其中溶剂型洗车水可能会使用苯类溶剂，毒性大危害性强，而且会产生大量挥发性有机化合物。根据行业调研，水性洗车水已完全能够达到使用要求，因此本标准禁止使用溶剂型洗车水。

（二）印刷产品限制要求

1. 可溶性元素的要求

目前国内尚未针对印刷品制定有关可溶性元素的要求。商业票据印刷参考平版印刷环境标志标准对印刷品的要求，制定可溶性元素要求，以便将来印刷标准整合整体一致性。

2. 挥发性物质要求

该标准可以借鉴用于制定平版印刷产品的挥发性有机化合物的限制要求。后期在标准进行深入研究后再对方法进行修改。

（三）印刷用原辅料的环境行为评价要求

1. 纸张的要求

（1）再生纸的要求

为了保证森林资源的有效和可持续使用，本标准鼓励印刷企业采购可持续森林认证的纸张用于印刷。

（2）无氯漂白纸张的要求

漂白工艺是造纸行业污染较大的工艺和污染物的较大来源，同时使用氯漂白工艺会导致二噁英的产生。因此通过减少氯漂白工艺对于促进漂白工艺的发展，减少环境污染物具有重要意义。目前行业中已经提出了并实现了通过氧漂进行工艺的替代，因此实现是可行的。

2. 润湿液的要求

减少润湿液中的醇类使用是各国环境保护工作的重要攻关课题，在日本环境标志标准中也明确提出了降低醇类的使用量，在平版印刷环境标志标准中规定 5% 的限制。由于目前对醇类的替代方案已经成熟，在本标准原辅料要求“醇类添加量应小于 5% 的基础上，鼓励四色及四色以上印刷机使用含醇量更低（醇类添加量小于 2%）的润湿液，并提倡完全替代醇类。

3. 胶黏剂的要求

商业票据印刷全过程涉及胶黏剂的工序有裱糊，裱糊通常用白乳胶。本标准 5.1.3 条款已经禁止使用溶剂型胶黏剂，但是使用水性胶黏剂也会产生少量挥发性有机化合物，因此本标准要求裱糊胶达到环境标志胶黏剂的标准。

4. 印版的要求

由于商业票据印刷的对象是窄幅面的产品，目前传统的印版不能充分使用，因此我们规定根据印刷品宽度选择印版（PS 版）尺寸规格。

纳米材料绿色制版技术，是中国科学院化学研究所通过对纳米材料表面浸润性和纳微米结构的研究，将最新的科研成果应用于传统印刷行业。纳米材料绿色制版技术的核心是纳米材料的浸润性调控：通过将纳米墨水喷射到纳米版材表面，从而改变了版材表面的浸润性特性，形成了图文信息。在整个制版过程中，由于完全避免了传统 PS 版和 CTP 技术所依赖的感光化学过程，也就不存在银盐感光材料污染和版材显影、定影等造成的污染。

（四）商业票据印刷生产过程中环境保护的要求

此标准对印前、印刷和印后等各工序环境保护所涉及的资源节约、节能和回收再利用提出要求，这些指标是标准编写组深入企业调研和有关参编企业实际核算制定出的。为此，标准编制组根据印刷全过程的生命周期分析印刷过程的重要环境影响，确认了商业票据印刷过程主要环境问题涉及印刷纸张利用率、废弃物产生和回收率等以及各工序的生产工艺过程和使用的原辅材料及其消耗、废弃物回收、危废处理等项目。根据商业票据印刷的特色，按照平版印刷、柔版印刷和数字印刷在商业票据中所占的比重，以及商业票据印刷印前、印中和印后的比重进行评价表以及权重的设计。

随堂随练

1. 商业票据印刷环境标志产品技术要求制定的目的是什么？
2. 商业票据印刷环境标志产品技术要求的强制性要求有哪些？

第三节　凹版印刷环境标志产品技术要求

凹版印刷市场份额近年来有所下降，主要原因是环境污染问题。近年来，欧洲对凹印的环境污染提出多种解决方案：设备革新（增设溶剂回收）、禁用苯溶性油墨、提倡使用更少颜色的印刷、更健康环保的图案设计等措施。

一、标准名称与范围

（一）标准名称

本标准名称为“环境标志产品技术要求　印刷　第三部分：凹版印刷”（HJ 2539—2014）。

（二）适用范围

凹版印刷在全球主要集中于出版领域、包装领域、纺织领域和装饰材料领域，但在中国凹版印刷主要应用食品包装和药品包装等相关产品的印刷。凹版印刷适用的产品主要包括纸质和塑料作为基材印刷的食品、药品和其他类产品的包装产品。

此次标准制定中凹版印刷包括以纸和塑料为承载物，通过凹印方式的印刷服务及其产品。而其他承印物如金属材质等可以参考实施。

二、标准主要技术内容

凹版印刷基本流程和主要环境污染如图 10-2 所示。

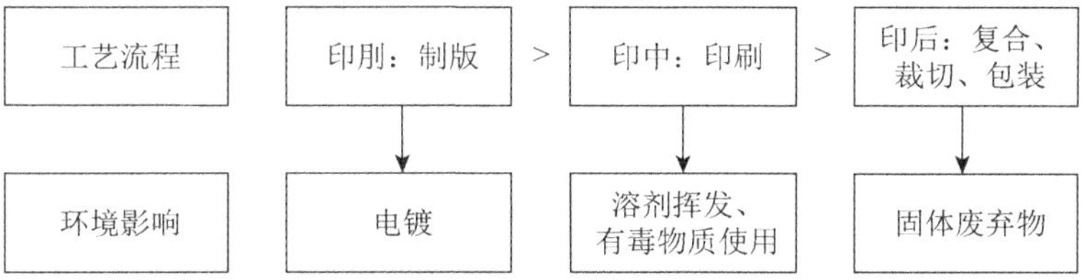

图 10-2 凹版印刷基本流程和主要环境污染示意

本标准建立在对凹版印刷生命周期分析的基础上，通过参考国际国内相关环保标准以及国外环境标志标准的要求，确定标准制定思路。凹版印刷产品环境负荷矩阵如表 10-9 所示。

表 10-9 凹版印刷产品环境负荷矩阵

环境影响类型 生命周期阶段	资源消耗	能源消耗	大气污染物	水污染物	固体废弃物	健康生态	温室气体
原辅材料生产阶段	●	●	●	●	●		
印前阶段	●	●		●	●		
印中阶段	●	●	●		●	●	
印后阶段	●	●	●		●	●	

凹版印刷重点环境问题是使用的黏度最低、干燥速度最快的油墨。为降低黏度，凹版印刷油墨还需另选用配套稀释剂进行稀释。一般的溶剂型凹印油墨的有机溶剂占比为 40% ～ 70%，此外还需添加 30% ～ 70% 的有机溶剂（成分主要是甲苯、醋酸乙酯、丁酮、异丙醇等，沸点在 70 ～ 120℃）进行稀释。据统计，凹版印刷过程中产生的 VOCs 量约为 0.75 吨 VOCs/ 吨溶剂。

标准根据《中华人民共和国环境保护法》《中华人民共和国清洁生产法》《关于加快发展循环经济的若干意见》等相关国家政策法规；根据《标准化工作导则　第 1 部分》（GB/T1.1—2020）通过借鉴国内外相关标准的要求；并综合考虑国内生产企业的状况，保持与国内相关标准兼容的原则来制定的。标准作为环境保护标准，是企业对产品的环境友好性评价的主要依据。本标准作为我国凹版印刷环境标志标准体系的内容之一，其主要作用有以下方面。

（1）减少凹版印刷在生产过程中对人体健康、环境的影响，实现源头控制，推动行业的可持续发展；

（2）为国家推动凹版印刷行业的环境改善提供了明确、一致的标准，推动绿色消费的发展。

三、技术内容中对印刷原辅料的要求

（一）油墨的要求

凹版印刷油墨在使用过程中的溶剂释放是重要环境污染源，不但在印刷过程中污染环境，危害人身健康，在印刷产品上的有机残留物还会继续污染环境，因此，有必要对其进行控制。目前环境标志已颁布了凹印和柔印油墨环境标志标准，对油墨中有害物、溶剂的使用种类、VOCs 含量等环境指标进行了规定，因此本标准在实施过程中要求所使用的凹印油墨应达到环境标志标准要求。

参考国外环境标志标准的技术指标和国内产品的生产工艺要求，并与国内油墨行业的专家和企业代表进行交流，在油墨产品中禁止使用目前国际上重点限制的重金属和对人体有害元素的使用。主要控制以下指标。

1. 挥发性有机化合物（VOCs）

凹印油墨和柔印油墨连结料会使用一定量的溶剂，溶剂一般属于挥发性有机化合物。挥发性有机化合物是一些能与阳光、臭氧层中的氧化氮发生反应的有机化合物。油墨中的有机溶剂兼有增加油墨附着力和控制、改善油墨性质的作用。这些有机溶剂在完成它的使命后，会不断地向大气中散发，有机溶剂虽可以被生物降解，但对于工业和人口集中的地区，进入大气的有机溶剂局部含量过高，会对生态环境和人体健康造成危害。挥发性有机物排放到大气中，一部分具有毒性和刺激性，可致癌或致突变，另一部分会与灰尘中的细微尘埃粒子和其他物质结合，形成灰雾，刺激人体肺部，并对动、植物等各种生物的健康造成不利的影响。降低油墨中有机溶剂的用量以及尽可能取代它们，对保护人体健康是必要的。许多国家已对油墨中有机物的挥发量制定了标准。

通过行业调研，发现由于国内印刷设备的要求，溶剂基凹印油墨在上印刷机前一般还需要加入稀释剂调节黏度，以达到印刷机的使用要求，因此对溶剂基凹印油墨的挥发性有机化合物含量进行生产控制并无实际意义，同时国际上溶剂基凹印油墨主要通过印刷设备的后期回收进行削减，而一味地控制溶剂基油墨的 VOCs 含量在实际生产中无法进行，因此对于溶剂基和溶剂的挥发性有机化合物含量不进行限制要求。

通过对国外环境标志标准的调研，水性柔版油墨和水性凹版油墨在加拿大、澳大利亚和新西兰环境标志标准中均规定了明确限值，其中加拿大规定水性油墨挥发性有机化合物的含量小于 6%，而澳大利亚和新西兰规定小于 5%。根据专家建议和国内产品配方理论计算产品限值定为 10% 较为合理。

2. 苯、苯类溶剂

目前国内的凹印和柔印油墨企业已经开展了有毒有害物质现用的技术提升，其中最主要的攻关内容是苯类溶剂的替代。其中苯的替代已经完成，我们在对所有样品检测和进行验证的企业产品配方的审核中发现，没有企业和产品使用苯作为溶剂。部分产品含有少量的甲苯和二甲苯是由于在运输过程中会有部分杂质残留，因此限制苯控制在 500mg/kg，甲苯 + 二甲苯控制在 5000mg/kg 是基本合理的，该指标表明产品不使用苯类溶剂。

3. 卤代烃的要求

本标准中所指的卤代烃是指用于溶剂的物质。卤代烃不溶于水，酯溶性强，具有破坏肝脏、可诱发癌变的危害。

近年来，我国一些企业，尤其是小型民营企业，因防护不周已发生多例职业性卤代烃中毒事件。因此，本标准为防止在标准禁用苯类溶剂后，小企业转而使用对人体环境危害更大的卤代烃溶剂，对卤代烃提出限值要求。

4. 重金属

本标准按照欧盟安全标准 EN71—3：1993，EN71—7：1997 和美国的 ASTM F963—96a 中，对油墨中有害元素含量的规定而制定。本标准规定不得人为添加以上 7 种元素，并对其中的铅、镉、汞、六价铬 4 种重金属进行总量控制和分别的定量控制。

5. 乙二醇甲醚类溶剂的限制要求

乙二醇甲醚类溶剂在体内经代谢后会形成剧毒的化合物，对人体的血液循环系统和神经系统造成永久性的损害，长期接触高浓度的乙二醇甲醚类溶剂会致癌。另外，乙二醇甲醚类溶剂会对女性的生殖系统造成永久性的损害，造成女性不育。因此在近年颁布的各国标准中，均已明确规定禁用。

6. 邻苯二甲酸酯类的限制要求

邻苯二甲酸酯类增塑剂是挥发性油漆、油墨中用量最大、用途最为广泛的增塑剂，过去相当一段时间内认为其对人体没有毒害。但欧美最新的研究表明，此类增塑剂会影响人类内分泌特别是生殖功能，同时会对儿童的发育产生不良影响。因此在近年颁布的各国标准中，均已明确规定禁用此类增塑剂。

（二）聚氯乙烯类承印物的要求

2011 年 3 月，国家发展和改革委员会公布了《产业结构调整指导目录（2011 年版）》（9 号令）。其中“PVC 食品保鲜包装膜”被列为限制类，“直接接触饮料和食品的 PVC 包装制品”被列为淘汰类，应立即淘汰。2013 年 2 月，国家发展和改革委员会发布 21 号令将“直接接触饮料和食品的聚氯乙烯（PVC）包装制品”从淘汰类中删除，从 5 月 1 日起实施。

聚氯乙烯是由聚氯乙烯树脂、增塑剂和防老剂组成的树脂，树脂无毒性，但是所添加的增塑剂、防老剂等主要辅料有毒性。日用产品中的增塑剂主要使用对苯二甲酸二丁酯、邻苯二甲酸二辛酯等，这些化学品都有毒性，聚氯乙烯的防老剂硬脂酸铅盐也是有毒的。含铅盐防老剂的聚氯乙烯（PVC）制品和乙醇、乙二醇甲醚类及其他溶剂接触会析出铅。含铅盐的聚氯乙烯用作食品包装与油条、炸糕、炸鱼、熟肉类制品、蛋糕点心类食品相遇，就会使铅分子扩散到油脂中去，所以不能使用聚氯乙烯塑料袋盛装食品，尤其是不能盛装含油类的食品。另外，聚氯乙烯塑料制品在较高温度下，如 50℃左右就会慢慢地分解出氯化氢气体，这种气体对人体有害，因此本标准禁止使用聚氯乙烯作为承印物。

（三）溶剂的种类限制要求

现阶段凹版印刷尚不能实现溶剂水性化，因此本次标准主要推动溶剂低毒化。根据室内装饰装修用溶剂型木器涂料、船舶防污漆、胶黏剂等环境标志标准对溶剂的限制要求，确定了凹版印刷中有机溶剂的限制要求。限制后，可以使用的有机溶剂主要集中于酯类、醇类和酮类产品或者醇酯复合型溶剂。

四、印刷用原辅料的环境行为评价要求

（一）纸张的要求

1. 可持续森林认证要求

为了保证森林资源的有效和可持续使用，本标准鼓励印刷企业采购符合可持续森林认证要求的纸张用于印刷。

2. 无氯漂白纸的要求

纸张中的总氯和有机氯主要来源于纸浆的漂白阶段。目前造纸工业的漂白方式可分为三种：含氯漂白、无元素氯漂白（ECF）和全无氯漂白（TCF）。采用 ECF 和 TCF 漂白所产生的污染小，形成的有机氯也很少，而含氯漂白的浆料在使用氯气、次氯酸盐等含氯漂剂进行漂白的过程中，会生成大量有机氯。在漂白过程产生的这一系列有机氯中，有一部

分具有致癌、致畸性，而这些有机氯可能会随着纸浆一起带入消费者直接接触的纸张中，对消费者的健康造成影响。本标准鼓励使用无氯漂白纸张。

3. 再生纸的要求

参考商业票据环境标志标准要求中对再生纸的要求，本标准鼓励印刷企业采购超过75% 的再生纸浆的纸张用于印刷。

（二）塑料的要求

（1）使用单一类型的聚合物、共聚合物的要求。单一的聚合物或者共聚合物通过聚合形成的热塑性塑料，其树脂分子链是线型或带支链的结构，可以反复加热和成型，具有较好的再生循环性能，因此要求使用单一的均聚物和共聚物。

（2）使用可降解塑料的要求。可降解塑料是指在生产过程中加入一定量的添加剂（如淀粉、改性淀粉或其他纤维素、光敏剂、生物降解剂等），稳定性下降，较容易在自然环境中降解的塑料。

（3）使用共挤膜的要求。共挤膜所有层都是在同一时间挤出成型的，层与层之间是靠热熔结合而无须黏合剂，因此卫生安全性要相对可靠。同时共挤膜的质量性能可以达到单层更高厚度的塑料薄膜的性能，促进塑料减量化。

（三）胶黏剂的要求

商业票据印刷全过程涉及胶黏剂的工序有裱糊，裱糊通常用白乳胶，本标准 5.1.3 条款已经禁止使用溶剂型胶黏剂，但是使用水性胶黏剂也会产生少量挥发性有机化合物，因此本标准要求裱糊胶达到环境标志胶黏剂的标准。

（四）印版的要求

1. 无氰电镀印版的要求

凹版印刷机为圆压圆式的轮转印刷机，因此凹版印版必须呈圆筒形，才能上机印刷，这种圆筒形的印版称为凹版滚筒。凹版印版是以空心的铸铁或钢质的圆柱体的表面为基础，以铜为版基，经过晒版、腐蚀等一系列的制版过程而制成的。电镀铜是制版的重要环节，其环境污染是最大的，传统电镀是含氰电镀，目前制版行业重视电镀的环境问题，无氰电镀版材大量出现，因此在本标准要求使用无氰电镀版材。

2. 电子或激光雕刻印版的要求

电子雕刻凹版，利用电子雕刻机，按照光电原理，控制雕刻刀在滚筒表面雕刻出网穴，其面积和深度同时发生变化。采用电子或激光雕刻印版，降低了显影、拷贝、胶片等制版成本，同时也省去了胶片、记录、显影、拷贝、电雕扫描等工艺，避免了中间误差对凹印制版的影响，也减少了环境污染。

（五）油墨的要求

（1）酮类油墨的限制要求。酮类油墨在印刷后产品有较大气味，消费者在购买时不能适应，因此酮类溶剂的使用受到较大限制，同时丙酮、丁酮、环己酮和四甲基二戊酮具有一定毒性，因此在本标准中提倡不使用。

（2）水基油墨的要求。目前凹印油墨主要为溶剂基产品，水基代替溶剂基是技术的革新，国内水基油墨的应用尚处于试验阶段，因此有必要大力推广。

（六）胶黏剂的要求

（1）水性胶黏剂。纸塑复合技术可以提高产品的保存时间。目前国内主要使用两大类胶水：溶剂型胶水和水性胶水。其中溶剂型胶水主要使用苯类溶剂，毒性大危害性强，因此本标准要求使用水性胶黏剂。

（2）无溶剂胶黏剂。无溶剂复合技术是塑料包装的新工艺，其主要优点是无溶剂，减少 VOCs 排放。

五、商业票据印刷生产过程中环境保护的要求

根据凹版印刷的过程环节，针对印前、印中和印后等各工序，按照资源节约、节能和回收再利用三个方面的环保要求提出评价指标。在标准编制过程中调研了广东、江苏、上海和湖北四地，按照塑料、纸质凹版印刷的企业特点进行了标准调研，相关指标是标准编写组深入企业，按照企业实际管理方式总结并核算制定出的。为此，标准编制组根据印刷全过程的生命周期分析印刷过程的重要环境影响，确认凹版印刷过程主要环境问题涉及印刷材料利用率、废弃物产生和回收率、印前印版电镀、印刷和印后的溶剂收集和回收再利用等项目。根据凹版印刷的特点，参考平版印刷和商业票据环境标志标准，以及凹版印刷印前、印中和印后的比重进行评价以及权重的设计。

指标考核中突出了减少 VOCs 排放的要求，其中涉及减少 VOCs 排放的要求在评分标准中占据较大比重。主要体现在明确提出建立油墨、胶黏剂、废气收集装置，要求建立混合溶剂处理措施，废气回收，提纯溶剂再循环使用，建立并实施废物分类回收管理制度，建立并实施复合网线版、胶箱与胶盘胶黏剂清洗的稀释剂回收利用制度，建立并实施回收油墨、剩余胶黏剂、稀释剂利用制度等。

随堂随练

1. 凹版印刷环境标志产品技术要求制定的目的是什么？
2. 凹版印刷环境标志产品技术要求的强制性要求有哪些？

第四节　印刷业挥发性有机物排放标准

挥发性有机物（VOCs）是 PM2.5 二次生成的主要来源，是我国大气污染防治工作的重要内容之一。早在 2013 年 9 月国务院发布的《大气污染防治行动计划》中就明确提出，对包括包装印刷行业在内的几大行业实施挥发性有机物的综合整治。随后，北京市政府出台了《北京市 2013—2017 年清洁空气行动计划》，大力治理大气污染，对于印刷行业的挥发性有机物排放治理也早已提上议事日程，原计划于 2014 年底出台北京市地方标准《印刷行业挥发性有机物排放标准》，于 2014 年 9 月和 2015 年初先后两次公开征求意见。此标准由北京市环境保护科学研究院、解放军防化研究院、北京印刷协会联合起草，根据《中华人民共和国环境保护法》《中华人民共和国大气污染防治法》制定。

一、标准名称与范围

（一）标准名称

本标准名称为“印刷业挥发性有机物排放标准”（DB 11/1201—2015）。

（二）适用范围

本标准规定了印刷生产活动中挥发性有机物排放的控制要求，以及标准实施与监督等相关规定。本标准适用于现有印刷企业的挥发性有机物排放管理，以及新建、改建、扩建印刷生产线建设项目的环境影响评价、环境保护设施设计、竣工环境保护验收及其投产后的挥发性有机物排放。

二、标准主要要求

1. **原辅材料要求**

印刷材料方面，标准规定了挥发性有机物的含量限值，如表 10-10 所示。

表 10-10　印刷油墨挥发性有机物含量限值

印刷油墨种类		含量限值 /%
胶印油墨	热固	10
	单张 / 冷固	3
凸版印刷油墨		30
凹版印刷油墨		

印刷生产活动中使用的润版液中醇类添加量应为 5%，不应使用煤油或汽油作为清洗剂，不应使用溶剂型上光油，不应使用溶剂型书刊装订用胶黏剂，胶黏剂有害物质应符合 HJ/T 220—2016 的要求。

2. **排气筒排放限值**

设备或车间排气筒要求的具体高度及距周围建筑物的距离按批复的环境影响评价文件确定，且不应低于 15m。印刷生产活动中，设备或车间排气筒排放的挥发性有机物浓度限值，如表 10-11 所示。

表 10-11　排气筒排放挥发性有机物浓度限值　　单位：毫米每立方米

污染项目	Ⅰ时段	Ⅱ时段
苯	0.5	0.5
甲苯与二甲苯	15	10
非甲烷总烃	50	30

无组织排放监控点挥发性有机物浓度限值，如表 10-12 所示。

表 10-12　无组织排放监控点挥发性有机物浓度限值　　单位：毫米每立方米

监控位置	苯		甲苯与二甲苯合计		非甲烷总烃	
	Ⅰ时段	Ⅱ时段	Ⅰ时段	Ⅱ时段	Ⅰ时段	Ⅱ时段
厂界	0.1	0.1	0.5	0.2	2.0	1.0
印刷生产场所	0.1	0.1	2.0	1.0	6.0	3.0

此外，标准明确了印刷油墨挥发性有机物含量检测、排气筒监测、无组织排放监测以及挥发性有机物测定方法。

三、印刷与包装企业应采取的措施

标准从 VOCs 全过程控制出发，将排放限值和管理要求相结合，包括对有组织排放和无组织排放提出具体的工艺和管理要求，不仅告诉企业要做什么，更要告诉企业怎么做，让企业在执行标准的过程中有更加明确的思路。

（1）油墨、清洗剂、润湿液、胶黏剂、有机溶剂等含挥发性有机物的原辅材料在储存和输送过程中应保持密闭，使用过程中随取随开，用后应及时密闭，以减少挥发。

（2）要求安装润湿液过滤回收系统。

（3）含挥发性有机物原辅材料的生产活动（清洗、调墨等）及设备（印刷机、覆膜机、复合机等）产生的挥发性有机物应通过局部或整体集气系统导入挥发性有机物油墨处理后再排放。

（4）采用非原位再生吸附处理工艺，应按审定的设计文件要求确定吸附剂的使用量及更换周期，每小时 1 万立方米设计风量的吸附剂用量不应小于 1 立方米，更换周期不应长于 1 个月。购买吸附剂的相关合同，票据至少保存三年。

（5）废吸附剂应交由持有危险废物经营许可证的单位进行处置或综合利用，相关的合同、票据至少保存三年。

（6）废油墨、废清洗剂、废溶剂、蘸有油墨或溶剂的棉纱抹布等废弃物应放入具有标识的密闭容器中，定期处理，并记录处理量和去向。

（7）应做以下记录，内容必须包括但不限于：记录中的编码规则、印刷工艺和承印物种类（金属、塑料、纸等），每月每个工序所使用的油墨、稀释剂、胶黏剂、清洗剂、润湿液等含挥发性有机物原辅材料的种类和总量、每种原辅材料中挥发性有机物的含量、烘箱温度、安装挥发性有机物处理设备的工作情况等，并要求记录至少保存三年。

四、标准实施的影响

标准的出台确实是完善了 VOCs 治理的相关政策，有利于环保部门监管工作的开展，推动北京印刷业 VOCs 治理进入了实质性治理阶段。同时，也可以在一定程度上控制北京市挥发性有机物的排放，改善区域大气环境质量，促进印刷行业工艺和污染治理技术的进步。这势必会对北京印刷业的未来发展产生重要影响，甚至对全国印刷业产生强大的示范带动效应。

标准的实施无疑将加速包装印刷行业的格局变换，部分规模小、技术水平落后、污染严重的企业将遇到生存危机，甚至被淘汰出局，而那些在关注绿色印刷、在环保方面有持续投入的印刷企业会继续受益，并可能获得更多发展机遇。同时，包装印刷企业在北京市的新建和扩建也将会受到严格的限制。

印刷生产过程中，确实会有废气、废液等排放对环境的影响，但印刷业绝对不是大气污染大户。尤其是绿色印刷政策实施以后，不少印刷企业认识到节能、减排、创新的重要性，积极承担起企业的社会责任。

此次标准的实施，势必加速北京包装印刷企业的绿色化。下一步，或将有更多地方标准相继出台。

随堂随练

1. 有哪些省市发布 VOCs 排放标准？
2. 比较已实施的 VOCs 排放收费标准。

第五节　印刷业清洁生产评价指标体系标准

印刷业被列为重点清洁生产审核行业，但缺少清洁生产标准和评价指标体系。北京是环渤海印刷产业带的核心区域，北京印刷业推行清洁生产，能够在北方乃至全国起到示范作用。北京市截至 2017 年有 36 家印刷企业需要开展清洁生产审核，标准的制定有助于该项工作的开展。

（一）标准名称

本标准名称为“清洁生产评价指标体系　印刷业”（DB11/T 1137—2014）。

（二）适用范围

本标准规定了印刷业清洁生产的评价指标体系、评价方法、指标解释和数据来源。适用于出版物印刷以及以纸质、塑料复合、金属为原材料的包装装潢印刷企业的清洁生产审核、评估与绩效评价。其他印刷企业可参照执行。

（三）评价指标体系

印刷业清洁生产评价指标体系对出版物印刷，纸质、金属、塑料复合包装印刷品印刷分别确定清洁生产评价指标体系的评价项目、权重及基准值，如表 10-13 ～表 10-17 所示。

表 10-13　出版物印刷清洁生产评价指标项目、权重及基准值

<table>
<tr><th>一级指标</th><th>权重值</th><th colspan="2">二级指标</th><th>单位</th><th>权重值</th><th>Ⅰ级基准值</th><th>Ⅱ级基准值</th><th>Ⅲ级基准值</th></tr>
<tr><td rowspan="5">生产工艺及设备指标</td><td rowspan="5">23</td><td colspan="2">淘汰落后设备、生产工艺执行情况（*）</td><td>—</td><td>2</td><td colspan="3">不应使用国家和地方命令淘汰或禁止的落后工艺和设备</td></tr>
<tr><td rowspan="4">生产工艺</td><td>制版工艺（平版印刷）</td><td>—</td><td>3</td><td>计算机直接制版（CTP 版）占比≥ 85%</td><td>CTP 版占比≥ 75%</td><td>CTP 版占比≥ 65%</td></tr>
<tr><td rowspan="3">印刷工艺</td><td>—</td><td>4</td><td>全部使用环保油墨</td><td>环保油墨占比≥ 90%</td><td>环保油墨占比≥ 80%</td></tr>
<tr><td>4</td><td>免酒精润版液占比≥ 90%</td><td>免酒精润版液占比≥ 85%</td><td>免酒精润版液占比≥ 80%</td><td></td></tr>
<tr><td>4</td><td>低挥发清洁剂占比≥ 95%</td><td>低挥发清洁剂占比≥ 90%</td><td>低挥发清洁剂占比≥ 85%</td><td></td></tr>
</table>

续表

一级指标	权重值	二级指标		单位	权重值	I 级基准值	II 级基准值	III 级基准值
生产工艺及设备指标	23	有机废气处理		—	3	使用有机废气净化、治理设施		使用有机废气集气及高空排放设施
		热固型轮转机余热回收		—	3	热固型轮转机全部配套生产余热回收设施		
资源与能源消耗指标	22	单位产值综合能耗		吨标准煤 / 万元	4	≤ 0.100	≤ 0.126	≤ 0.300
		单位产值总耗水量		立方米 / 万元	2	≤ 3.200	≤ 5.300	≤ 6.900
		单位产品综合能耗量		吨标准煤 / 千色令	4	≤ 0.50	≤ 0.70	≤ 0.90
		单位产品总耗水量		立方米 / 千色令	2	≤ 13	≤ 23	≤ 30
		油墨使用量 商业轮转 报业轮转	单张纸胶印	千克 / 千色令	2	≤ 95	≤ 100	≤ 105
			千克 / 千色令	2	≤ 90	≤ 95	≤ 100	—
			千克 / 千色令	2	≤ 73	≤ 77	≤ 82	—
		有机溶剂使用量		千克 / 千色令	4	≤ 10	≤ 25	≤ 35
产品特征指标	5	产品一次交检合格率		—	5	≥ 97%	≥ 96%	≥ 95%
污染物产生指标	30	作业环境化学有害因素的职业接触限值（*）		—	4	符合 GBZ 2.1 的要求		
		挥发性有机物（VOCs）排放浓度限值（*） 甲苯 二甲苯 非甲烷总烃	苯	—	4	符合 DB 11/501 和相关标准的要求		
			—	4				
			—	4				
			—	4				
		废水产生量		立方米 / 千色令	2	≤ 10	≤ 15	≤ 20
		水污染排放（*）		—	2	符合 DB 11/307 的要求		
		固体废弃物处理（*）		—	4	对固体废弃物进行分类处理，可回收的应回收处置，不可回收的应交相关单位处理、处置，不应外排		
		厂界噪声污染程度（昼间 / 夜间）（*）		—	2	符合 GB 12348—2008 中表 1 的要求		

续表

<table>
<tr><th>一级指标</th><th>权重值</th><th>二级指标</th><th>单位</th><th>权重值</th><th>I 级基准值</th><th>II 级基准值</th><th>III 级基准值</th></tr>
<tr><td rowspan="2">资源综合利用指标</td><td rowspan="2">9</td><td>一般工业固体废弃物回收率</td><td>—</td><td>4</td><td>≥ 98%</td><td>≥ 96%</td><td>≥ 94%</td></tr>
<tr><td>生产废液收集处理率</td><td>—</td><td>5</td><td>100%</td><td>≥ 90%</td><td>≥ 80%</td></tr>
<tr><td>清洁生产管理指标</td><td>11</td><td colspan="6">详见表 10-17</td></tr>
</table>

注：1. 带（*）为限定性指标，以下各表相同。

2. 一般工业固体废弃物主要指生产过程中产生的废边角料（废纸片、废纸屑、废塑料、废金属等）、不合格产品等，以下各表相同。

表 10-14　纸质包装印刷清洁生产评价指标项目、权重及基准值

<table>
<tr><th>一级指标</th><th>权重值</th><th colspan="2">二级指标</th><th>单位</th><th>权重值</th><th>I 级基准值</th><th>II 级基准值</th><th>III 级基准值</th></tr>
<tr><td rowspan="5">生产工艺及设备指标</td><td rowspan="5">23</td><td colspan="2">淘汰落后设备、生产工艺执行情况（*）</td><td>—</td><td>4</td><td colspan="3">不应使用国家和地方命令淘汰或禁止的落后工艺和设备</td></tr>
<tr><td rowspan="2">生产工艺</td><td>制版工艺（平版印刷）</td><td>—</td><td>5</td><td>CTP 版占比 ≥ 70%</td><td>CTP 版占比≥ 60%</td><td>CTP 版占比 ≥ 50%</td></tr>
<tr><td>印刷工艺</td><td>—</td><td>7</td><td>环保油墨占比 ≥ 85%</td><td>环保油墨占比 ≥ 75%</td><td>环保油墨占比≥ 60%</td></tr>
<tr><td colspan="2">有机废气处理</td><td>—</td><td>7</td><td colspan="2">使用有机废气净化、治理设施</td><td>使用有机废气集气及高空排放设施</td></tr>
<tr><td colspan="2">热固型轮转机余热回收</td><td>—</td><td>3</td><td colspan="3">热固型轮转机全部配套生产余热回收设施</td></tr>
<tr><td rowspan="7">资源与能源消耗指标</td><td rowspan="7">22</td><td colspan="2">单位产值综合能耗</td><td>吨标准煤 / 万元</td><td>4</td><td>≤ 0.064</td><td>≤ 0.072</td><td>≤ 0.180</td></tr>
<tr><td colspan="2">单位产值总耗水量</td><td>立方米 / 万元</td><td>2</td><td>≤ 2.730</td><td>≤ 3.000</td><td>≤ 4.100</td></tr>
<tr><td colspan="2">单位产品综合能耗量</td><td>吨标准煤 / 千色令</td><td>4</td><td>≤ 1.3</td><td>≤ 1.8</td><td>≤ 2.5</td></tr>
<tr><td colspan="2">单位产品总耗水量</td><td>立方米 / 千色令</td><td>2</td><td>≤ 30</td><td>≤ 35</td><td>≤ 40</td></tr>
<tr><td colspan="2">油墨使用量</td><td>千克 / 千色令</td><td>4</td><td>≤ 70</td><td>≤ 80</td><td>≤ 85</td></tr>
<tr><td colspan="2">有机溶剂使用量</td><td>千克 / 千色令</td><td>3</td><td>≤ 45</td><td>≤ 60</td><td>≤ 75</td></tr>
<tr><td colspan="2">黏合剂使用量</td><td>千克 / 千色令</td><td>3</td><td>≤ 35</td><td>≤ 60</td><td>≤ 80</td></tr>
</table>

续表

一级指标	权重值	二级指标		单位	权重值	I 级基准值	II 级基准值	III 级基准值
产品特征指标	5	产品一次交检合格率		—	2	≥ 99%	≥ 98%	≥ 96%
污染物产生指标	30	产品中有害物质（铅 + 镉 + 汞 + 六价铬）含量		ppm	3	≤ 100		
		作业环境化学有害因素的职业接触限值（*）		—	4	符合 GBZ 2.1 的要求		
		挥发性有机物（VOCs）排放浓度限值（*） 甲苯 二甲苯 非甲烷总烃	苯	—	4	符合 DB 11/501 和相关标准的要求		
			—	4	—			
			—	4	—			
			—	4	—			
		废水产生量		立方米 / 千色令	2	≤ 22	≤ 24	≤ 26
		水污染排放（*）		—	2	符合 DB 11/307 的要求		
		固体废弃物处理（*）		—	4	对固体废弃物进行分类处理，可回收的应回收处置，不可回收的应交相关单位处理、处置，不应外排		
		厂界噪声污染程度（昼间 / 夜间）（*）		—	2	符合 GB 12348—2008 中表 1 的要求		
资源综合利用指标	9	一般工业固体废弃物回收率		—	4	≥ 98%	≥ 97%	≥ 95%
		生产废液收集处理率		—	5	100%	≥ 90%	≥ 80%
清洁生产管理指标	11	详见表 10-17						

表 10-15　金属包装印刷清洁生产评价指标项目、权重及基准值

一级指标	权重值	二级指标		单位	权重值	I 级基准值	II 级基准值	III 级基准值
生产工艺及设备指标	23	淘汰落后设备、生产工艺执行情况（*）		—	3	不应使用国家和地方命令淘汰或禁止的落后工艺和设备		
		生产工艺	涂膜工艺	—	5	低 VOCs 涂料占比 ≥ 70%	低 VOCs 涂料占比 ≥ 60%	低 VOCs 涂料占比 ≥ 50%
			制版工艺（平版印刷）	—	4	CTP 版占比 ≥ 60%	CTP 版占比 ≥ 50%	CTP 版占比 ≥ 50%
			印刷工艺	—	5	环保油墨占比 ≥ 80%	环保油墨占比 ≥ 70%	环保油墨占比 ≥ 60%
		有机废气处理		—	6	使用有机废气净化、治理设施		使用有机废气集气及高空排放设施

续表

一级指标	权重值	二级指标		单位	权重值	Ⅰ级基准值	Ⅱ级基准值	Ⅲ级基准值
资源与能源消耗指标	22	单位产值综合能耗量		吨标准煤/千平方米	4	≤ 0.114	≤ 0.180	≤ 0.380
		单位产值总耗水量		立方米/万元	2	≤ 1.612	≤ 2.730	≤ 3.000
		单位产品综合能耗量		吨标准煤/千平方米	4	≤ 0.08	≤ 0.10	≤ 0.15
		单位产品总耗水量		立方米/千平方米	2	≤ 0.10	≤ 0.15	≤ 0.18
		油墨使用量		千克/千平方米	4	≤ 0.90	≤ 1.10	≤ 1.30
		有机溶剂使用量		千克/千平方米	3	≤ 0.85	≤ 1.00	≤ 1.20
		涂料使用量		千克/千平方米	3	≤ 35	≤ 37	≤ 39
产品特征指标	5	产品一次交检合格率		—	2	≥ 98%	≥ 95%	≥ 90%
污染物产生指标	30	有毒有害物质限量（铅＋镉＋汞＋六价铬）		ppm	3	≤ 100		
		作业环境化学有害因素的职业接触限值（*）		—	4	符合 GBZ 2.1 的要求		
		VOCs 排放浓度限值（*）甲苯 二甲苯 非甲烷总烃	苯	—	4	符合 DB 11/501 和相关标准的要求		
			—	4	—			
			—	4	—			
			—	4	—			
		废水产生量		立方米/千平方米	2	≤ 0.08	≤ 0.10	≤ 0.12
		水污染排放（*）		—	2	符合 DB 11/307 的要求		
		固体废弃物处理（*）		—	4	对固体废弃物进行分类处理，可回收的应回收处置，不可回收的应交相关单位处理、处置，不应外排		
		厂界噪声污染程度（昼间/夜间）（*）		—	2	符合 GB 12348—2008 中表 1 的要求		
资源综合利用指标	9	一般工业固体废弃物回收率		—	2	≥ 95%	≥ 90%	≥ 85%
		生产废液收集处理率		—	4	≥ 95%	≥ 90%	≥ 85%
		VOCs 回收率		—	3	≥ 90%	≥ 80%	≥ 60%
清洁生产管理指标	11	详见表 10-17						

表 10-16 塑料包装印刷清洁生产评价指标项目、权重和基准值

一级指标	权重值	二级指标		单位	权重值	I 级基准值	II 级基准值	III 级基准值
生产工艺及设备指标	23	淘汰落后设备、生产工艺执行情况（*）		—	4	不应使用国家和地方命令淘汰或禁止的落后工艺和设备		
		生产工艺	印刷工艺	—	6	不使用苯酮类有机溶剂印刷	不使用苯酮类有机溶剂印刷工艺产品量≥总产品量的 80%	不使用苯酮类有机溶剂印刷工艺产品量≥总产品量的 50%
			复合工艺	—	6	非有机溶剂复合工艺产品量≥总复合产品量的 50%	非有机溶剂复合工艺产品量≥总复合产品量的 50%	使用有机溶剂复合工艺
		有机废气处理		—	7	使用有机溶剂的印刷设备配套 VOCs 治理设施，目复合设备配套 VOCs 回收治理设施		
资源与能源消耗指标	22	单位产值综合能耗量		吨标准煤 / 万元	6	≤ 0.064	≤ 0.072	≤ 0.180
		单位产值总耗水量		立方米 / 万元	3	≤ 0.5	≤ 1.0	≤ 1.5
		油墨使用量		千克 / 千平方米	6	≤ 6	≤ 7	≤ 8
		单位产值黏合剂使用量		千克 / 万元	4	≤ 21.3	≤ 25.5	≤ 27.6
		单位产值有机溶剂使用量		千克 / 万元	3	≤ 50	≤ 75	≤ 85
产品特征指标	5	产品一次交检合格率		—	2	≥ 93%	≥ 91%	≥ 85%
污染物产生指标	30	有毒有害物质限量（铅 + 镉 + 六价铬）		ppm	3	≤ 100		
		作业环境化学有害因素的职业接触限值（*）		—	4	符合 GBZ 2.1 的要求		
		VOCs 排放浓度限值（*）	苯	—	4	符合 DB 11/501 和相关标准的要求		
		甲苯	—	4	—			
		二甲苯	—	4	—			
		非甲烷总烃	—	4	—			
		水污染排放（*）		—	2	符合 DB 11/307 的要求		
		固体废弃物处理（*）		—	4	对固体废弃物进行分类处理，可回收的应回收处置，不可回收的应交相关单位处理、处置，不应外排		
		厂界噪声污染程度（昼间 / 夜间）（*）		—	3	符合 GB 12348—2008 中表 1 的要求		

续表

一级指标	权重值	二级指标	单位	权重值	Ⅰ级基准值	Ⅱ级基准值	Ⅲ级基准值
资源综合利用指标	9	一般工业固体废弃物回收率	—	2	80%		
		生产废液收集处理率	—	3	100%		
		VOCs 回收率	—	4	≥ 90%	≥ 80%	≥ 60%
清洁生产管理指标	11	详见表 10-17					

表 10-17 印刷清洁生产管理评价指标项目、权重及基准值

一级指标	权重值	二级指标	单位	权重值	Ⅰ级基准值	Ⅱ级基准值	Ⅲ级基准值
清洁生产管理指标	11	环境法律法规标准执行情况（*）	—	1.5	符合国家和地方有关环境法律、法规。污染物排放达到国家和地方排放标准、总量控制和排污许可证管理要求		
		产业政策执行情况（*）	—	1.5	符合国家和地方相关产业政策		
		环境管理制度及执行情况	—	1	按照 GB/T 24001 建立环境管理体系，并取得认证，能有效运行；环境管理程序文件及作业文件齐备		环境管理手册程序文件及作业文件齐全
		职业健康安全管理制度及运行情况	—	1	建立职业健康安全管理体系，并有效运行		
		节能减排管理制度及执行情况	—	—	建立节能减排管理制度，并有效执行		
		原辅材料及成品库管理情况	—	—	有完善的原辅材料以及产品的管理规章制度，并有效实施		
		危险废弃物管理	—	—	建有相关管理制度，台账记录、转移联单齐全；危险废弃物储存符合 GB 18597 等污染控制标准要求		
		开展清洁生产审核情况	—	—	企业开展了清洁生产审核，并建立了持续清洁生产机制		企业开展了清洁生产审核
		清洁生产部门和人员配备	—	—	设有清洁生产管理部门，配备专职管理人员且岗位职责分工明确		设有清洁生产管理部门，配备兼职管理人员且岗位职责分工明确
		环境监测及信息公开	—	—	建立主要污染物监测制度，应按相关部门要求定期进行环境监测和信息公开		

随堂随练

1. 清洁生产的意义是什么？
2. 比较清洁生产指标与印刷环境标志标准异同。

参 考 文 献

[1] 高鹰忠 . 发挥标准化在国家治理中的重要作用［N］. 人民日报，2015-10-21（007）.DOI:10.28655/n.cnki.nrmrb.2015.012032.

[2] 朱斌，周剑锋，陈仁杰 . 我国国际标准化工作现状和发展趋势［J］. 中国标准化，2018（13）：105-108，122.

[3] 国际电工委员会（IEC）与中国，国家标准化管理委会员网站，http://www.hnis.cn/82/content_20596.html.

[4] 关于国际电信联盟，通信人在线，2022.02.02.http://www.txrzx.com/i4359.html.

[5] 国际电信联盟（ITU），国家标准化管理委员会，国际合作部，http://www.sac.gov.cn/gzfw/jgcx/gjbzh/gjbzh/201506/t20150630_190207.htm.

[6] GB/T 20000.1—2014，标准化工作指南　第 1 部分：标准化和相关活动的通用术语［S］. 2014.

[7] GB/T 1.1—2020，标准化工作导则　第 1 部分：标准化文件的结构和起草规则［S］. 2020.

[8] GB/T 20001.5—2017，标准编写规则　第 5 部分：规范标准［S］. 2017.

[9] 甘藏春，田世宏 . 中华人民共和国标准化法［M］. 北京：中国法制出版社，2017.

[10] 曹国荣 . 包装印刷标准化基础［M］. 北京：文化发展出版社，2016.

[11] 白殿一，刘慎斋 . 标准化文件的起草 [M]. 北京：中国标准出版社，2022.